이 교재의 표지는 생성형 AI와 함께 만들었습니다
KB269421
#반짝이는 #은색 풍선 #3D #우주사진 #별자리

비상은
믿습니다

당연한 것을 낯설게 바라보는 시선이
교육을 움직이게 한다는 것을.

현장에서 출발한 고민이
다음 교육의 해답이 될 수 있다는 것을.

배움의 즐거움이
교육의 가장 강력한 연료라는 것을.

다름을 존중하는 태도가
교육의 가치를 더 깊게 만든다는 것을.

그리고,
우리가 선택한 이 가치들이
곧, 우리 교육의 방향이 된다고 믿습니다.

이 믿음 하나하나가 모여,
새로운 콘텐츠와 플랫폼이 되어
교육의 새로운 전형을 만들어갑니다.

상상 그 이상 –
visang

오투 진도책

오투 구성과 특정

진도책

① 탐구로 시작하기

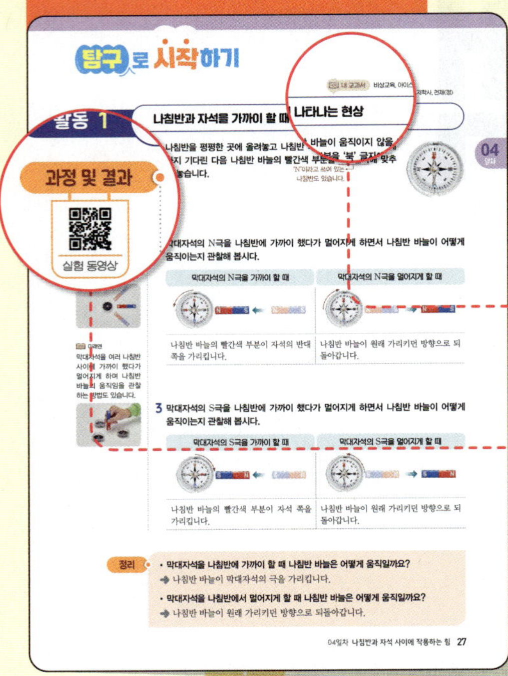

교과서 탐구의 과정, 결과, 정리의 흐름이 잘 드러나도록 구성하였습니다.

● 해당 탐구를 다루고 있는 교과서를 확인할 수 있어요.

● QR 코드를 찍어 실험 및 도움 동영상을 보면 탐구 내용을 더 쉽게 이해할 수 있어요.

② 개념 이해하기

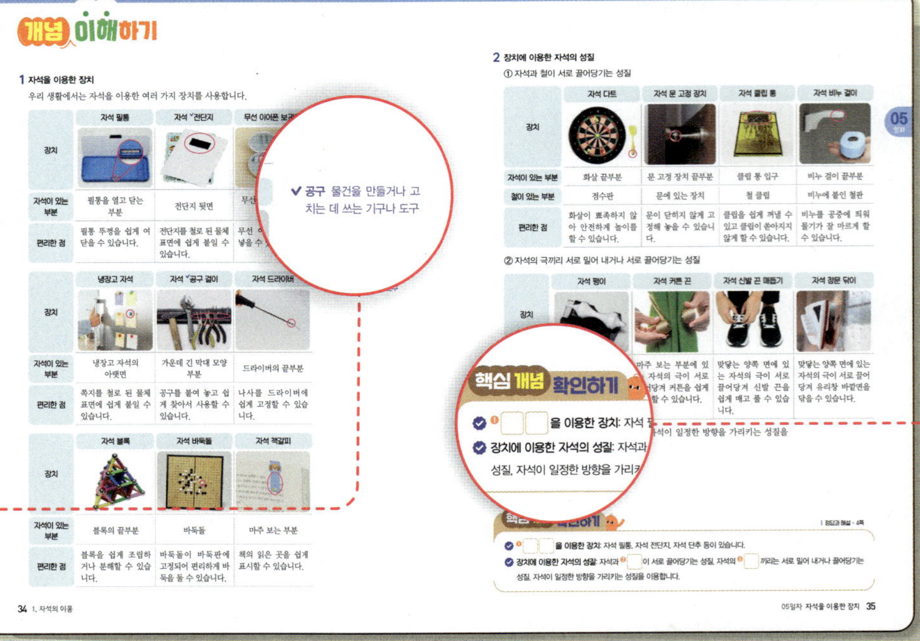

어려운 용어 뜻을 바로 확인할 수 있어요.

7종 교과서를 완벽하게 비교 분석하여 빠진 교과 개념이 없게 구성하였습니다.
한 번에 개념의 흐름을 잡을 수 있도록 깔끔하게 정리하였습니다.

● 빈칸을 채우면서 꼭 알아야 할 핵심 개념을 한 번 더 확인할 수 있어요.

❸ 문제로 완성하기

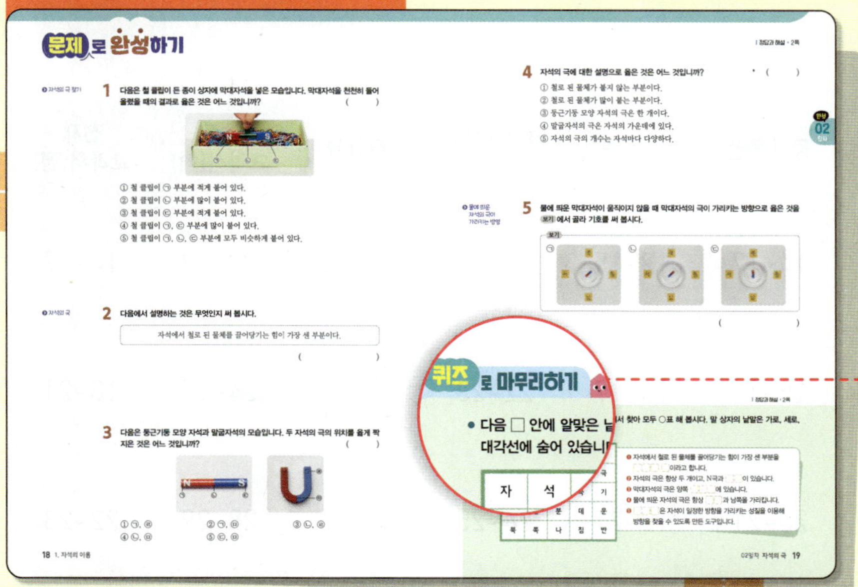

탐구와 개념 학습의 결과를 확인하기에 적합한 문제들로
구성하였습니다.

다양한 유형의 퀴즈를 풀면서 재미있게
학습을 마무리할 수 있어요.

❹ 단원 마무리하기

단원에서 배운 내용을 생각 그물로 정리하고, 학교 단원 평가에
대비할 수 있는 실전 문제를 수록하였습니다.

단원의 개념을 한눈에 보이도록 정리하였고, 효과적으로 복습할 수 있도록 문
제를 구성하였습니다.

실전책

단원 평가 대비		
• 단원 정리	• 단원 평가	• 수행 평가
• 쪽지 시험	• 서술형 평가	

일차	오투	비상교육	동아출판	미래엔	아이스크림 미디어	지학사	천재 교과서(이)	천재 교과서(정)
01일차	8~13	16~19	14~17	12~15	18~21	20~23	20~23	14~17
02일차	14~19	20~21	18~19	16~17	22~23	24~25 28~29	24~27	18~21
03일차	20~25	22~25	20~21	18~21	24~25	24~25	28~29	22~23
04일차	26~31	26~27	22~23	22~23	26~27	30~31	30~31	24~25
05일차	32~37	28~29	24~25	24~25	28~29	32~33	32~35	26~28
06일차	38~43	34~35	32~33	28~29	34~35	38~39	40~41	32~33
07일차	44~49	40~43	38~41	36~39	40~43	44~45 58~59	46~47	40~43
08일차	50~55	44~45	42~45	40~43	44~45	46~49	48~49	44~47
09일차	56~61	46~47	46~47	44~45	46~49	50~55	50~53	48~51
10일차	62~67	48~49	48~49	46~47	50~51	56~57	54~55	52~53
11일차	68~73	50~51	50~52	48~51	52~53	61~62	56~59	54~55
12일차	74~79	56~57	56~57	54~55	60~61	66~67	64~65	58~59

일차	오투	비상교육	동아출판	미래엔	아이스크림 미디어	지학사	천재 교과서(이)	천재 교과서(정)
13일차	80~85	62~65	62~65	62~65	66~71	72~77	70~73	66~69
14일차	86~91	66~67	66~69	66~67	72~73	78~79	74~79	70~71
15일차	92~97	68~71	66~69	68~71	73~75	80~83	74~79	72~75
16일차	98~103	72~73	70~71	72~73	76~77	84~85	80~81	76~77
17일차	104~109	74~75	72~73	74~75	78~79	86~87	82~83	78~79
18일차	110~115	76~81	74~75	76~79	80~83	88~91	84~87	80~85
19일차	116~121	86~87	82~83	82~83	86~87	96~97	92~93	88~89
20일차	122~127	92~93	88~89	90~93	92~95	102~105	98~99	96~101
21일차	128~133	94~95	90~91	94~97	96~97	106~107	100~101	102~105
22일차	134~139	96~97	92~93	98~99	98~99	108~109	102~103	106~107
23일차	140~145	98~105	94~99	100~105	100~107	110~115	104~111	108~111
24일차	146~151	108~109	104~105	106~107	110~111	118~119	112~113	112~113

차례 + 공부 계획표

1 자석의 이용

			공부한 날	
01일차	자석과 물체 사이에 작용하는 힘	8~13	월	일
02일차	자석의 극	14~19	월	일
03일차	자석과 자석 사이에 작용하는 힘	20~25	월	일
04일차	나침반과 자석 사이에 작용하는 힘	26~31	월	일
05일차	자석을 이용한 장치	32~37	월	일
06일차	생각 그물로 정리하기, 단원 평가하기	38~43	월	일

2 물의 상태 변화

			공부한 날	
07일차	물의 상태 변화	44~49	월	일
08일차	물이 얼 때와 얼음이 녹을 때의 변화	50~55	월	일
09일차	물이 증발할 때와 끓을 때의 변화	56~61	월	일
10일차	수증기가 응결할 때의 변화	62~67	월	일
11일차	물 부족 현상과 물을 얻는 방법	68~73	월	일
12일차	생각 그물로 정리하기, 단원 평가하기	74~79	월	일

3 땅의 변화

			공부한 날	
13일차	흐르는 물에 의한 땅의 변화	80~85	월	일
14일차	화산	86~91	월	일
15일차	화산 활동으로 나오는 물질	92~97	월	일
16일차	화산 활동으로 만들어지는 암석	98~103	월	일
17일차	화산 활동의 영향	104~109	월	일
18일차	지진의 영향과 대처 방법	110~115	월	일
19일차	생각 그물로 정리하기, 단원 평가하기	116~121	월	일

4 다양한 생물과 우리 생활

			공부한 날	
20일차	버섯과 곰팡이의 특징과 사는 곳	122~127	월	일
21일차	해캄과 짚신벌레의 특징과 사는 곳	128~133	월	일
22일차	세균의 특징과 사는 곳	134~139	월	일
23일차	다양한 생물이 우리 생활에 미치는 영향과 생명과학이 이용되는 예	140~145	월	일
24일차	생각 그물로 정리하기, 단원 평가하기	146~151	월	일

01 ^{일차}

자석과 물체 사이에 작용하는 힘

만화로 생각 열기

탐구로 시작하기

활동 1　자석과 여러 가지 물체를 가까이 할 때 나타나는 현상 관찰하기

1 여러 가지 물체에 막대자석을 가까이 할 때 나타나는 현상을 관찰해 봅시다.

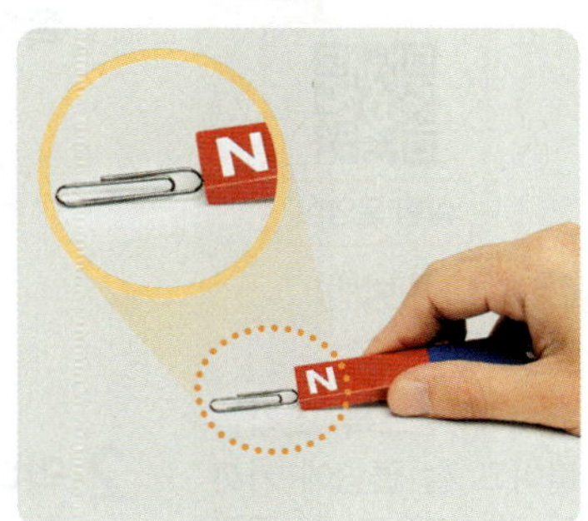

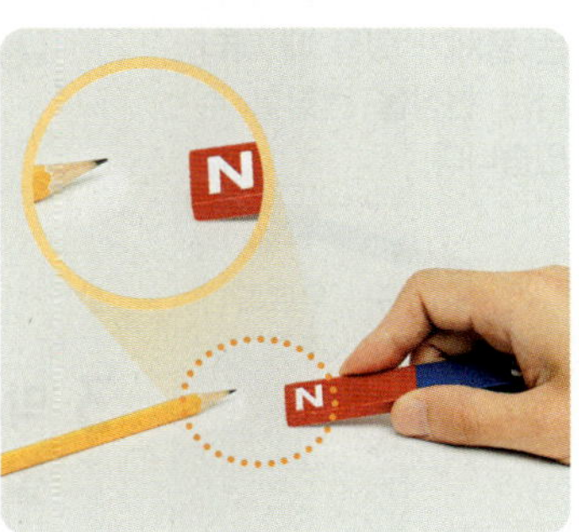

2 관찰한 결과를 바탕으로 자석에 붙는 물체와 자석에 붙지 않는 물체로 분류해 봅시다.

분류 기준: 자석에 붙는가?

그렇다.	그렇지 않다.
철 클립, 철 못, 철 집게, 철사	연필, 플라스틱 단추, 고무지우개, 유리구슬, 종이 빨대

3 분류한 결과를 보고 알 수 있는 사실을 이야기해 봅시다.

➡ 자석에 붙는 물체도 있고, 자석에 붙지 않는 물체도 있습니다.

➡ 철로 만든 물체는 자석에 붙습니다.

➡ 나무, 플라스틱, 고무, 유리, 종이 등으로 만든 물체는 자석에 붙지 않습니다.

정리 ● **자석에 붙는 물체의 공통점은 무엇일까요?**

➡ 자석에 붙는 물체는 모두 철로 만들어졌습니다.

활동 2 — 자석과 자석에 붙는 물체 사이에 작용하는 힘의 특징 알아보기

과정 및 결과

실험 동영상

➕ **또다른 방법!**

📖 비상교육

자석에 우드록 조각을 붙이고 철 클립에 가까이 하며 자석과 철 클립 사이에 자석에 붙지 않는 물체가 있을 때 나타나는 현상을 관찰할 수 있습니다.

📖 지학사

철 클립 위에 투명한 플라스틱 판이나 나무판을 놓고 막대자석을 가까이 하며 자석과 철 클립 사이에 자석에 붙지 않는 물체가 있을 때 나타나는 현상을 관찰할 수 있습니다.

투명한 플라스틱 판

1 철 클립의 한쪽 끝에 실을 묶고, 철 클립을 묶지 않은 쪽의 실 끝을 책상 위에 셀로판테이프로 고정합니다.

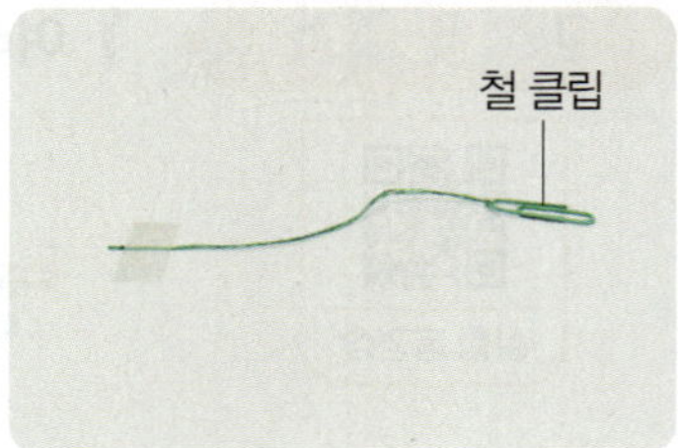

2 막대자석을 철 클립에 가까이 하면 어떻게 되는지 관찰해 봅시다.

➡ 철 클립이 막대자석에 붙습니다.

3 막대자석을 공중에 띄우고 철 클립에서 약간 떨어뜨리면 철 클립이 어떻게 되는지 관찰해 봅시다.

➡ 철 클립이 공중에 뜬 상태로 있습니다.

4 공중에 뜬 철 클립과 막대자석 사이에 **색종이나 플라스틱 판**을 넣으면 철 클립이 어떻게 되는지 관찰해 봅시다.

➡ 철 클립과 막대자석 사이에 색종이나 플라스틱 판을 넣어도 철 클립이 공중에 뜬 상태로 있습니다.

정리

• 자석을 자석에 붙는 물체에 가까이 하면 어떻게 될까요?

➡ 자석과 자석에 붙는 물체가 서로 끌어당겨 붙습니다.

• 자석과 자석에 붙는 물체가 약간 떨어져 있으면 어떻게 될까요?

➡ 약간 떨어져 있어도 자석과 자석에 붙는 물체는 서로 끌어당깁니다.

• 자석과 자석에 붙는 물체 사이에 자석에 붙지 않는 물체가 있으면 어떻게 될까요?

➡ 자석에 붙지 않는 물체가 사이에 있어도 자석과 자석에 붙는 물체는 서로 끌어당깁니다.

개념 이해하기

1 자석에 붙는 물체와 자석에 붙지 않는 물체

① 자석에 붙는 물체와 자석에 붙지 않는 물체

자석에 붙는 물체	철 클립, 철 집게, 빵 끈, 철로 만든 머리핀, 철로 만든 옷핀 등 → 철로 된 물체입니다.
자석에 붙지 않는 물체	고무풍선, 나무젓가락, 유리컵, 종이 가방, 알루미늄 캔, 플라스틱 컵 등 → 고무, 나무, 유리, 종이, 알루미늄, 플라스틱 등으로 된 물체입니다.

② 자석에 붙는 부분과 자석에 붙지 않는 부분이 모두 있는 물체

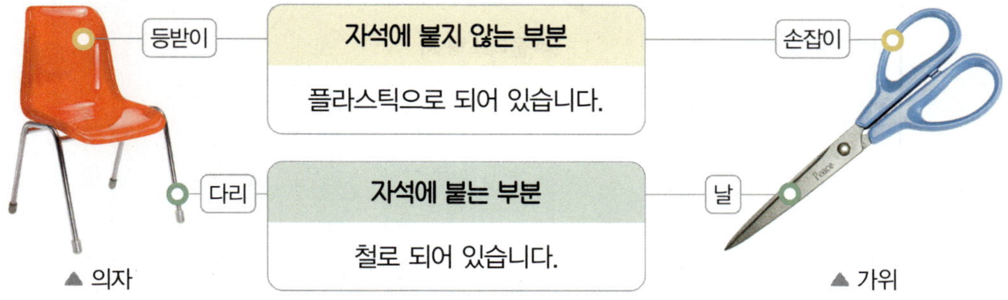

2 자석과 자석에 붙는 물체 사이에 작용하는 힘의 특징

① 자석과 자석에 붙는 물체 사이에는 서로 끌어당기는 힘이 작용합니다.
② 자석과 자석에 붙는 물체가 약간 떨어져 있어도 서로 끌어당기는 힘이 작용합니다.
③ 자석과 자석에 붙는 물체 사이에 자석에 붙지 않는 물체가 있어도 서로 끌어당기는 힘이 작용합니다.

핵심 개념 확인하기

정답과 해설 • 2쪽

✔ 자석에 붙는 물체와 자석에 붙지 않는 물체

자석에 붙는 물체	❶ [ ] 로 된 물체입니다.
자석에 붙지 않는 물체	고무, 나무, 유리, 종이, 알루미늄, 플라스틱 등으로 된 물체입니다.

✔ 자석과 자석에 붙는 물체 사이에 작용하는 힘의 특징

- 자석과 자석에 붙는 물체 사이에는 서로 ❷ [ ][ ][ ][ ][ ] 힘이 작용합니다.
- 자석과 자석에 붙는 물체가 약간 떨어져 있어도 서로 ❸ [ ][ ][ ][ ][ ] 힘이 작용합니다.
- 자석과 자석에 붙는 물체 사이에 자석에 붙지 않는 물체가 있어도 서로 ❹ [ ][ ][ ][ ][ ] 힘이 작용합니다.

1 자석을 가까이 할 때 자석에 붙는 물체는 어느 것입니까? ( )

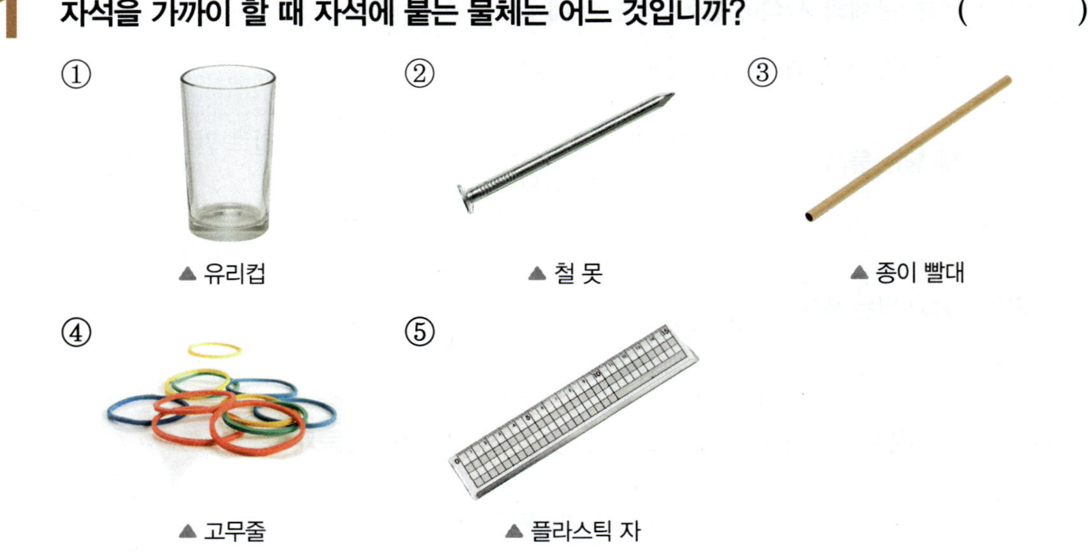

① ▲ 유리컵　　② ▲ 철 못　　③ ▲ 종이 빨대

④ ▲ 고무줄　　⑤ ▲ 플라스틱 자

2 다음은 여러 가지 물체를 자석에 붙는 물체와 자석에 붙지 않는 물체로 분류한 것입니다. 이를 통해 알 수 있는 사실은 어느 것입니까? ( )

자석에 붙는 물체	자석에 붙지 않는 물체
철사, 철 못, 철 클립, 철 집게, 용수철, 빵 끈	연필, 고무풍선, 종이컵, 나무젓가락, 플라스틱 단추, 알루미늄 접시

① 작은 물체들이 자석에 붙습니다.
② 무거운 물체들이 자석에 붙습니다.
③ 철로 된 물체들이 자석에 붙습니다.
④ 물에 뜨는 물체들이 자석에 붙습니다.
⑤ 잘 구부러지는 물체들이 자석에 붙습니다.

3 오른쪽과 같이 가위에 자석을 가까이 할 때 자석에 붙는 부분을 골라 기호를 써 봅시다.

( )

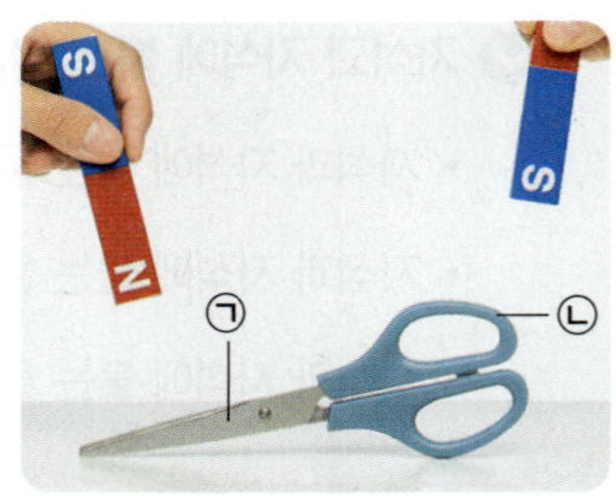

➲ 자석과 자석에 붙는 물체 사이에 작용하는 힘의 특징

4 오른쪽은 바닥에 실로 고정한 철 클립에 막대자석을 가까이 하는 모습입니다. 이 실험의 결과를 옳게 설명한 사람의 이름을 써 봅시다.

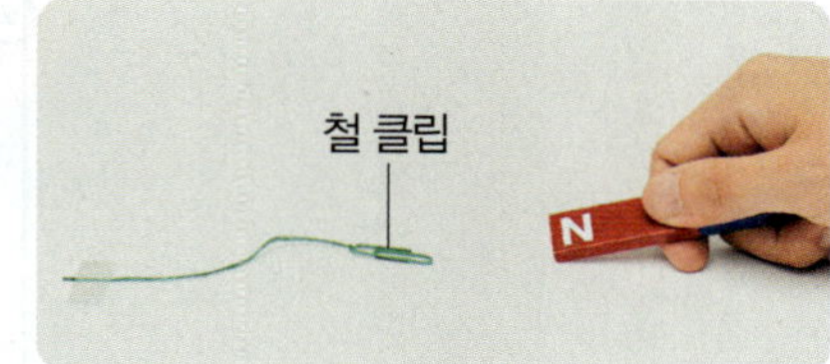

> • 민준: 철 클립은 그대로 가만히 있어.
> • 아영: 막대자석과 철 클립은 서로 밀어 내.
> • 은수: 막대자석과 철 클립은 서로 끌어당겨.

(   )

5 오른쪽은 막대자석을 철 클립에 가까이 하여 공중에 띄우고 막대자석을 철 클립에서 약간 떨어뜨린 모습입니다. 이 상태에서 철 클립과 막대자석 사이에 색종이를 넣을 때 나타나는 현상을 골라 기호를 써 봅시다.

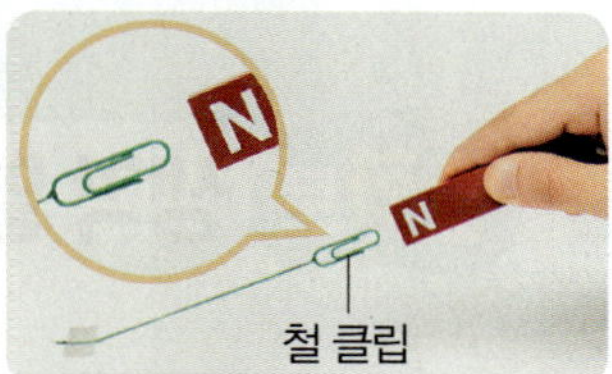

㉠

㉡

▲ 철 클립이 바닥에 떨어집니다.　　▲ 철 클립이 계속 공중에 떠 있습니다.

(   )

퀴즈 로 마무리하기

● 자석을 가까이 할 때 자석에 붙는 물체가 적혀 있는 풍선에 매달린 자음자와 모음자를 이용하여 낱말을 만들 수 있습니다. 만들 수 있는 낱말을 써 봅시다.

02 일차

자석의 극

만화로 생각 열기

활동 1 자석의 극 찾기

과정 및 결과

실험 동영상

✔ **말굽자석** 말굽 모양
으로 구부려 만든 자석

1 종이 상자 안에 철 클립을 골고루 흩어 놓습니다.

2 막대자석을 종이 상자 안에 넣었다가 천천히 들어 올리며 막대자석에서 철 클립이 많이 붙어 있는 부분을 찾아봅시다.

➜ 막대자석의 양쪽 끝부분에 철 클립이 많이 붙어 있습니다.

3 둥근기둥 모양 자석과 ˇ말굽자석을 종이 상자 안에 넣었다가 천천히 들어 올리며 철 클립이 많이 붙어 있는 부분을 찾아봅시다.

둥근기둥 모양 자석	말굽자석

둥근기둥 모양 자석의 양쪽 끝부분에 철 클립이 많이 붙어 있습니다.

말굽자석의 양쪽 끝부분에 철 클립이 많이 붙어 있습니다.

4 철 클립 한 개를 막대자석의 여러 부분에 붙여 보면서 철 클립을 세게 끌어당기는 부분을 찾아봅시다.

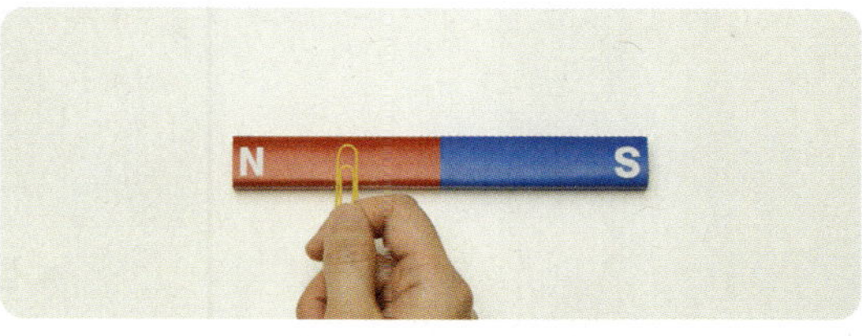

➜ 막대자석의 양쪽 끝부분에서 철 클립을 세게 끌어당깁니다.

정리 자석에서 철로 된 물체를 가장 세게 끌어당기는 부분은 어디일까요?

➜ 철로 된 물체를 가장 세게 끌어당기는 부분은 자석의 양쪽 끝부분입니다.

📖 내 교과서 지학사, 천재(이), 천재(정)

활동 2 막대자석의 극이 가리키는 방향 관찰하기

과정 및 결과

실험 동영상

방향을 확인할 때 나침반 애플리케이션을 이용할 수 있어요.

1 동서남북 방향을 확인하고, 물이 담긴 수조 주변에 방향을 표시합니다. 그리고 플라스틱 접시의 가운데에 막대자석을 올려놓고 물 위에 띄웁니다.

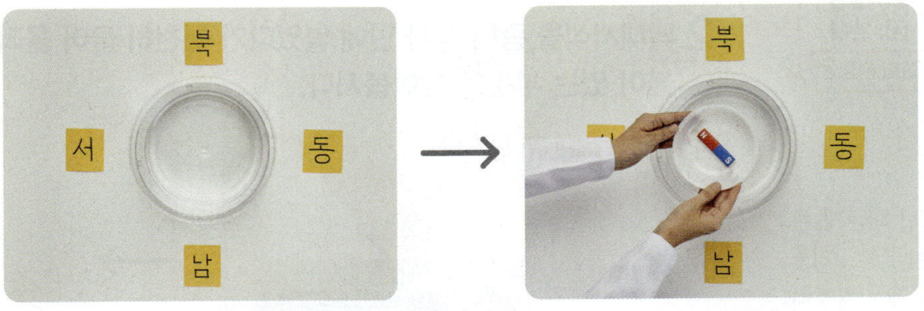

▲ 수조 주변에 방향을 표시한 모습　　▲ 막대자석을 물에 띄우는 모습

2 접시의 움직임이 멈추었을 때 막대자석이 가리키는 방향을 관찰해 봅시다.

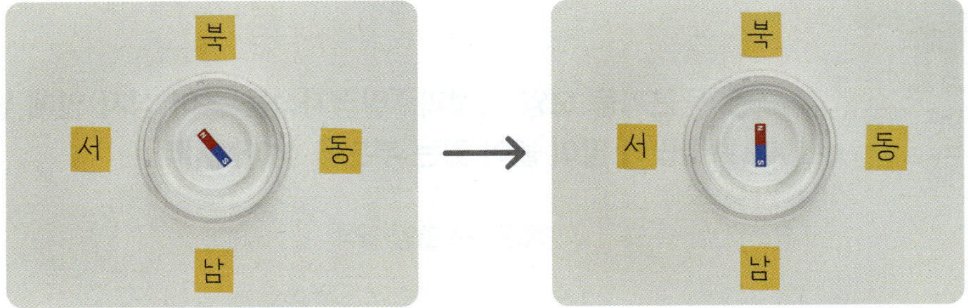

▲ 막대자석을 물에 띄운 직후 모습　　▲ 막대자석의 움직임이 멈추었을 때 모습

➜ 막대자석의 극은 북쪽과 남쪽을 가리킵니다.

3 접시를 돌려 막대자석이 가리키는 방향이 달라지도록 한 뒤, 접시의 움직임이 멈추었을 때 막대자석이 가리키는 방향을 관찰해 봅시다.

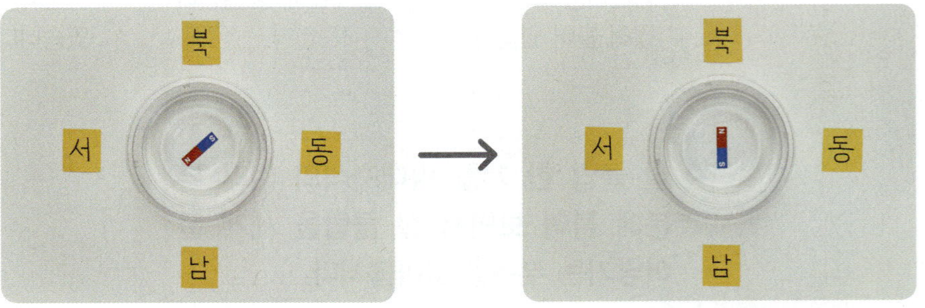

▲ 접시를 돌린 모습　　▲ 막대자석의 움직임이 멈추었을 때 모습

➜ 막대자석의 극은 북쪽과 남쪽을 가리킵니다.

정리 물에 띄운 막대자석의 극은 어느 방향을 가리킬까요?

➜ 물에 띄운 막대자석의 극은 항상 북쪽과 남쪽을 가리킵니다.

1 자석의 극

① **자석의 극**: 자석에서 철로 된 물체를 끌어당기는 힘이 가장 센 부분입니다. → 자석에서 철로 된 물체가 가장 많이 붙는 부분입니다.

② **특징**: 자석의 극은 항상 두 개이고, 각각 N극과 S극으로 나타냅니다.
└ 모든 자석에는 두 개의 극이 같이 있습니다.

③ **여러 가지 자석의 극**

막대자석의 극	둥근기둥 모양 자석의 극	말굽자석의 극	고리 자석의 극
막대자석의 극은 양쪽 끝 부분에 두 개 있습니다.	둥근기둥 모양 자석의 극은 양쪽 끝부분에 두 개 있습니다.	말굽자석의 극은 구부러진 양쪽 끝부분에 두 개 있습니다.	고리 자석의 극은 양쪽 면에 두 개 있습니다.

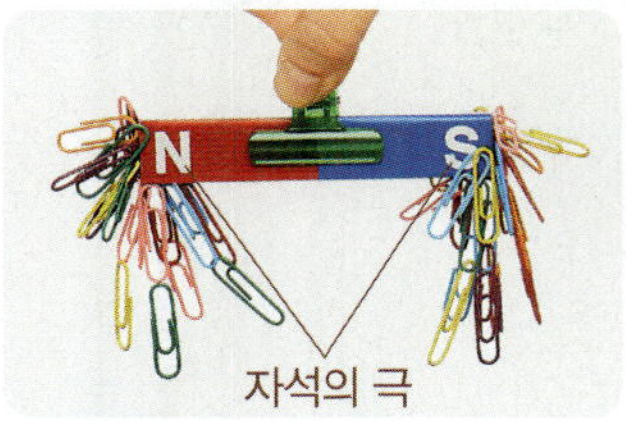

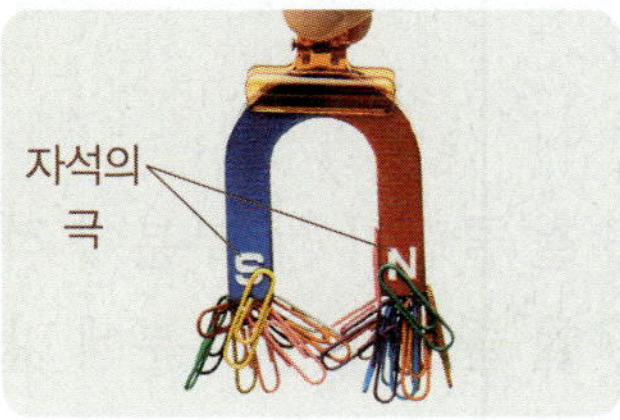

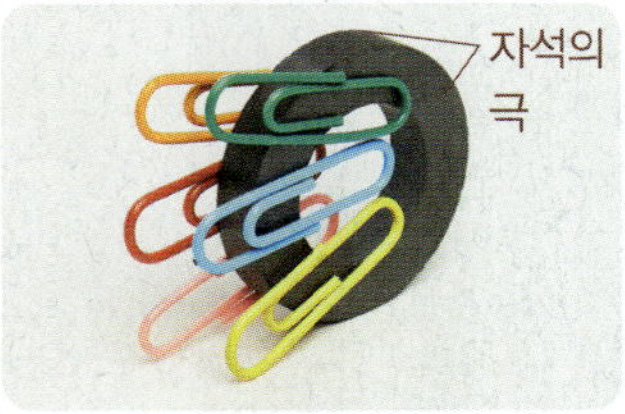

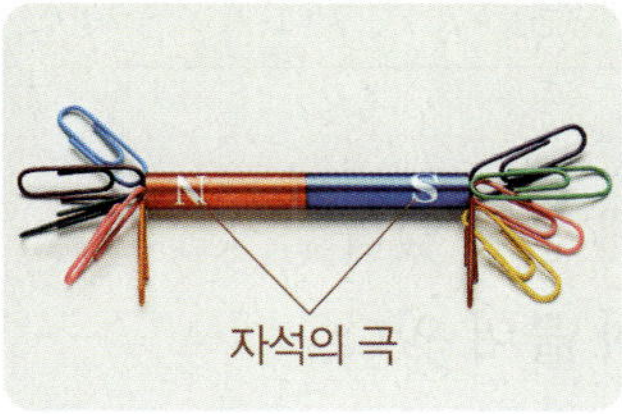

2 물에 띄운 자석의 극이 가리키는 방향

① 물에 띄운 자석의 두 극은 항상 북쪽과 남쪽을 가리킵니다. → 일정한 방향을 가리킵니다.

북쪽을 가리키는 자석의 극	남쪽을 가리키는 자석의 극
N극	S극

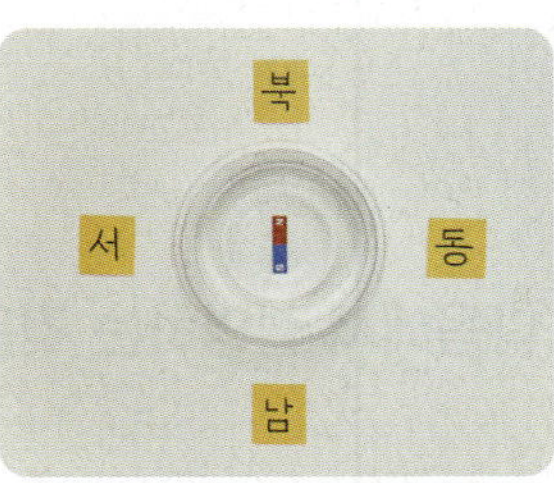
▲ 물에 띄운 자석의 극이 가리키는 방향

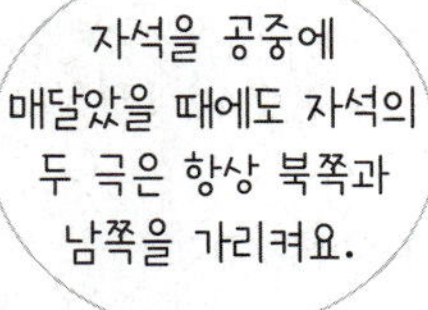

② **나침반**
- 자석이 일정한 방향을 가리키는 성질을 이용해 방향을 찾을 수 있도록 만든 도구입니다.
- 나침반 바늘도 항상 북쪽과 남쪽을 가리킵니다.
  └ 나침반 바늘은 자석입니다.

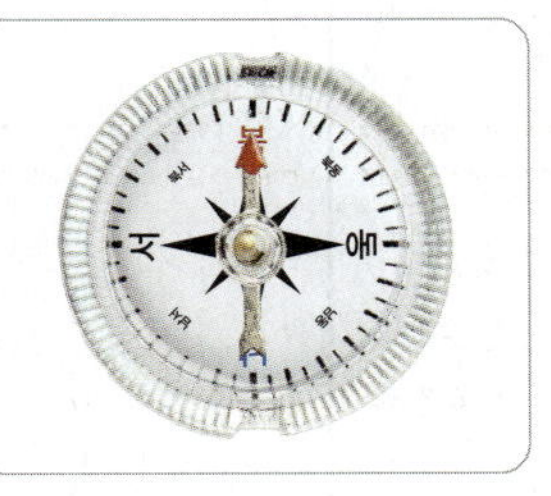
▲ 나침반 바늘이 가리키는 방향

핵심 개념 확인하기

| 정답과 해설 • 2쪽

자석의 극
- **자석의 ❶ [ ]**: 자석에서 철로 된 물체를 끌어당기는 힘이 가장 센 부분입니다.
- **자석의 극의 특징**: 자석의 극은 항상 ❷ [ ] 개이고, 각각 N극과 S극으로 나타냅니다.

물에 띄운 자석의 극이 가리키는 방향: 물에 띄운 자석의 극은 항상 ❸ [ ] 쪽과 ❹ [ ] 쪽을 가리킵니다.

1 다음은 철 클립이 든 종이 상자에 막대자석을 넣은 모습입니다. 막대자석을 천천히 들어 올렸을 때의 결과로 옳은 것은 어느 것입니까? (　　　)

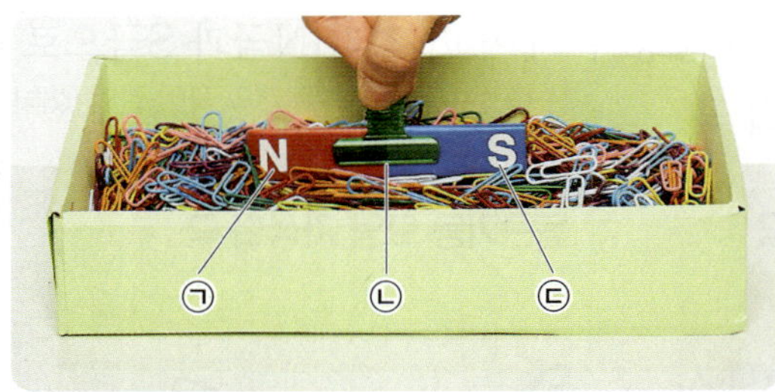

① 철 클립이 ㉠ 부분에 적게 붙어 있다.
② 철 클립이 ㉡ 부분에 많이 붙어 있다.
③ 철 클립이 ㉢ 부분에 적게 붙어 있다.
④ 철 클립이 ㉠, ㉢ 부분에 많이 붙어 있다.
⑤ 철 클립이 ㉠, ㉡, ㉢ 부분에 모두 비슷하게 붙어 있다.

2 다음에서 설명하는 것은 무엇인지 써 봅시다.

> 자석에서 철로 된 물체를 끌어당기는 힘이 가장 센 부분이다.

(　　　　　　　)

3 다음은 둥근기둥 모양 자석과 말굽자석의 모습입니다. 두 자석의 극의 위치를 옳게 짝 지은 것은 어느 것입니까? (　　　)

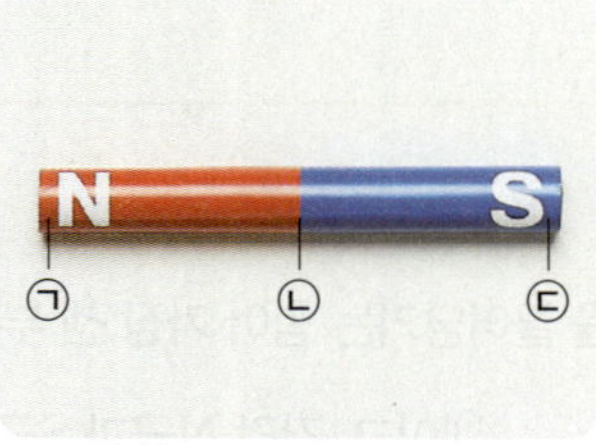
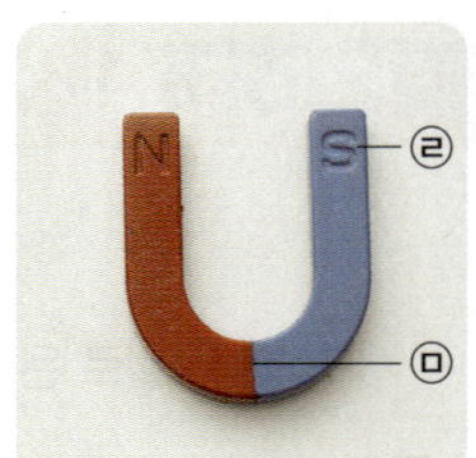

① ㉠, ㉣　　　　② ㉠, ㉤　　　　③ ㉡, ㉣
④ ㉡, ㉤　　　　⑤ ㉢, ㉤

4 자석의 극에 대한 설명으로 옳은 것은 어느 것입니까? (   )

① 철로 된 물체가 붙지 않는 부분이다.

② 철로 된 물체가 많이 붙는 부분이다.

③ 둥근기둥 모양 자석의 극은 한 개이다.

④ 말굽자석의 극은 자석의 가운데에 있다.

⑤ 자석의 극의 개수는 자석마다 다양하다.

❯ 물에 띄운 자석의 극이 가리키는 방향

5 물에 띄운 막대자석이 움직이지 않을 때 막대자석의 극이 가리키는 방향으로 옳은 것을 보기 에서 골라 기호를 써 봅시다.

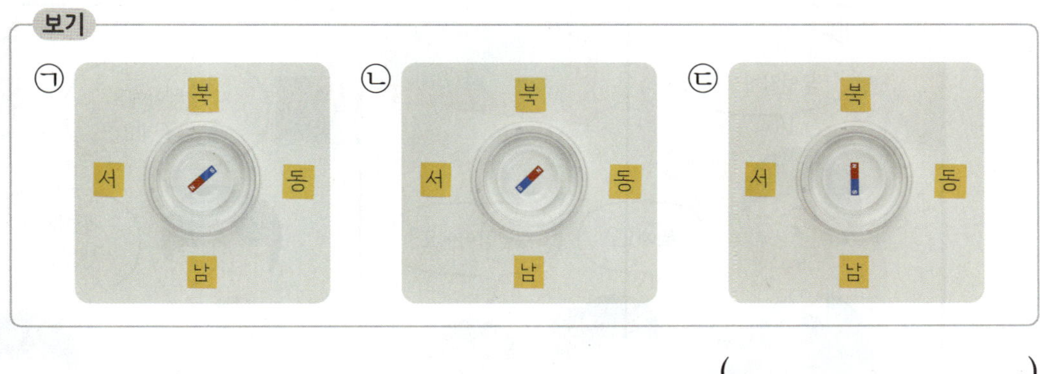

(   )

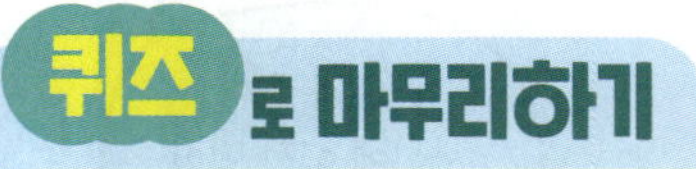

• 다음 □ 안에 알맞은 낱말을 말 상자에서 찾아 모두 ○표 해 봅시다. 말 상자의 낱말은 가로, 세로, 대각선에 숨어 있습니다.

자	석	의	극	S
끝	가	사	N	극
쪽	부	운	극	기
서	남	분	데	운
북	쪽	나	침	반

❶ 자석에서 철로 된 물체를 끌어당기는 힘이 가장 센 부분을 □□□□이라고 합니다.

❷ 자석의 극은 항상 두 개이고, N극과 □□이 있습니다.

❸ 막대자석의 극은 양쪽 □□□에 있습니다.

❹ 물에 띄운 자석의 극은 항상 □□과 남쪽을 가리킵니다.

❺ □□□□은 자석이 일정한 방향을 가리키는 성질을 이용해 방향을 찾을 수 있도록 만든 도구입니다.

03 ^{일차}

자석과 자석 사이에 작용하는 힘

만화로 생각 열기

활동 1 **자석의 같은 극과 다른 극을 가까이 했을 때의 특징 비교하기**

과정 및 결과

➕ 또다른 방법!

📖 천재(정)

막대자석 두 개를 책상 위에 나란히 놓고 한 자석을 다른 자석 쪽으로 가까이 하면 어떻게 되는지 관찰하는 방법도 있습니다.

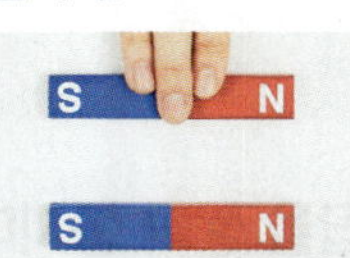

▲ 같은 극끼리 마주 보게 놓고 가까이 할 때

▲ 다른 극끼리 마주 보게 놓고 가까이 할 때

같은 극끼리 마주 보게 놓고 가까이 하면 다른 자석이 밀려 나고, 다른 극끼리 마주 보게 놓고 가까이 하면 다른 자석이 끌려와 붙습니다.

∨ 일렬 하나의 줄

1 막대자석을 양손에 한 개씩 잡고 가까이 하면 어떤 느낌이 드는지 이야기해 봅시다.

같은 극끼리 마주 보게 하여 가까이 할 때

➡ 서로 밀어 내는 느낌이 듭니다.

다른 극끼리 마주 보게 하여 가까이 할 때

➡ 서로 끌어당기는 느낌이 듭니다.

2 막대자석 두 개를 ∨일렬로 놓고 한 자석을 다른 자석 쪽에 가까이 하면 어떻게 되는지 관찰해 봅시다.

같은 극끼리 마주 보게 하여 가까이 할 때

➡ 두 자석이 서로 밀어 냅니다.

다른 극끼리 마주 보게 하여 가까이 할 때

➡ 두 자석이 서로 끌어당깁니다.

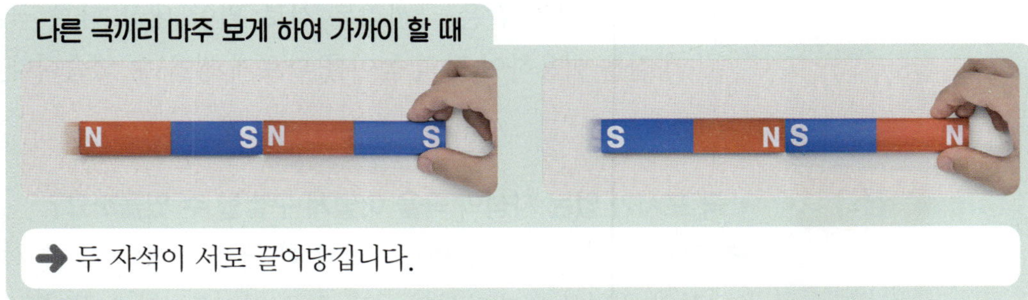

정리 **두 자석의 극을 가까이 하면 어떻게 될까요?**

➡ 같은 극끼리 가까이 하면 서로 밀어 내고, 다른 극끼리 가까이 하면 서로 끌어 당깁니다.

활동 2 고리 자석 탑 쌓기

과정 및 결과

도움 동영상

➕ 또 다른 방법!

📖 아이스크림, 지학사

알루미늄 포일이나 색종이로 감싼 막대자석의 양쪽 극에 막대자석을 가까이 할 때 나타나는 현상을 관찰한 뒤, 알루미늄 포일이나 색종이를 벗겨 어떤 극인지 확인하는 방법도 있습니다.

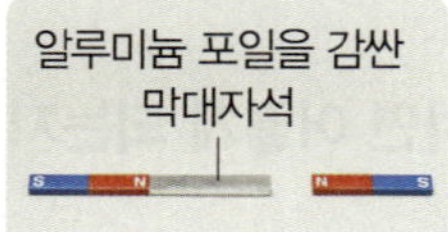

서로 끌어당기는 극은 서로 같은 극이고, 서로 밀어 내는 극은 서로 다른 극입니다.

1 막대자석을 고리 자석의 한쪽 면에 가까이 하여 고리 자석의 극을 찾아봅시다.

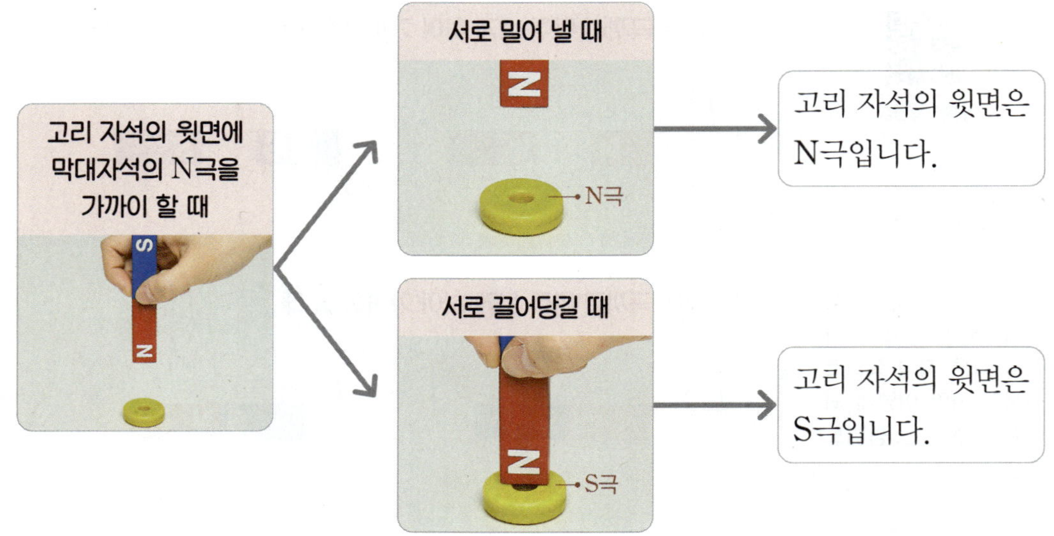

2 자석의 극을 생각하며 고리 자석 다섯 개로 가장 높은 탑과 가장 낮은 탑을 쌓아 봅시다.

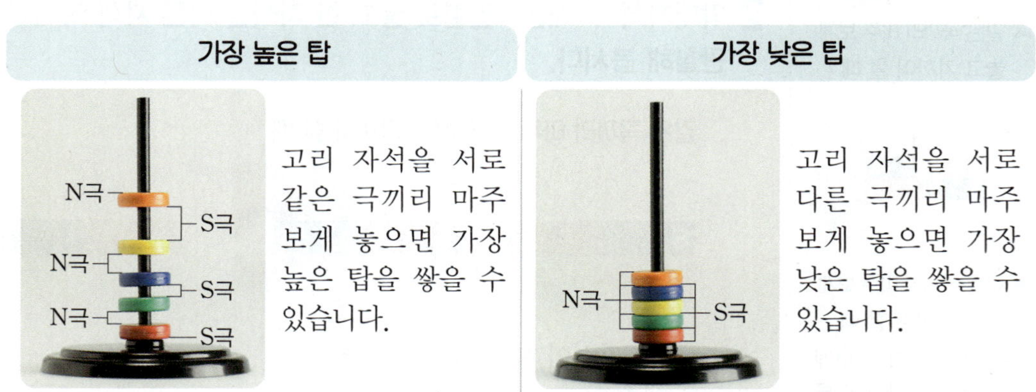

➜ 고리 자석의 같은 극끼리는 서로 밀어 내고 다른 극끼리는 서로 끌어당기는 성질을 이용하여 탑의 높이를 다르게 쌓을 수 있습니다.

정리

• **극 표시가 없는 자석의 극을 어떻게 구별할 수 있을까요?**

➜ 고리 자석의 윗면에 막대자석의 한 극을 가까이 할 때 서로 밀어 내면 고리 자석의 윗면은 막대자석의 극과 같은 극이고, 서로 끌어당기면 고리 자석의 윗면은 막대자석의 극과 다른 극입니다.

• **고리 자석으로 가장 높은 탑과 가장 낮은 탑을 어떻게 쌓을 수 있을까요?**

➜ 가장 높은 탑을 쌓으려면 고리 자석을 서로 같은 극끼리 마주 보게 놓고, 가장 낮은 탑을 쌓으려면 고리 자석을 서로 다른 극끼리 마주 보게 놓습니다.

1 자석과 자석 사이에 작용하는 힘

① 같은 극끼리 가까이 할 때: 서로 밀어 내는 힘이 작용합니다.

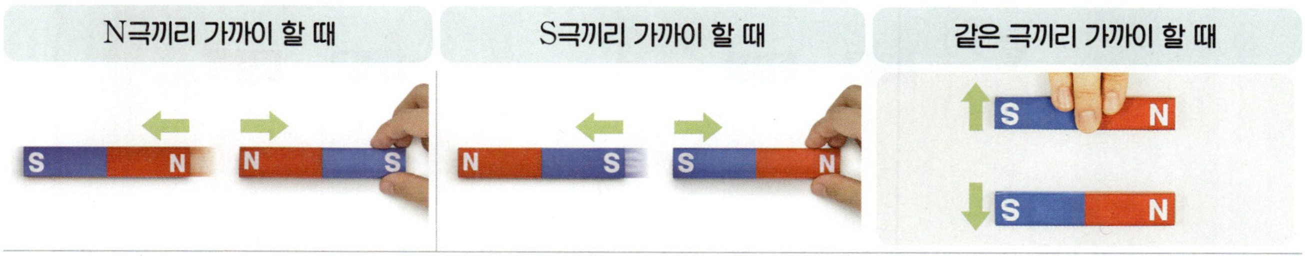

② 다른 극끼리 가까이 할 때: 서로 끌어당기는 힘이 작용합니다.

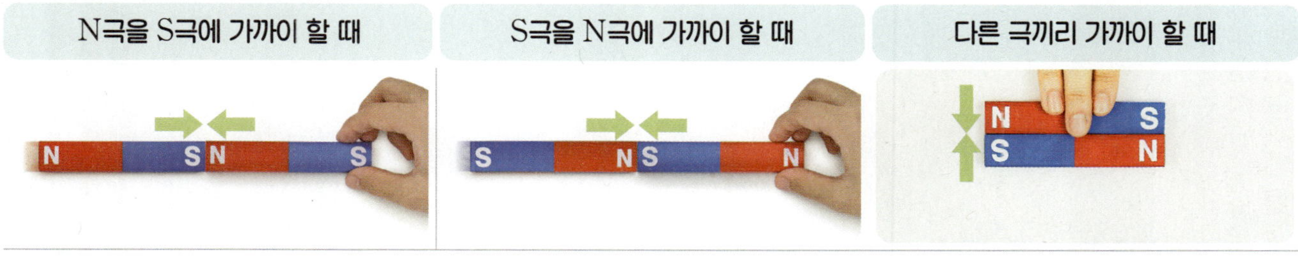

2 극 표시가 없는 자석의 극을 구별하는 방법

자석의 같은 극끼리는 서로 밀어 내고 다른 극끼리는 서로 끌어당기는 현상을 이용하여 극 표시가 없는 자석의 극을 구별할 수 있습니다.

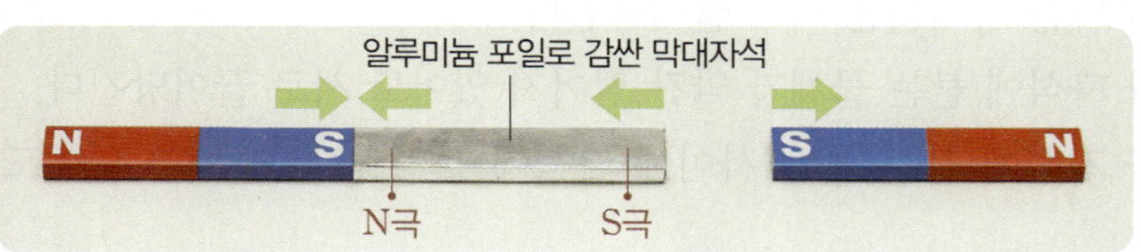

서로 끌어당길 때	서로 밀어 낼 때
막대자석의 S극과 서로 끌어당겨 붙는 극은 N극입니다.	막대자석의 S극과 서로 밀어 내는 극은 S극입니다.

핵심 개념 확인하기

정답과 해설 • 3쪽

✔ **자석과 자석 사이에 작용하는 힘**

❶ ☐☐ 극끼리 가까이 할 때	서로 밀어 내는 힘이 작용합니다.
❷ ☐☐ 극끼리 가까이 할 때	서로 끌어당기는 힘이 작용합니다.

✔ **극 표시가 없는 자석의 극을 구별하는 방법**: 자석의 같은 극끼리는 서로 ❸ ☐☐☐☐ 다른 극끼리는 서로 ❹ ☐☐☐☐☐ 현상을 이용하여 극 표시가 없는 자석의 극을 구별할 수 있습니다.

[1~2] 다음은 막대자석 두 개를 양손에 한 개씩 잡고 가까이 하는 모습입니다.

▶ 자석과 자석 사이에 작용하는 힘

1 손에 끌어당기는 느낌이 드는 경우를 골라 기호를 써 봅시다.

(   )

2 위 실험으로 알 수 있는 사실로 옳은 것은 어느 것입니까? (   )

① 자석은 철로 된 물체를 끌어당긴다.
② 자석의 같은 극끼리는 서로 끌어당긴다.
③ 자석의 다른 극끼리는 서로 끌어당긴다.
④ 자석과 자석에 붙는 물체가 약간 떨어져 있어도 서로 끌어당긴다.
⑤ 자석과 자석에 붙는 물체 사이에 자석에 붙지 않는 물체가 있어도 서로 끌어당 긴다.

3 한 자석을 다른 자석에 가까이 할 때 두 자석이 서로 밀어 내는 경우를 두 가지 골라 써 봅시다. (,   )

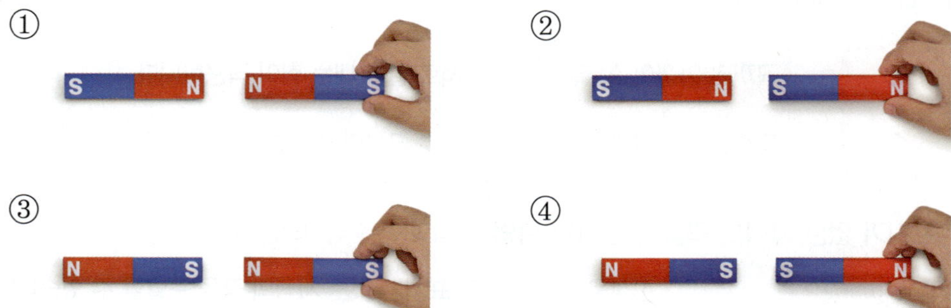

◗ 고리 자석 탑 쌓기

4 다음은 고리 자석으로 탑을 쌓은 모습입니다. 노란색 고리 자석의 ㉠면은 무슨 극인지 써 봅시다.

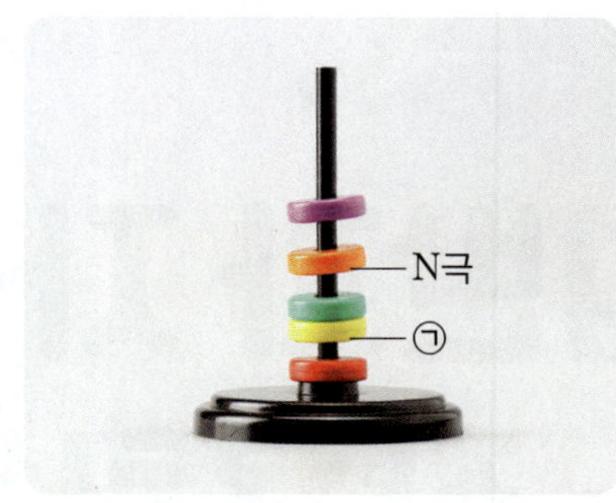

(   )극

◗ 극 표시가 없는 자석의 극을 구별하는 방법

5 알루미늄 포일로 감싼 막대자석에 다른 막대자석의 N극을 가까이 했더니 두 자석이 서로 끌어당겼습니다. ㉠은 무슨 극인지 써 봅시다.

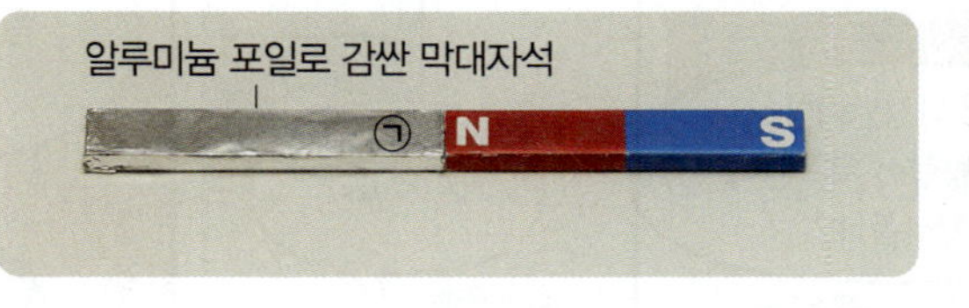

(   )극

퀴즈 로 마무리하기

● 자석과 자석 사이에 작용하는 힘에 대한 옳은 설명이 적힌 카드를 골라 숫자를 모두 더하면 비밀번호가 나온다고 합니다. 비밀번호를 써 봅시다.

1 자석의 다른 극끼리는 서로 끌어당기는 힘이 작용합니다.

2 고리 자석 탑을 높게 쌓으려면 같은 극끼리 마주 보게 놓아야 합니다.

3 자석의 N극에 다른 자석의 N극을 가까이 하면 서로 끌어당깁니다.

4 자석과 자석 사이에는 힘이 작용하지 않습니다.

5 고리 자석 윗면에 막대자석의 S극을 가까이 할 때 서로 끌어당기면 고리 자석의 윗면은 N극입니다.

04 일차

나침반과 자석 사이에 작용하는 힘

만화로 생각 열기

📖 내 교과서　비상교육, 아이스크림, 지학사, 천재(정)

활동 1　　나침반과 자석을 가까이 할 때 나타나는 현상

과정 및 결과

실험 동영상

1 나침반을 평평한 곳에 올려놓고 나침반 바늘이 움직이지 않을 때까지 기다린 다음 나침반 바늘의 빨간색 부분을 '북' 글자에 맞추어 놓습니다.

'N'이라고 쓰여 있는 나침반도 있습니다.

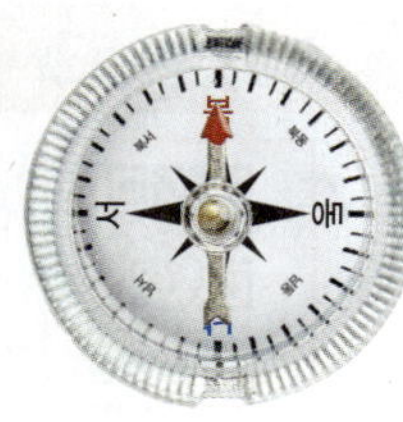

➕ **또 다른 방법!**

📖 동아, 천재(이)

막대자석을 나침반 주변으로 움직이면서 나침반 바늘의 움직임을 관찰하는 방법도 있습니다.

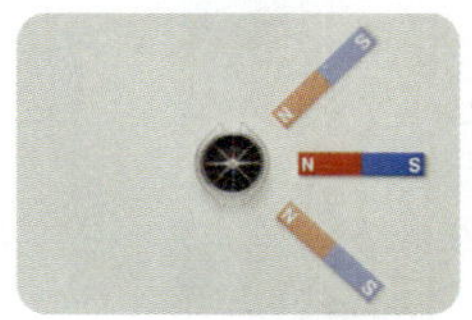

📖 미래엔

막대자석을 여러 나침반 사이에 가까이 했다가 멀어지게 하며 나침반 바늘의 움직임을 관찰하는 방법도 있습니다.

2 막대자석의 N극을 나침반에 가까이 했다가 멀어지게 하면서 나침반 바늘이 어떻게 움직이는지 관찰해 봅시다.

막대자석의 N극을 가까이 할 때	막대자석의 N극을 멀어지게 할 때
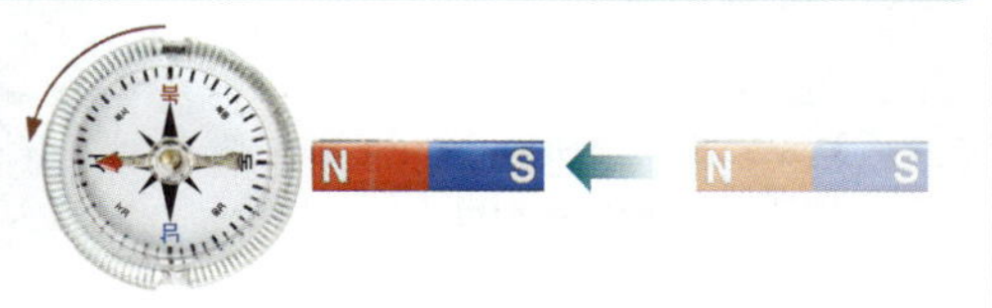	
나침반 바늘의 빨간색 부분이 자석의 반대쪽을 가리킵니다.	나침반 바늘이 원래 가리키던 방향으로 되돌아갑니다.

3 막대자석의 S극을 나침반에 가까이 했다가 멀어지게 하면서 나침반 바늘이 어떻게 움직이는지 관찰해 봅시다.

막대자석의 S극을 가까이 할 때	막대자석의 S극을 멀어지게 할 때

나침반 바늘의 빨간색 부분이 자석 쪽을 가리킵니다.	나침반 바늘이 원래 가리키던 방향으로 되돌아갑니다.

정리

- 막대자석을 나침반에 가까이 할 때 나침반 바늘은 어떻게 움직일까요?
  ➜ 나침반 바늘이 막대자석의 극을 가리킵니다.

- 막대자석을 나침반에서 멀어지게 할 때 나침반 바늘은 어떻게 움직일까요?
  ➜ 나침반 바늘이 원래 가리키던 방향으로 되돌아갑니다.

📖 내 교과서 비상교육, 아이스크림, 천재(이), 천재(정)

활동 2 **자석 주변에 놓은 나침반 바늘이 가리키는 방향 관찰하기**

과정 및 결과

실험 동영상

1 막대자석을 평평한 곳에 올려놓고, 막대자석의 N극과 S극 주변에 나침반을 세 개씩 놓습니다.

2 막대자석의 N극과 S극 주변에 놓은 나침반 바늘이 가리키는 방향을 관찰해 봅시다.

막대자석의 N극 주변	막대자석의 S극 주변
• 나침반 바늘의 빨간색 부분: 자석의 반대쪽을 가리킵니다. • 나침반 바늘의 빨간색 부분 반대쪽: 자석 쪽을 가리킵니다.	• 나침반 바늘의 빨간색 부분: 자석 쪽을 가리킵니다. • 나침반 바늘의 빨간색 부분 반대쪽: 자석의 반대쪽을 가리킵니다.

3 자석 주변에서 나침반 바늘이 가리키는 방향이 달라지는 까닭을 이야기해 봅시다.

➡ 나침반 바늘도 자석으로 되어 있어 나침반 바늘과 자석 사이에 서로 밀어 내거나 끌어당기는 힘이 작용하기 때문입니다.

나침반 바늘이 철로 된 물체라면 항상 자석 쪽을 가리킬 것입니다.

정리

• 나침반을 막대자석 주변에 놓았을 때 나침반 바늘이 가리키는 방향에 어떤 규칙이 있을까요?

➡ 나침반 바늘이 막대자석의 극을 가리킵니다.

• 자석 주변에서 나침반 바늘이 움직이는 까닭은 무엇일까요?

➡ 나침반 바늘도 자석으로 되어 있기 때문입니다.

• 나침반 바늘의 N극과 S극은 각각 어느 부분일까요?

➡ 나침반 바늘의 빨간색 부분은 N극이고, 빨간색 부분 반대쪽은 S극입니다.

개념 이해하기

1 자석을 나침반에 가까이 할 때 나타나는 현상

자석을 나침반에 가까이 하면 나침반 바늘이 자석의 극을 가리킵니다.

막대자석의 N극을 가까이 할 때	막대자석의 S극을 가까이 할 때
	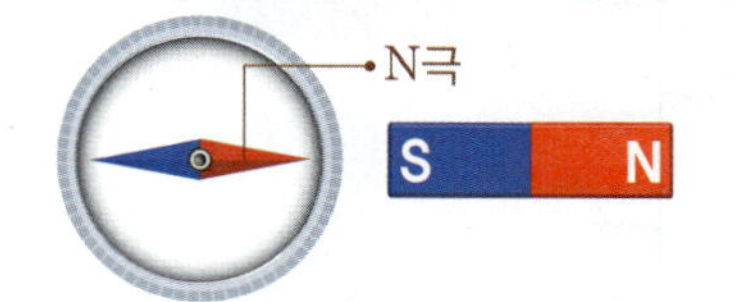
나침반 바늘의 빨간색 부분 반대쪽이 자석의 N극을 가리킵니다.	나침반 바늘의 빨간색 부분이 자석의 S극을 가리킵니다.
➡ 나침반 바늘의 빨간색 부분 반대쪽: S극	➡ 나침반 바늘의 빨간색 부분: N극

2 자석 주변에 나침반을 놓을 때 나타나는 현상

3 자석 주변에서 나침반 바늘이 가리키는 방향이 달라지는 까닭

① 나침반 바늘도 자석으로 되어 있기 때문입니다.
② 나침반 바늘과 자석 사이에 서로 밀어 내거나 끌어당기는 힘이 작용합니다.

핵심 개념 확인하기

┃ 정답과 해설 • 3쪽

💜 자석을 나침반에 가까이 할 때 나타나는 현상: 나침반 바늘이 자석의 ❶[   ]을 가리킵니다.

💜 자석 주변에 나침반을 놓을 때 나타나는 현상

자석의 N극 주변에 놓을 때	자석의 S극 주변에 놓을 때
나침반 바늘의 빨간색 부분 반대쪽이 자석의 ❷[ ]극을 가리킵니다.	나침반 바늘의 빨간색 부분이 자석의 S극을 가리킵니다.

💜 자석 주변에서 나침반 바늘이 가리키는 방향이 달라지는 까닭: 나침반 바늘도 ❸[   ][   ]으로 되어 있어 나침반 바늘과 자석 사이에 서로 밀어 내거나 끌어당기는 힘이 작용하기 때문입니다.

◈ 자석을 나침반에
가까이 할 때
나타나는 현상

1 막대자석의 N극을 나침반에 가까이 할 때 나침반 바늘이 가리키는 방향으로 옳은 것은
어느 것입니까? ( )

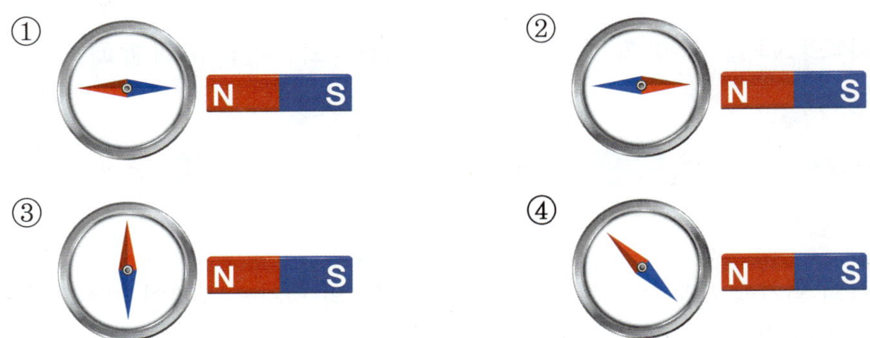

2 오른쪽과 같이 막대자석의 S극을 나침반에 가까이 할 때
나침반 바늘이 가리키는 방향으로 옳은 것을 보기 에서
골라 기호를 써 봅시다.

보기

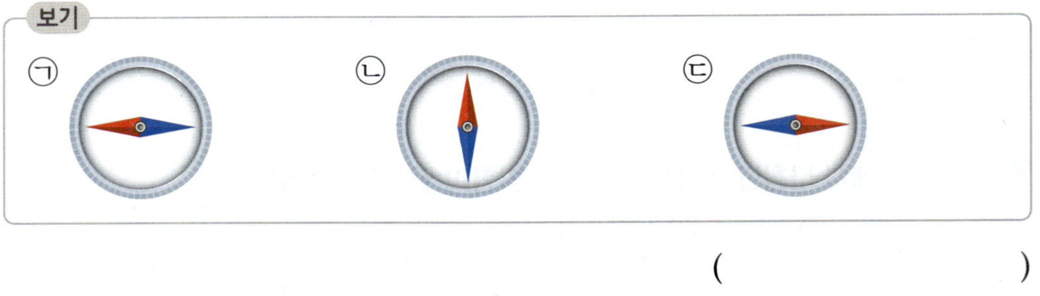

( )

3 다음은 극을 구별할 수 없는 막대자석을 나침반에 가까이 할 때 나침반 바늘의 모습
입니다. 막대자석의 ㉠과 ㉡은 각각 무슨 극인지 써 봅시다.

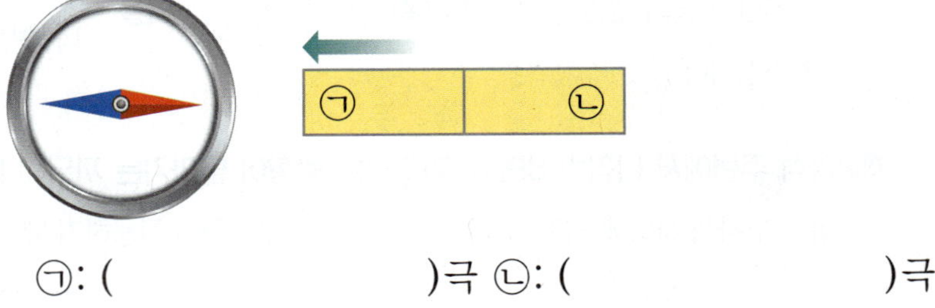

㉠: ( )극 ㉡: ( )극

4 다음과 같이 막대자석 주변에 나침반을 놓을 때 나침반 바늘이 가리키는 방향으로 옳은 것을 골라 기호를 써 봅시다.

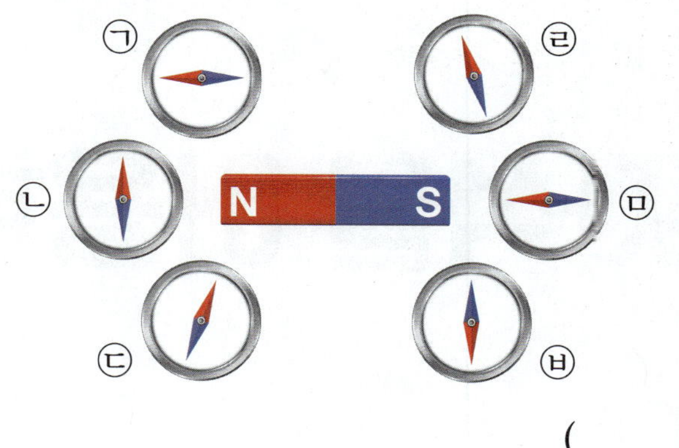

(   )

5 다음은 자석 주변에서 나침반 바늘이 움직이는 까닭입니다. (   ) 안에 알맞은 말은 어느 것입니까?   (   )

> 나침반 바늘도 (   )(으)로 되어 있어 나침반 바늘과 자석 사이에 서로 밀어 내거나 끌어당기는 힘이 작용하기 때문이다.

① 철　　　　　　② 자석　　　　　　③ 금속
④ 알루미늄　　　⑤ 플라스틱

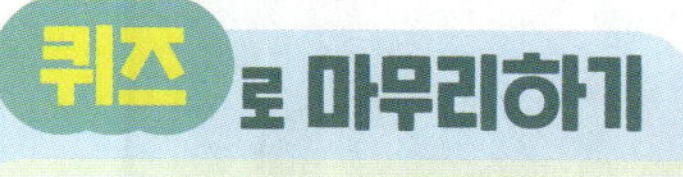
퀴즈 로 마무리하기

● 나침반과 자석 사이에 작용하는 힘에 대한 옳은 설명이 적힌 징검돌만 밟아서 징검다리를 건너려고 합니다. 밟아야 하는 징검돌을 따라 선으로 연결해 봅시다.

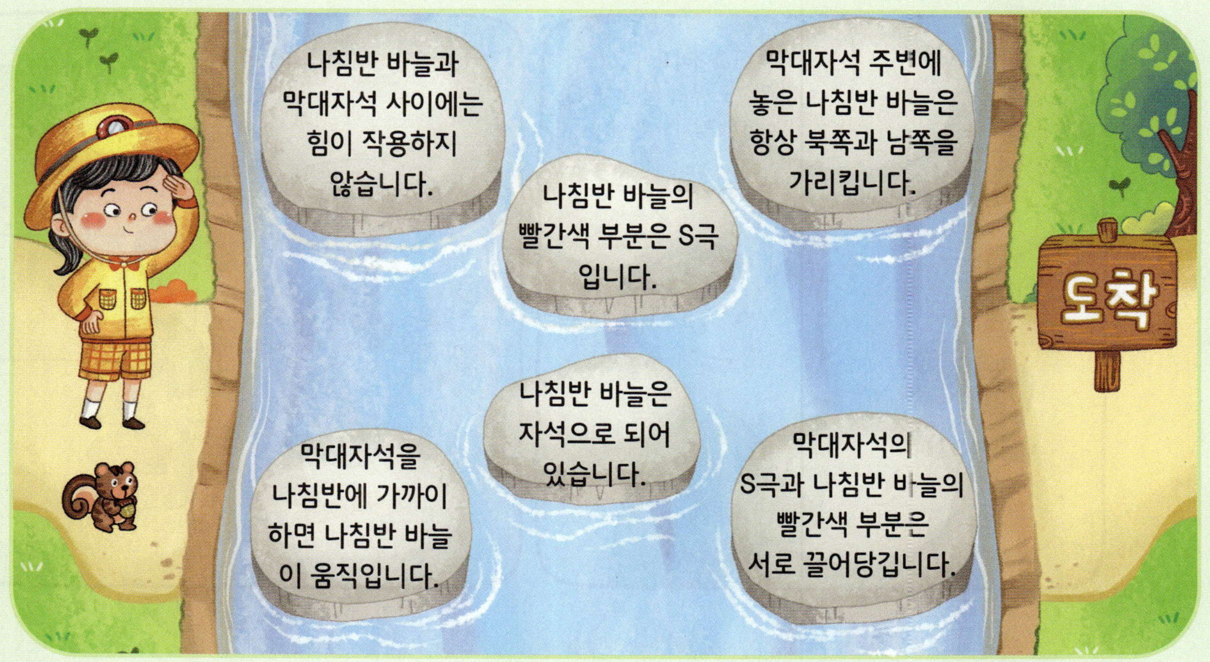

일차

05

자석을 이용한 장치

만화로 생각 열기

활동 **자석을 이용한 장치 조사하기**

과정 및 결과

1 다음 그림에서 자석을 이용한 장치를 찾아봅시다.

➕ **또 다른 방법!**

📖 천재(정)

자석을 이용한 물체에 철 클립을 대어 보면서 자석이 있는 부분을 찾은 다음, 자석이 있는 부분에 막대자석을 가까이 하면서 자석의 극을 구별하는 활동을 할 수도 있습니다.

▲ 팽이의 극

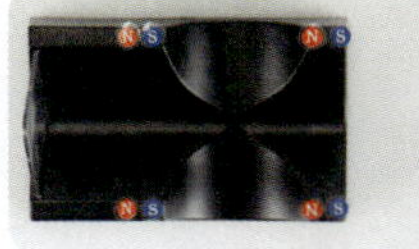

▲ 받침대의 극

✔ **책갈피** 읽던 곳이나 필요한 곳을 찾기 쉽도록 책의 낱장 사이에 끼워 두는 물건

➡ 자석 다트, 자석 신발 끈 매듭기, 자석 ✔책갈피, 자석 스마트 기기 덮개, 자석 단추 등이 있습니다.

2 그림에서 찾은 자석을 이용한 장치에 자석이 있는 부분과 장치의 편리한 점을 조사해 봅시다.

자석을 이용한 장치	자석이 있는 부분	자석을 이용하여 편리한 점
자석 신발 끈 매듭기	신발 끈 매듭기의 맞닿는 양쪽 면	신발 끈을 쉽게 매고 풀 수 있습니다.
자석 책갈피	자석 책갈피의 마주 보는 부분	쉽게 붙였다 떼면서 읽은 곳을 표시할 수 있습니다.
자석 스마트 기기 덮개	덮개를 ✔여닫는 부분	덮개를 쉽게 여닫을 수 있습니다.

✔ **여닫다** 문 따위를 열고 닫음.

정리 **우리 생활에서 이용하는 자석을 이용한 장치에는 어떤 것이 있을까요?**

➡ 자석 신발 끈 매듭기, 자석 책갈피, 자석 스마트 기기 덮개 등이 있습니다.

1 자석을 이용한 장치

우리 생활에서는 자석을 이용한 여러 가지 장치를 사용합니다.

	자석 필통	자석 ˅전단지	무선 이어폰 보관함
장치			
자석이 있는 부분	필통을 열고 닫는 부분	전단지 뒷면	무선 이어폰을 넣는 부분
편리한 점	필통 뚜껑을 쉽게 여 닫을 수 있습니다.	전단지를 철로 된 물체 표면에 쉽게 붙일 수 있습니다.	무선 이어폰을 쉽게 넣을 수 있습니다.

✔ **전단지** 광고하는 글이 적힌 종이

	냉장고 자석	자석 ˅공구 걸이	자석 드라이버
장치			
자석이 있는 부분	냉장고 자석의 아랫면	가운데 긴 막대 모양 부분	드라이버의 끝부분
편리한 점	쪽지를 철로 된 물체 표면에 쉽게 붙일 수 있습니다.	공구를 붙여 놓고 쉽 게 찾아서 사용할 수 있습니다.	나사를 드라이버에 쉽게 고정할 수 있습 니다.

✔ **공구** 물건을 만들거나 고 치는 데 쓰는 기구나 도구

	자석 블록	자석 바둑돌	자석 책갈피
장치			
자석이 있는 부분	블록의 끝부분	바둑돌	마주 보는 부분
편리한 점	블록을 쉽게 조립하 거나 분해할 수 있습 니다.	바둑돌이 바둑판에 고정되어 편리하게 바 둑을 둘 수 있습니다.	책의 읽은 곳을 쉽게 표시할 수 있습니다.

2 장치에 이용한 자석의 성질

① 자석과 철이 서로 끌어당기는 성질

	자석 다트	자석 문 고정 장치	자석 클립 통	자석 비누 걸이
장치				
자석이 있는 부분	화살 끝부분	문 고정 장치 끝부분	클립 통 입구	비누 걸이 끝부분
철이 있는 부분	점수판	문에 있는 장치	철 클립	비누에 붙인 철판
편리한 점	화살이 뾰족하지 않아 안전하게 놀이를 할 수 있습니다.	문이 닫히지 않게 고정해 놓을 수 있습니다.	클립을 쉽게 꺼낼 수 있고 클립이 쏟아지지 않게 할 수 있습니다.	비누를 공중에 띄워 물기가 잘 마르게 할 수 있습니다.

② 자석의 극끼리 서로 밀어 내거나 서로 끌어당기는 성질

	자석 팽이	자석 커튼 끈	자석 신발 끈 매듭기	자석 창문 닦이
장치				
편리한 점	팽이와 받침대가 마주 보는 부분에 있는 자석의 극이 서로 밀어 내어 팽이가 공중에 떠 있을 수 있습니다.	마주 보는 부분에 있는 자석의 극이 서로 끌어당겨 커튼을 쉽게 정리할 수 있습니다.	맞닿는 양쪽 면에 있는 자석의 극이 서로 끌어당겨 신발 끈을 쉽게 매고 풀 수 있습니다.	맞닿는 양쪽 면에 있는 자석의 극이 서로 끌어당겨 유리창 바깥면을 닦을 수 있습니다.

③ 자석이 일정한 방향을 가리키는 성질: 자석이 일정한 방향을 가리키는 성질을 이용하여 <u>나침반</u>을 만듭니다.

└─▶ 나침반 바늘이 자석입니다.

핵심 개념 확인하기

┃ 정답과 해설 • 4쪽

- ✔ ❶ [　][　]을 이용한 장치: 자석 필통, 자석 전단지, 자석 단추 등이 있습니다.
- ✔ 장치에 이용한 자석의 성질: 자석과 ❷ [　]이 서로 끌어당기는 성질, 자석의 ❸ [　]끼리는 서로 밀어 내거나 끌어당기는 성질, 자석이 일정한 방향을 가리키는 성질을 이용합니다.

1 자석을 이용한 장치가 <u>아닌</u> 것은 어느 것입니까? (　　　)

① 
▲ 자석 전단지

② 
▲ 자석 다트

③ 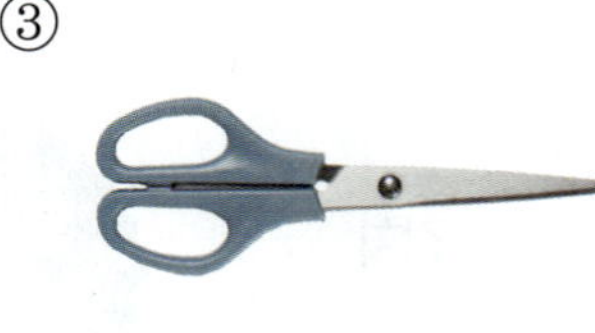
▲ 가위

④ 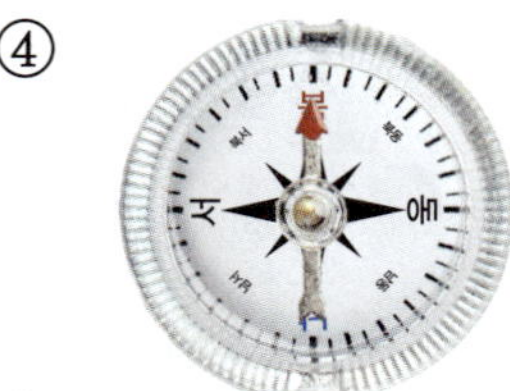
▲ 나침반

⑤ 
▲ 자석 블록

2 오른쪽 자석 필통에서 자석이 하는 일을 옳게 설명한 사람의 이름을 써 봅시다.

> • 준우: 연필을 붙여 놓고 보관할 수 있게 해.
> • 서연: 필통 뚜껑을 쉽게 여닫을 수 있게 해.
> • 지호: 필통을 철로 된 물체에 쉽게 붙일 수 있게 해.

(　　　)

3 다음은 자석을 이용한 어떤 장치에 대한 설명입니다. (　　) 안에 알맞은 말은 어느 것입니까? (　　　)

> (　　　)의 마주 보는 부분에 자석이 있어 책의 읽은 곳을 쉽게 표시할 수 있다.

① 냉장고 자석　　　　　　② 자석 전단지
③ 자석 책갈피　　　　　　④ 자석 공구 걸이
⑤ 자석 비누 걸이

❍ 장치에 이용한 자석의 성질

4 오른쪽 자석 클립 통에 대한 설명으로 옳지 <u>않은</u> 것은 어느 것입니까? ( )

① 자석을 이용한다.
② 철 클립을 쉽게 꺼낼 수 있다.
③ 자석 클립 통 입구에 자석이 있다.
④ 자석과 철이 서로 끌어당기는 성질을 이용한다.
⑤ 자석의 같은 극끼리 서로 밀어 내는 성질을 이용한다.

5 자석의 극끼리 서로 밀어 내거나 끌어당기는 성질을 이용한 장치를 골라 기호를 써 봅시다.

㉠
▲ 자석 문 고정 장치

㉡
▲ 자석 신발 끈 매듭기

㉢
▲ 자석 비누 걸이

( )

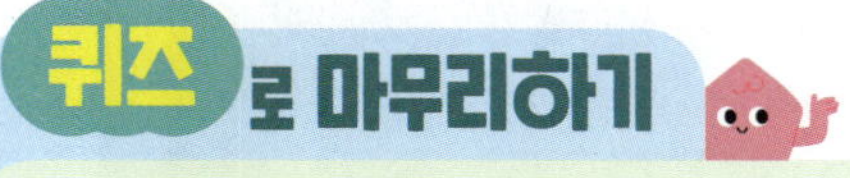

| 정답과 해설 • 4쪽

● 다음 빈칸에 알맞은 낱말 카드에 적힌 숫자를 순서대로 누르면 보물 상자의 비밀번호를 알 수 있습니다. 비밀번호를 써 봅시다.

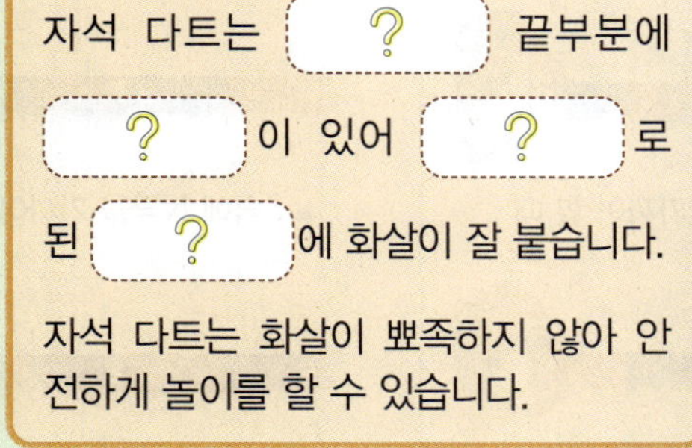

06 생각 그물 로 정리하기

● 다음 빈칸에 들어갈 내용을 써서 생각 그물을 완성해 보세요.

◑ 1일차

자석과 물체 사이에 작용하는 힘

자석에 붙는 물체와 자석에 붙지 않는 물체

• 자석에 붙는 물체와 자석에 붙지 않는 물체

자석에 붙는 물체	자석에 붙지 않는 물체
❶ [ ]로 된 물체	고무, 나무, 유리, 종이, 알루미늄, 플라스틱 등으로 된 물체
▲ 철 클립 ▲ 철 못	▲ 연필 ▲ 유리구슬

• 자석에 붙는 부분과 자석에 붙지 않는 부분이 모두 있는 물체: 철로 된 부분만 자석에 붙습니다.

자석과 자석에 붙는 물체 사이에 작용하는 힘의 특징

• 자석과 자석에 붙는 물체가 약간 떨어져 있어도 서로 ❷ [ ][ ][ ][ ] 힘이 작용합니다.

• 자석과 자석에 붙는 물체 사이에 자석에 붙지 않는 물체가 있어도 서로 끌어당기는 힘이 작용합니다.

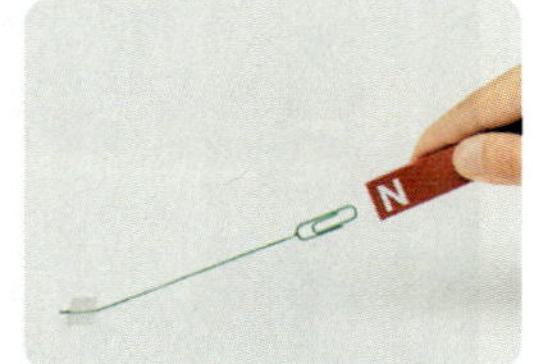

▲ 자석과 철 클립 사이가 약간 떨어져 있는 모습

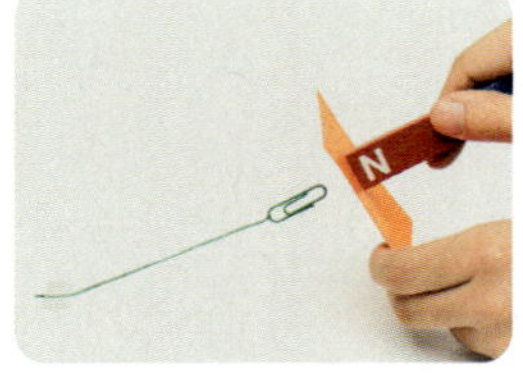

▲ 자석과 철 클립 사이에 색종이를 넣은 모습

◑ 2일차

자석의 극

• 자석의 ❸ [ ] : 자석에서 철로 된 물체를 끌어당기는 힘이 가장 센 부분입니다.

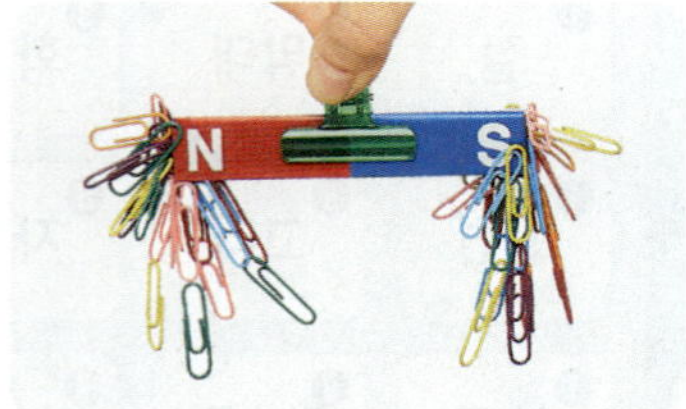

▲ 자석의 극

• 자석의 극은 항상 ❹ [ ] 개이고, 각각 N극과 S극으로 나타냅니다.

◑ 3일차

자석과 자석 사이에 작용하는 힘

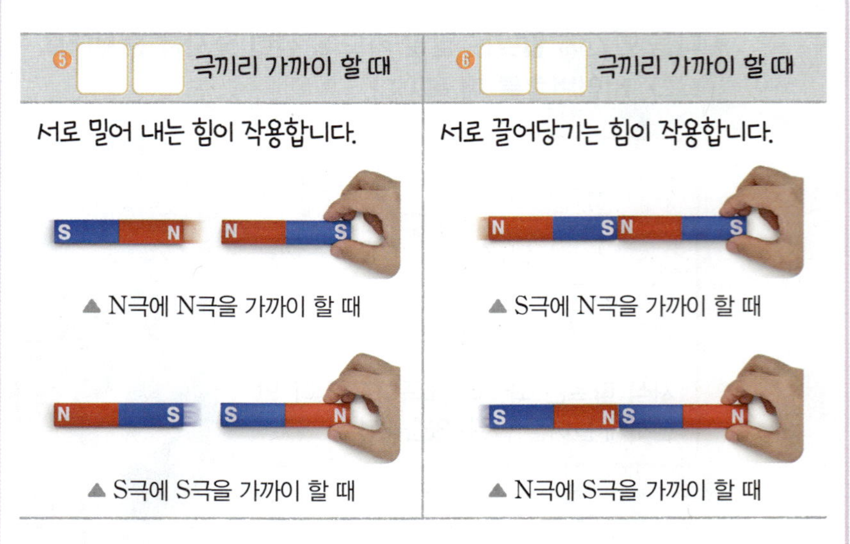

❺ [ ][ ] 극끼리 가까이 할 때
서로 밀어 내는 힘이 작용합니다.
▲ N극에 N극을 가까이 할 때
▲ S극에 S극을 가까이 할 때

❻ [ ][ ] 극끼리 가까이 할 때
서로 끌어당기는 힘이 작용합니다.
▲ S극에 N극을 가까이 할 때
▲ N극에 S극을 가까이 할 때

06
일차

⟳ 4일차

나침반과 자석 사이에 작용하는 힘

자석을 나침반에 가까이 할 때 나타나는 현상

나침반에 자석을 가까이 하면 나침반 바늘이 자석의
❼ [ ] 을 가리킵니다.

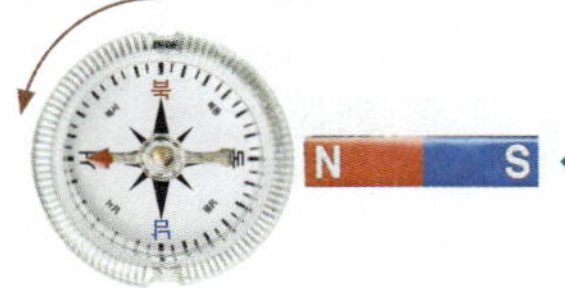

▲ 나침반에 N극을 가까이 하는 모습

▲ 나침반에 S극을 가까이 하는 모습

자석 주변에 나침반을 놓을 때 나타나는 현상

막대자석 주변에 나침반을 놓으면 나침반 바늘이 자석의
❽ [ ] 을 가리킵니다.

▲ 막대자석 주변에 나침반을 놓은 모습

자석의 이용

⟳ 5일차

자석을 이용한 장치

자석을 이용한 장치

우리 생활에서는 자석 신발 끈 매듭기, 자석 창문 닦이, 냉장고 자석
등 ❾ [ ] [ ] 을 이용한 여러 장치를 사용합니다.

▲ 자석 신발 끈 매듭기　　▲ 자석 창문 닦이　　▲ 냉장고 자석

장치에 이용한 자석의 성질

• 자석과 ❿ [ ] 이 서로 끌어당기는 성질을
  이용합니다.

• 자석의 극끼리 서로 밀어 내거나 서로 끌어
  당기는 성질을 이용합니다.

• 자석이 일정한 방향을 가리키는 성질을
  이용합니다.

중요

1 자석에 붙는 물체는 어느 것입니까? (　　　)

① 철로 된 클립
② 유리로 된 구슬
③ 고무로 된 지우개
④ 나무로 된 젓가락
⑤ 플라스틱으로 된 빨대

서술형

2 다음은 여러 가지 물체를 자석에 붙는 물체와 자석에 붙지 않는 물체로 분류한 결과입니다. 자석에 붙는 물체의 특징을 써 봅시다.

자석에 붙는 물체	자석에 붙지 않는 물체
철사, 철 못, 철 집게, 철 클립	연필, 고무줄, 유리구슬, 나무젓가락

자석에 붙는 물체는 _______________________

____

3 다음 물체에서 자석에 붙는 부분끼리 옳게 짝 지은 것은 어느 것입니까? (　　　)

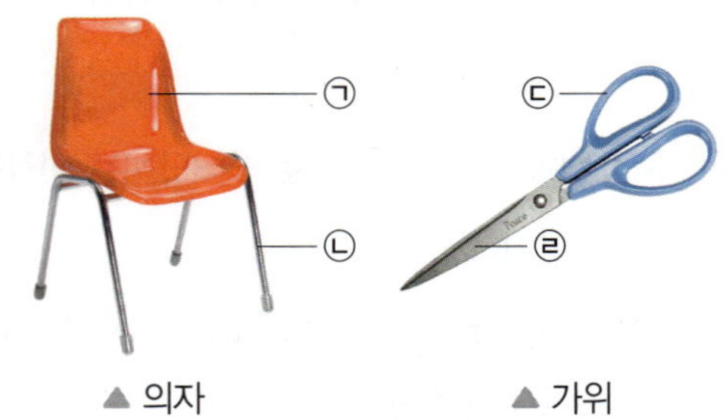

① ㉠, ㉢
② ㉠, ㉣
③ ㉡, ㉢
④ ㉡, ㉣
⑤ ㉠, ㉡, ㉢

4 다음은 실로 바닥에 고정된 철 클립에 막대자석을 가까이 했다가 약간 떨어뜨린 모습입니다. 이를 통해 알 수 있는 사실을 보기 에서 **두 가지** 골라 기호를 써 봅시다.

보기

㉠ 자석은 철 클립을 밀어 낸다.
㉡ 자석과 철 클립은 서로 끌어당긴다.
㉢ 자석과 자석에 붙는 물체가 약간 떨어져 있어도 서로 끌어당기는 힘이 작용한다.
㉣ 자석과 자석에 붙는 물체 사이에 자석에 붙지 않는 물체가 있어도 서로 끌어당기는 힘이 작용한다.

(　　　　　　)

중요

5 다음과 같이 막대자석에서 철 클립이 많이 붙어 있는 부분을 무엇이라고 하는지 써 봅시다.

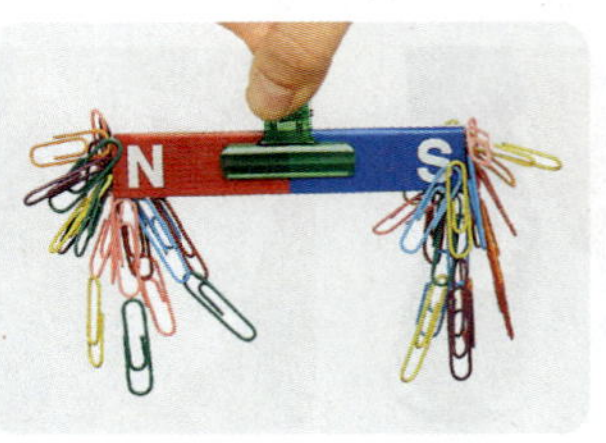

(　　　　　　)

6 다음 막대자석에 철 클립을 대었을 때 철 클립을 가장 세게 끌어당기는 부분끼리 옳게 짝 지은 것은 어느 것입니까? ( )

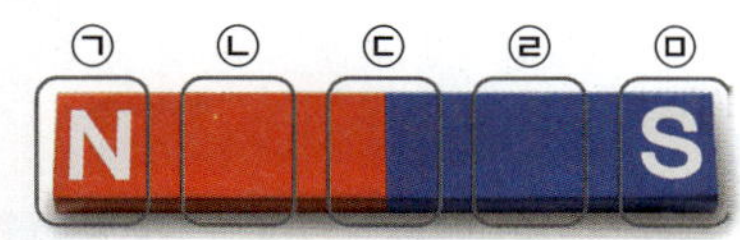

① ㉠, ㉡　　　　② ㉠, ㉢
③ ㉠, ㉤　　　　④ ㉡, ㉣
⑤ ㉢, ㉤

◇중요◇

7 다음은 여러 가지 자석에 철 클립이 붙어 있는 모습입니다. 이를 통해 알 수 있는 사실을 두 가지 골라 써 봅시다. (,)

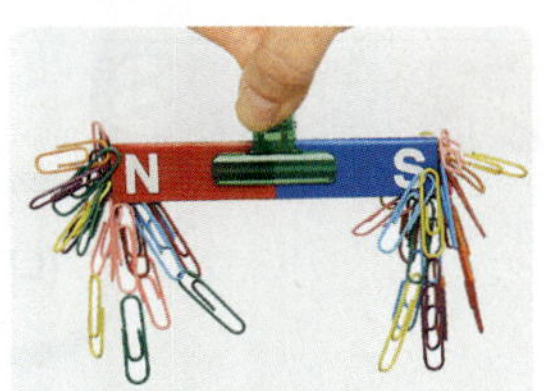
▲ 막대자석에 철 클립이 붙어 있는 모습

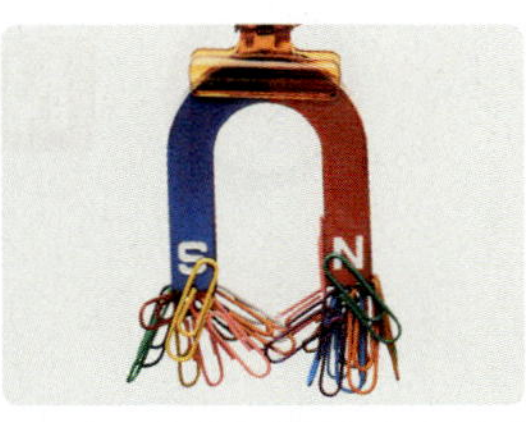
▲ 말굽자석에 철 클립이 붙어 있는 모습

① 자석의 극은 한 개이다.
② 자석의 극은 두 개이다.
③ 자석의 극은 자석의 가운데에 있다.
④ 자석의 극은 자석의 양쪽 끝부분에 있다.
⑤ 자석의 가운데에서 철 클립을 끌어당기는 힘이 가장 세다.

8 다음은 물에 띄운 막대자석이 움직임을 멈춘 모습입니다. 이 모습을 통해 알 수 있는 사실을 보기 에서 골라 기호를 써 봅시다.

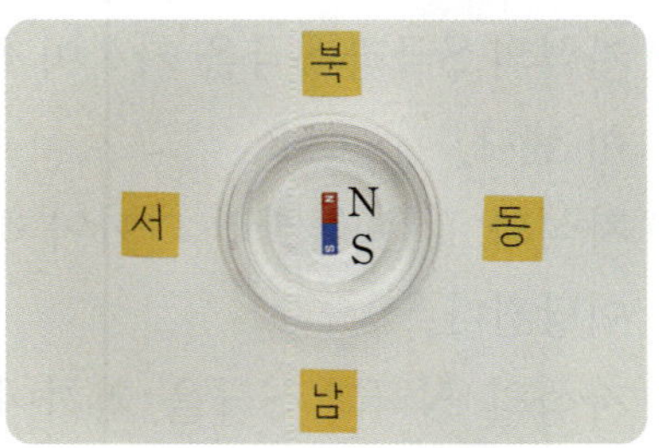

보기

㉠ 물에 띄운 막대자석의 S극은 북쪽을 가리킨다.
㉡ 물에 띄운 막대자석의 N극은 남쪽을 가리킨다.
㉢ 물에 띄운 막대자석의 두 극은 북쪽과 남쪽을 가리킨다.

( )

[9~10] 다음은 막대자석 두 개를 같은 극끼리 일렬로 놓고 한 자석을 다른 자석에 가까이 하는 모습입니다.

9 위 실험에서 왼쪽 자석이 움직이는 방향을 골라 기호를 써 봅시다.

( )

서술형

10 위 실험으로 알 수 있는 사실을 써 봅시다.

자석의 같은 극끼리는 ______________

____

중요

11 자석과 자석을 가까이 할 때 나타나는 현상으로 옳은 것은 어느 것입니까? ( )

① 자석끼리 가까이 하면 서로 밀어 낸다.
② 자석의 S극과 S극을 가까이 하면 서로 밀어 낸다.
③ 자석의 같은 극끼리 가까이 하면 서로 끌어당긴다.
④ 자석의 N극과 S극을 가까이 하면 서로 밀어 낸다.
⑤ 자석의 N극과 N극을 가까이 하면 서로 끌어당긴다.

[12~13] 다음은 고리 자석으로 가장 낮은 탑을 쌓은 모습입니다.

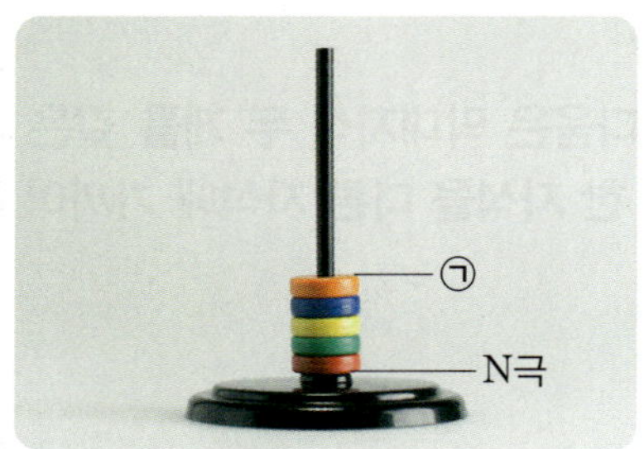

12 ㉠면은 무슨 극인지 써 봅시다.

( )극

서술형

13 위와 같이 고리 자석으로 가장 낮은 탑을 쌓는 방법과 그 까닭을 써 봅시다.

____

____

14 다음과 같이 나침반에 막대자석의 S극을 가까이 할 때 관찰할 수 있는 모습으로 옳은 것은 어느 것입니까? ( )

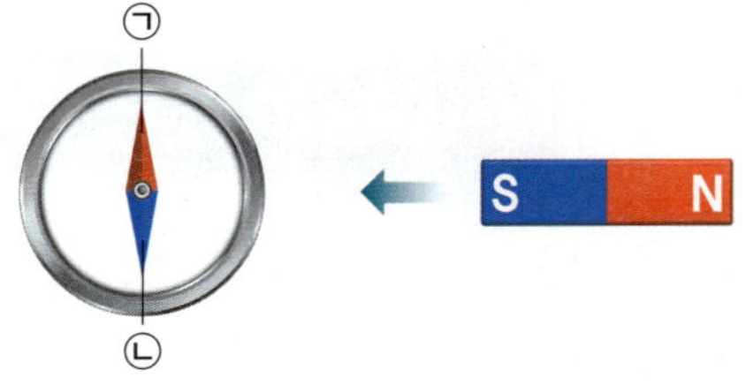

① 나침반 바늘이 계속 회전한다.
② ㉠ 부분이 자석 쪽을 가리킨다.
③ ㉡ 부분이 자석 쪽을 가리킨다.
④ 나침반 바늘에 아무런 변화가 없다.
⑤ ㉠ 부분이 자석의 반대쪽을 가리킨다.

15 막대자석 주변에 나침반 두 개를 각각 (가)와 (나) 위치에 놓을 때 나침반 바늘의 모습으로 옳은 것을 보기 에서 각각 골라 기호를 써 봅시다.

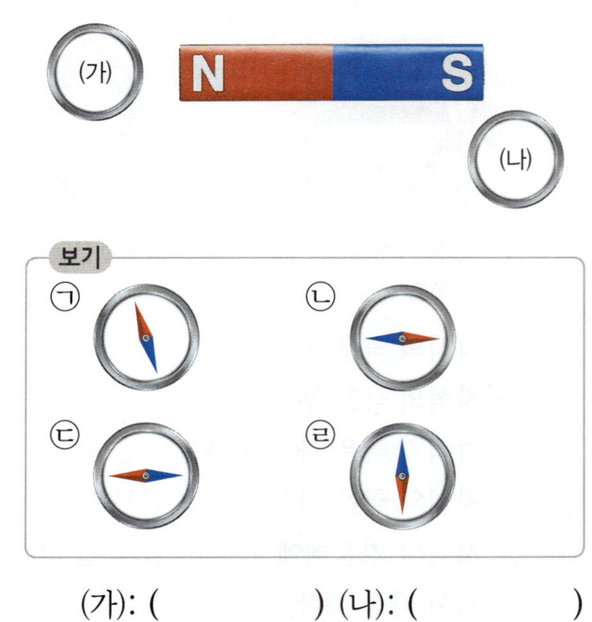

(가): ( ) (나): ( )

16 막대자석 주변에 나침반을 놓을 때 나침반 바늘이 가리키는 방향으로 옳은 것은 어느 것입니까? ( )

① 일정한 방향을 가리킨다.
② 북쪽과 남쪽을 가리킨다.
③ 동쪽과 서쪽을 가리킨다.
④ 막대자석의 극을 가리킨다.
⑤ 막대자석의 가운데 부분을 가리킨다.

+중요+
17 다음 ( ) 안에 알맞은 말을 옳게 짝 지은 것은 어느 것입니까? ( )

> • 자석 주변에서 나침반 바늘이 자석의 극을 가리키는 것으로 보아 나침반 바늘이 (㉠)이라는 것을 알 수 있다.
> • 나침반 바늘의 빨간색 부분은 자석의 (㉡)극을 가리키고, 빨간색 부분 반대쪽은 자석의 (㉢)극을 가리킨다.

	㉠	㉡	㉢
①	철	N	S
②	철	S	N
③	자석	N	S
④	자석	S	N
⑤	자석	S	S

18 다음 장치에 공통으로 이용한 것은 무엇인지 써 봅시다.

▲ 냉장고 자석

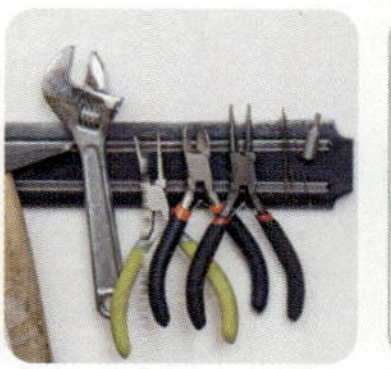
▲ 자석 공구 걸이

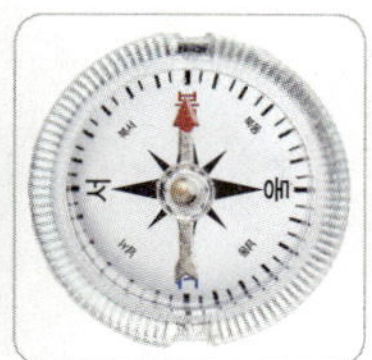
▲ 나침반

( )

완성 06 일차

19 자석 바둑돌을 사용할 때 편리한 점으로 옳은 것을 보기 에서 골라 기호를 써 봅시다.

> **보기**
> ㉠ 바둑돌끼리 서로 밀어 낸다.
> ㉡ 바둑돌끼리 서로 끌어당긴다.
> ㉢ 바둑돌이 바둑판에 고정되어 흐트러지지 않는다.

( )

20 자석의 극끼리 서로 밀어 내는 성질을 이용한 장치는 어느 것입니까? ( )

① 
▲ 자석 팽이

② 
▲ 자석 창문 닦이

③ 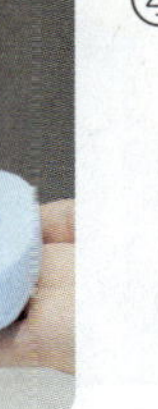
▲ 자석 비누 걸이

④ 
▲ 자석 커튼 끈

2. 물의 상태 변화

07 일차

물의 상태 변화

만화로 생각 열기

탐구로 시작하기

활동 1 **물의 상태 변화 관찰하기**

과정 및 결과

실험 동영상

➕ 또 다른 방법!

📖 아이스크림, 지학사

소금을 섞은 얼음이 든 수조나 얼음 만들기 철판을 이용해 물을 얼리면서 변화를 관찰하는 방법도 있습니다.

소금을 섞은 얼음

📖 미래엔, 천재(이)

종이에 물을 묻히거나 물로 그림을 그리고, 시간이 지나면서 나타나는 변화를 관찰하는 방법도 있습니다. 시간이 지나면 물이 묻었던 부분의 색깔이 연해집니다.

1 알루미늄 접시 두 개에 얼음과 물을 각각 넣고 자유롭게 관찰해 봅시다.

얼음	물

• 모양이 일정합니다. • 차갑습니다. • 손으로 잡을 수 있고, 단단합니다. • 투명하고, 하얀 부분도 있습니다.	• 모양이 일정하지 않습니다. • 얼음보다 덜 차갑습니다. • 손으로 잡을 수 없습니다. • 투명합니다.

2 알루미늄 접시 두 개를 손난로 위에 올려놓고 얼음의 변화와 물의 변화를 각각 관찰해 봅시다.

얼음	물
 손난로	손난로
• 얼음이 녹아서 물로 변했습니다. • 얼음이 물로 변한 후, 물의 양이 줄어들었습니다.	• 물의 양이 줄어들었습니다. • 물이 사라졌습니다.

3 시간이 지나면서 알루미늄 접시 안의 물이 어떻게 되었는지 이야기해 봅시다.

➡ 물이 눈에 보이지 않습니다.

➡ 알루미늄 접시 안의 물이 공기 중으로 날아가 수증기로 변합니다.

정리 **손난로 위에 올려놓은 얼음과 물의 상태는 어떻게 변하나요?**

➡ 고체인 얼음이 녹아 액체인 물로 변합니다.

➡ 액체인 물은 기체인 수증기로 변합니다.

📖 내 교과서 비상교육, 동아, 미래엔, 천재(이), 천재(정)

활동 2 　물의 상태가 변하는 예 찾기

과정 및 결과

1 시간이 지남에 따라 얼음, 물, 수증기의 상태가 어떻게 변할지 이야기해 봅시다.

얼음을 만드는 기계에 넣은 물	생선과 함께 넣은 얼음

물이 얼어 얼음으로 변합니다.	얼음이 녹아 물로 변합니다.
삶은 뜨거운 옥수수를 담은 봉지 안의 수증기	**달걀을 삶고 있는 물**

수증기가 차가운 봉지에 닿아 물로 변합니다.	물이 수증기로 변해 공기 중으로 날아갑니다.

2 물의 상태가 변하는 또 다른 예를 조사하고 공유해 봅시다.

물 → 얼음	얼음 → 물	물 → 수증기	수증기 → 물

겨울이 되면 호수의 물이 업니다.	얼음 조각 축제에 전시한 얼음 작품이 녹습니다.	고추를 햇볕에 널어 놓으면 고추가 마릅니다.	따뜻한 물로 샤워한 뒤 욕실 거울에 물방울이 맺힙니다.

정리

생활 속 상태 변화에는 어떤 것이 있을까요?

➜ 고체인 얼음이 녹아 액체인 물이 되거나, 액체인 물이 얼어 고체인 얼음이 되기도 합니다.

➜ 액체인 물이 기체인 수증기가 되거나, 기체인 수증기가 액체인 물이 되기도 합니다.

1 물의 세 가지 상태

물은 고체인 얼음, 액체인 물, 기체인 수증기의 세 가지 상태로 있습니다.

구분	얼음	물	수증기
상태	고체	액체	기체
특징	모양이 일정하고 눈에 보이며, 손으로 잡을 수 있습니다.	모양이 일정하지 않고 눈에 보이며, 손으로 잡을 수 없습니다.	공기 중에 있지만 눈에 보이지 않습니다.

2 물의 상태 변화

① 물의 상태 변화: 물이 서로 다른 상태로 변하는 것입니다.

② 물의 상태가 변하는 예

물(액체) → 얼음(고체)	얼음(고체) → 물(액체)	물(액체) → 수증기(기체)	수증기(기체) → 물(액체)
• 추운 날에는 물이 얼어 고드름이 생깁니다. • 추운 겨울에 강물이 업니다. • 냉동실에 넣어둔 물이 업니다.	• 팥빙수의 얼음이 녹습니다. • 컵에 담긴 얼음이 녹아 물이 됩니다. • 막대 얼음 과자가 시간이 지나면 녹습니다.	• 젖은 머리카락이 마릅니다. • 주전자의 물이 끓습니다. • 어항 속 물이 점점 줄어듭니다. • 뚜껑을 열어 놓으면 물휴지가 마릅니다.	• 뜨거운 옥수수를 담은 봉지 안의 수증기가 물로 변합니다. • 풀잎 표면에 이슬이 맺힙니다.

▌정답과 해설 • 6쪽

✔ 물의 세 가지 상태: ❶ [   ]인 얼음, ❷ [   ]인 물, ❸ [   ]인 수증기입니다.

✔ 물의 ❹ [   ] : 물이 서로 다른 상태로 변하는 것으로, 물은 ❺ [   ] 가지 상태르 변할 수 있습니다.

● 물의 상태 변화
  관찰하기

1 다음 얼음과 물을 관찰한 결과로 옳은 것을 보기 에서 골라 기호를 써 봅시다.

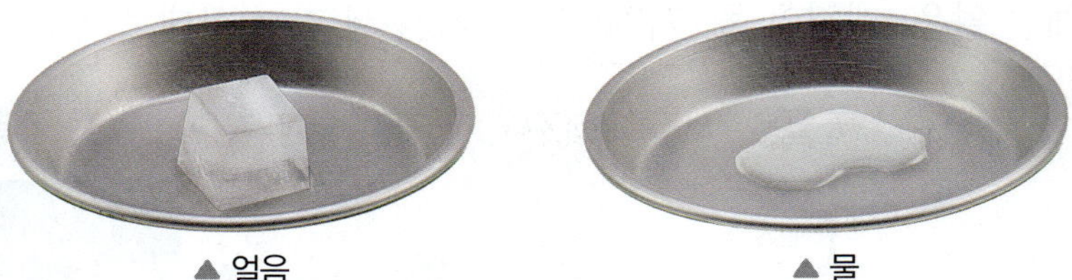

▲ 얼음   ▲ 물

보기
- ㉠ 얼음은 손으로 잡을 수 있다.
- ㉡ 물은 눈에 보이고 단단하다.
- ㉢ 얼음은 모양이 일정하지 않다.

(   )

2 오른쪽은 얼음이 담긴 알루미늄 접시를 손난로 위에 올려놓은 모습입니다. 시간이 지나면 얼음이 어떻게 되는지 (   ) 안에 알맞은 말을 써 봅시다.

얼음이 (   )(으)로 변한다.

(   )

● 물의 세 가지
  상태

3 물의 세 가지 상태를 선으로 연결해 봅시다.

(1) 물 ·   · ㉠ 고체

(2) 얼음 ·   · ㉡ 기체

(3) 수증기 ·   · ㉢ 액체

4 물의 상태 변화에 대한 설명으로 옳지 <u>않은</u> 것은 어느 것입니까? (　　　)

① 얼음은 물로 변할 수 있다.
② 물은 얼음으로 변할 수 있다.
③ 물은 수증기로 변할 수 있다.
④ 물은 한 가지 상태로만 변한다.
⑤ 물은 서로 다른 상태로 변할 수 있다.

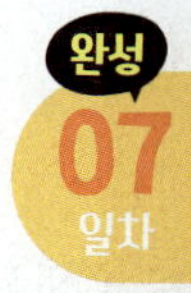

❯ 물의 상태 변화

5 다음 (　　) 안의 알맞은 말에 ○표 해 봅시다.

> 젖은 머리카락이 마르는 것은 ㉠ (물, 수증기)이/가 ㉡ (물, 수증기)로 상태가 변하는 것이다.

6 물의 상태가 고체에서 액체로 변하는 예는 어느 것입니까? (　　　)

① 젖은 머리카락이 마른다.
② 팥빙수의 얼음이 녹는다.
③ 추운 겨울에 강물이 언다.
④ 물휴지 뚜껑을 열어 놓으면 물휴지가 마른다.
⑤ 따뜻한 물로 샤워한 뒤 욕실 거울에 물방울이 맺힌다.

퀴즈 로 마무리하기

● 다음 십자말풀이를 해 봅시다.

가로

❶ 수증기는 물의 ☐☐ 상태입니다.
❹ 물은 세 가지 ☐☐로 변할 수 있습니다.

세로

❷ 물이 얼면 ☐☐ 상태인 얼음이 됩니다.
❸ 물이 서로 다른 상태로 변하는 것을 물의 ☐☐☐☐ 라고 합니다.
❺ 달걀을 넣고 물을 끓이면 물이 ☐☐☐로 변해 공기 중으로 날아갑니다.

2. 물의 상태 변화

08 일차

물이 얼 때와 얼음이 녹을 때의 변화

만화로 생각 열기

활동 1 물이 얼 때의 무게와 부피 변화 관찰하기

과정 및 결과

1 플라스틱 용기에 물을 반 정도 넣고 뚜껑을 닫은 뒤 전자저울로 플라스틱 용기의 무게를 측정해 봅시다.

➡ 물이 담긴 플라스틱 용기의 무게는 28.7 g입니다.

2 플라스틱 용기에 검은색 유성펜으로 물의 높이를 표시합니다.

3 비커에 얼음과 소금을 넣고 섞은 뒤 플라스틱 용기를 똑바로 꽂습니다.

4 물이 완전히 얼면 플라스틱 용기를 꺼내 용기의 겉을 잘 닦습니다.

5 플라스틱 용기의 무게를 측정하고 빨간색 유성펜으로 얼음의 높이를 표시한 뒤, 물이 얼기 전과 비교해 봅시다.

무게		부피(물과 얼음의 높이)	
얼기 전	언 후	얼기 전	언 후

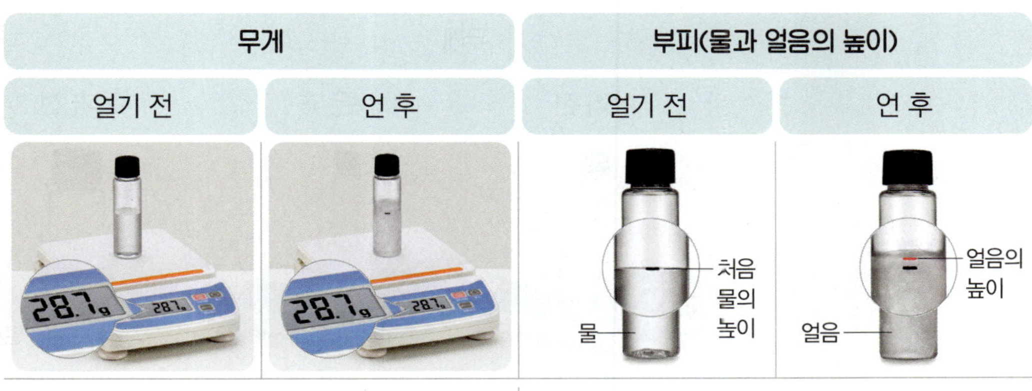

| 물이 얼기 전과 언 후의 무게는 28.7 g 으로 변하지 않았습니다. | 물이 얼어 얼음이 되면서 높이가 높아졌습니다. |

정리 **물이 얼 때 무게와 부피는 어떻게 변하나요?**

➡ 물이 얼 때 무게는 변하지 않지만 부피는 늘어납니다.

활동 2 얼음이 녹을 때의 무게와 부피 변화 관찰하기

과정 및 결과

따뜻한 물은
온도가 40~50 ℃
정도로 온도가 너무
높지 않게 해요.

1 활동 1 에서 물을 얼린 플라스틱 용기를 따뜻한 물이 담긴 비커에 넣습니다.

2 얼음이 완전히 녹으면 플라스틱 용기를 꺼내 용기의 겉을 잘 닦습니다.

3 플라스틱 용기의 무게를 측정하고 파란색 유성펜으로 물의 높이를 표시한 뒤, 얼음이 녹기 전과 비교해 봅시다.

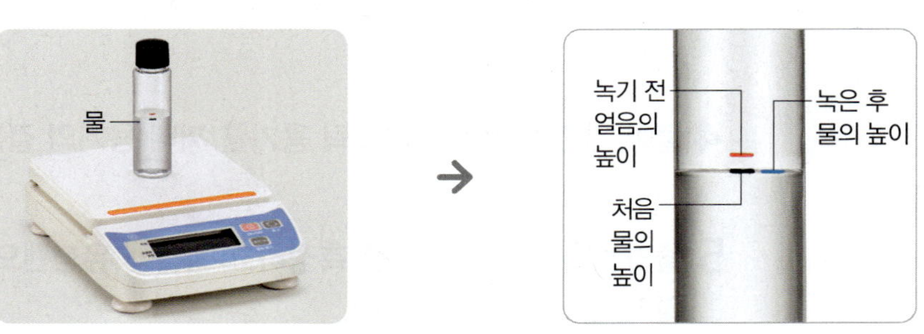

무게		부피	
녹기 전	녹은 후	녹기 전	녹은 후

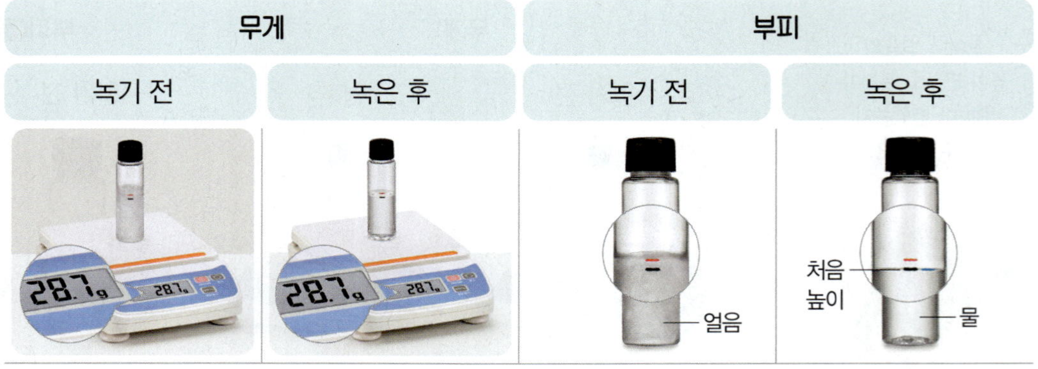

무게	부피
얼음이 녹기 전과 녹은 후의 무게는 28.7 g으로 변하지 않았습니다.	얼음이 녹아 물이 되면서 높이가 낮아졌습니다.

정리 얼음이 녹을 때 무게와 부피는 어떻게 변하나요?

➜ 얼음이 녹을 때 무게는 변하지 않지만 부피는 줄어듭니다.

개념 이해하기

1 물이 얼 때와 얼음이 녹을 때의 무게와 부피 변화

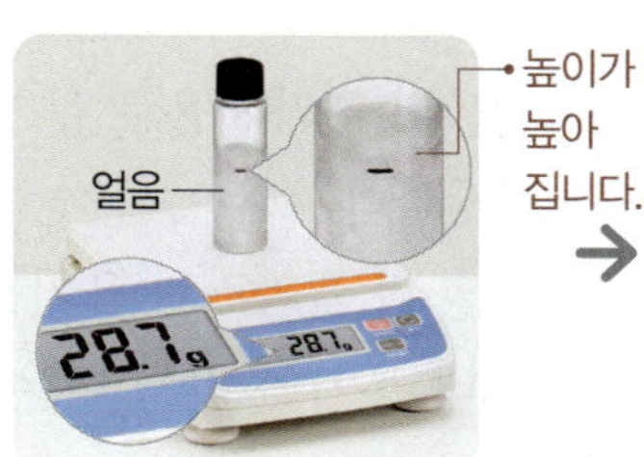

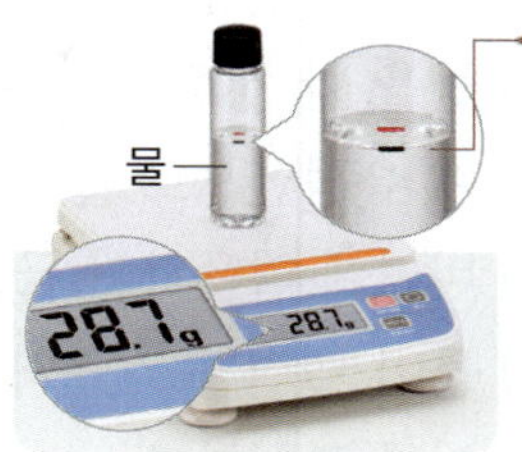

얼음이 녹을 때 줄어든 부피는 물이 얼 때 늘어난 부피와 같아요.

구분	무게	부피
물이 얼 때	변하지 않습니다.	늘어납니다.
얼음이 녹을 때	변하지 않습니다.	줄어듭니다.

2 물이 얼 때와 얼음이 녹을 때의 부피 변화 예

물이 얼 때의 부피 변화			얼음이 녹을 때의 부피 변화
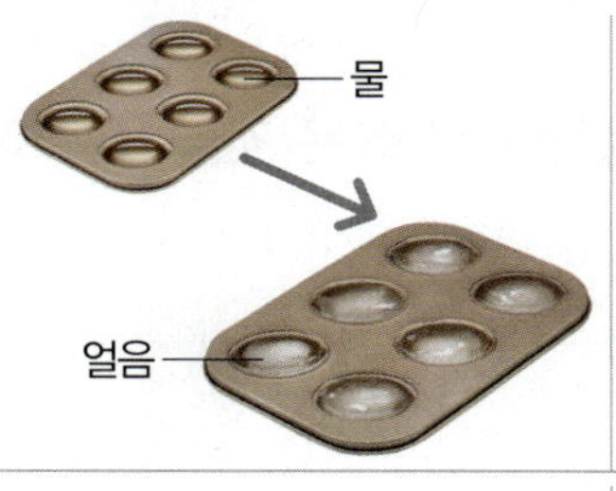	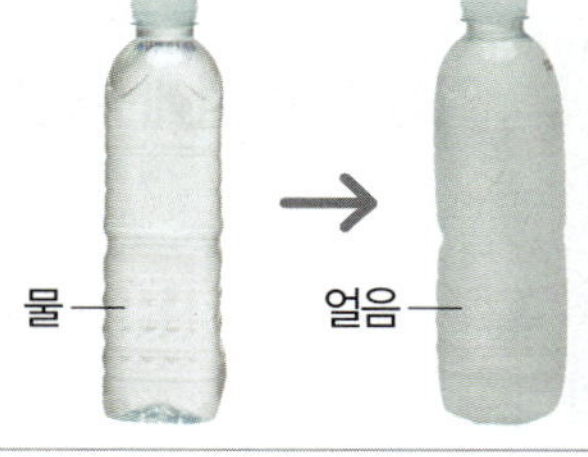		
얼음 틀 안의 물이 얼면 부피가 늘어납니다.	물이 가득 든 페트병을 얼리면 물의 부피가 늘어나서 페트병이 부풉니다. ↳ 유리병에 물을 가득 담아 얼리면 물의 부피가 늘어나 유리병이 깨질 수 있습니다.	겨울철에 수도관 안의 물이 얼면 부피가 늘어나서 수도관에 연결된 수도 계량기가 터집니다.	튜브형 얼음과자가 녹으면 부피가 줄어들어서 빈 공간이 생깁니다.

핵심 개념 확인하기

정답과 해설 • 6쪽

✔ **물이 얼 때와 얼음이 녹을 때의 무게와 부피 변화**

구분	무게	부피
물이 얼 때	변하지 않습니다.	❶ ◻◻◻◻◻ .
얼음이 녹을 때	변하지 않습니다.	❷ ◻◻◻◻ .

✔ **물이 얼 때와 얼음이 녹을 때의 부피 변화 예**

- **물이 얼 때의 부피 변화**: 물이 가득 든 페트병을 얼리면 물의 부피가 ❸ ◻◻◻◻ 페트병이 부풉니다.
- **얼음이 녹을 때 부피 변화**: 튜브형 얼음과자가 녹으면 부피가 ❹ ◻◻◻◻◻ 빈 공간이 생깁니다.

문제로 완성하기

[1~2] 다음은 물이 얼 때의 변화를 알아보는 실험 과정입니다.

> (가) 물을 반 정도 넣고 뚜껑을 닫은 뒤 전자저울로 무게를 측정한 다음, 플라스틱 용기에 유성펜으로 물의 높이를 표시한다.
> (나) 비커에 얼음과 소금을 넣고 섞은 뒤 플라스틱 용기를 꽂는다.
> (다) 물이 얼면 플라스틱 용기를 꺼내 용기의 겉을 닦은 뒤 무게를 측정하고, 얼음의 높이를 표시한다.

● 물이 얼 때와 얼음이 녹을 때의 무게와 부피 변화

1 위 과정 (가)에서 플라스틱 용기의 무게를 측정했더니 무게가 오른쪽과 같았습니다. 과정 (다)에서 측정한 무게로 옳은 것은 어느 것입니까? ( )

① 25.7 g ② 27.7 g

③ 28.7 g ④ 29.7 g

⑤ 30.7 g

2 위 실험 결과 물이 완전히 언 후 얼음의 높이에 대한 설명으로 옳은 것을 보기 에서 골라 기호를 써 봅시다.

> 보기
> ㉠ 물이 얼기 전과 높이가 같다.
> ㉡ 물이 얼기 전보다 높이가 낮아진다.
> ㉢ 물이 얼기 전보다 높이가 높아진다.

( )

3 다음은 얼음이 녹을 때 얼음의 높이와 물의 높이를 비교하는 실험 과정입니다. ( ) 안의 알맞은 말에 ○표 해 봅시다.

▲ 물을 얼린 플라스틱 용기의 얼음의 높이를 확인합니다. ▲ 물을 얼린 플라스틱 용기를 따뜻한 물이 담긴 비커에 넣습니다. ▲ 얼음이 녹은 플라스틱 용기의 물의 높이를 확인합니다.

> 얼음의 높이와 물의 높이를 비교하여 얼음이 녹을 때의 (무게, 부피) 변화를 알 수 있다.

4 물이 언 플라스틱 용기를 따뜻한 물이 담긴 비커에 넣어 녹였을 때의 무게와 부피의 변화를 선으로 연결해 봅시다.

(1) 무게 •

　　　　　　　• ㉠ 늘어난다.

　　　　　　　• ㉡ 줄어든다.

(2) 부피 •

　　　　　　　• ㉢ 변하지 않는다.

완성
08
일차

○ 물이 얼 때와 얼음이 녹을 때의 부피 변화 예

5 오른쪽은 물이 가득 든 페트병을 얼렸을 때 페트병이 부푼 모습입니다. 이 모습을 통해 알 수 있는 사실은 어느 것입니까?　　　(　　)

① 물이 얼면 부피가 늘어난다.
② 물이 얼면 부피가 줄어든다.
③ 물이 얼면 무게가 늘어난다.
④ 물이 얼면 무게가 줄어든다.
⑤ 물의 상태가 변하여도 부피는 변하지 않는다.

6 다음은 냉동실에서 꽁꽁 언 튜브형 얼음과자를 냉동실 밖에 꺼내 놓으면 빈 공간이 생기는 까닭에 대한 설명입니다. (　) 안에 알맞은 말을 써 봅시다.

튜브형 얼음과자가 녹을 때 (　　)이/가 줄어들기 때문이다.

(　　　　　　　　　　)

퀴즈로 마무리하기

● 다음 □ 안에 들어갈 알맞은 낱말을 말 상자에서 찾아 ○표 해 봅시다. 말 상자의 낱말은 가로, 세로, 대각선에 숨어 있습니다.

전	눈	높	이
탕	자	정	유
소	석	저	리
금	무	장	울
지	게	부	피

❶ 물이 얼 때와 얼음이 녹을 때의 무게 변화는 □□□□로 측정합니다.
❷ 플라스틱 용기에 물의 높이를 표시할 때 둘의 높이와 □□□를 같게 맞춥니다.
❸ 비커에 얼음과 □□을 섞은 뒤 물이 든 플라스틱 용기를 꽂아 얼립니다.
❹ 물이 얼 때 물의 □□는 변하지 않습니다.
❺ 얼음이 녹아 물이 되면 □□가 줄어듭니다.

09 일차

물이 증발할 때와 끓을 때의 변화

만화로 생각 열기

활동 **물이 증발할 때와 끓을 때 나타나는 현상 관찰하기**

09 일차

과정 및 결과

실험 동영상

➕ 또다른 방법!

📖 아이스크림

붓에 물을 묻혀 물로 쓰는 종이에 그림을 그리고 변화를 관찰해 증발 현상을 관찰하는 방법도 있습니다.

📖 천재(정)

붓에 물을 묻혀 거름종이 두 장에 각각 글씨를 쓰고, 한 장만 지퍼 백에 넣고 입구를 막고 10분 정도 지난 뒤 두 거름종이의 차이를 비교해 증발 현상을 관찰하는 방법도 있습니다.

✔ 기포 액체나 기체에 둘러싸인 기체 방울

1 비커 두 개에 물을 반 정도씩 넣고, 유성펜으로 물의 높이를 표시합니다.

2 비커 하나는 햇볕이 잘 드는 곳에 놓아두고, 삼 일이 지난 뒤 물의 높이를 관찰하여 처음 높이와 비교해 봅시다.

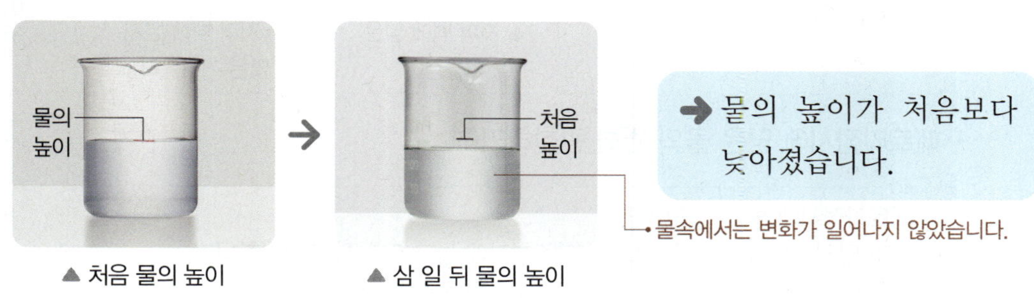

▲ 처음 물의 높이   ▲ 삼 일 뒤 물의 높이

➔ 물의 높이가 처음보다 낮아졌습니다.

└ 물속에서는 변화가 일어나지 않았습니다.

3 나머지 비커는 가열하면서 물이 끓을 때까지 나타나는 현상을 관찰해 봅시다.

| 물 표면 | • ✔기포가 터집니다.
• 김이 납니다. |
| 물속 | • 크고 작은 기포가 많이 생깁니다.
• 기포가 물 표면으로 올라갑니다. |

4 가열 장치를 끄고 물의 높이를 관찰하여 가열하기 전 처음 높이와 비교해 봅시다.

▲ 처음 물의 높이   ▲ 끓인 뒤의 물의 높이

➔ 믈의 높이가 처음보다 낮아졌습니다.

➔ 물이 공기 중으로 날아가 줄어들었습니다.

정리 　 **물을 그대로 놓아두었을 때와 가열했을 때 공통적으로 나타나는 현상은 무엇일까요?**

➔ 액체인 물이 기체인 수증기로 상태가 변합니다.

➔ 물이 수증기로 변해 공기 중으로 날아가 눈에 보이지 않습니다.

1 증발

① 증발: 물의 ✔표면에서 액체인 물이 기체인 수증기로 상태가 변하는 현상입니다.

✔ **표면** 사물의 가장 바깥쪽 또는 가장 윗부분

② 물이 증발하는 현상 관찰하기

• 물을 묻힌 거름종이의 변화 관찰하기

❶ 붓에 물을 묻혀 거름종이 두 장에 각각 글자를 씁니다.
❷ 한 장의 거름종이는 지퍼 백에 넣고, 나머지 거름종이는 그대로 둡니다.
❸ 10분 정도 시간이 지난 뒤 두 거름종이를 관찰합니다.

▲ 지퍼 백에 넣은 거름종이

▲ 지퍼 백에 넣지 않은 거름종이

지퍼 백에 넣은 거름종이
물로 쓴 글자가 남아 있습니다.

지퍼 백에 넣지 않은 거름종이
물로 쓴 글자가 보이지 않습니다.

➡ 지퍼 백에 넣지 않은 거름종이의 물은 수증기로 변해 공기 중으로 날아갔습니다.

• 페트리접시에 담은 물의 변화 관찰하기

❶ 페트리접시에 물을 담습니다.
❷ 물이 담긴 페트리접시를 햇볕이 드는 창가에 놓고 5분 정도 관찰합니다.
❸ 물이 담긴 페트리접시를 그대로 두고 3일 뒤 관찰합니다.

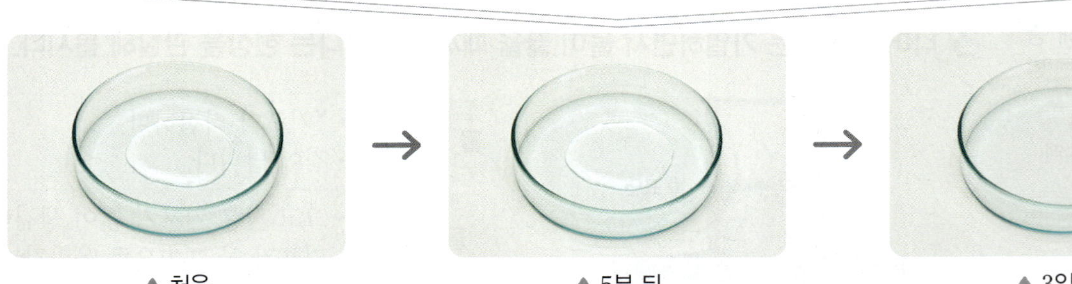
▲ 처음　　　　▲ 5분 뒤　　　　▲ 3일 뒤

5분 뒤 물에 아무런 변화가 없습니다.
3일 뒤 물이 사라졌습니다.

➡ 물의 표면에서 액체인 물이 기체인 수증기로 변하면서 공기 중으로 날아갔습니다.→액체 상태 → 기체 상태

③ 증발의 예 →이 외에도 증발의 예로는 어항의 물이 줄어드는 것, 머리 말리기, 미역 말리기 등이 있습니다.

우산 말리기	빨래 말리기	고추 말리기	감 말리기
젖은 우산을 펴 놓으면 시간이 지나면서 물이 증발해 우산이 마릅니다.	젖은 빨래를 널어놓으면 물이 증발해 빨래가 마릅니다.	고추 안에 들어 있는 물을 증발시키면 고추를 오래 보관할 수 있습니다.	감 안에 있는 물을 증발시켜 곶감을 만듭니다.

2 끓음

① **끓음**: 물 표면뿐만 아니라 물속에서도 액체인 물이 기체인 수증기로 상태가 변하는 현상입니다.

② **물이 끓을 때 나타나는 현상**: 처음에는 표면에서 증발하다가 차츰 물속에서 기포가 생깁니다.

③ **끓음의 예**

▲ 달걀 삶기　　▲ 국 끓이기　　▲ 만두 찌기　　▲ 젖병 소독하기

➕ **소독** 병의 감염이나 전염을 예방하기 위하여 해로운 균을 죽이는 것

3 물이 증발할 때와 끓을 때 비교

구분	물이 증발할 때	물이 끓을 때
공통점	액체인 물이 기체인 수증기로 상태가 변해 공기 중으로 날아갑니다.	
차이점	• 물의 표면에서 물이 수증기로 변합니다. • 물의 양이 천천히 줄어듭니다.	• 물의 표면뿐만 아니라 물속에서도 물이 수증기로 변합니다. • 증발할 때보다 물의 양이 빠르게 줄어듭니다.

핵심 개념 확인하기

정답과 해설 • 7쪽

❶ ☐☐ : 물의 표면에서 액체인 물이 기체인 수증기로 상태가 변하는 현상입니다.

❷ ☐☐ : 물 표면뿐만 아니라 물속에서도 액체인 물이 기체인 수증기로 상태가 변하는 현상입니다.

물이 증발할 때와 끓을 때 비교

공통점	물이 ❸ ☐☐☐ 로 상태가 변해 공기 중으로 날아갑니다.
차이점	물이 증발할 때는 물의 ❹ ☐☐ 에서 물이 수증기로 변하지만, 물이 끓을 때는 물의 표면뿐만 아니라 물속에서도 물이 수증기로 변합니다.

증발

1 오른쪽과 같이 물을 넣은 비커를 햇볕이 잘 드는 곳에 두고 삼 일 뒤 관찰했을 때 물의 높이 변화로 옳은 것을 **보기**에서 골라 기호를 써 봅시다.

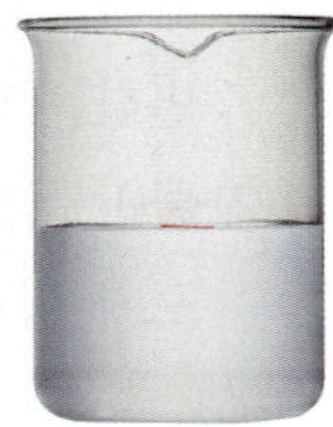

> **보기**
> ㉠ 물의 높이가 낮아진다.
> ㉡ 물의 높이가 높아진다.
> ㉢ 물의 높이가 변하지 않는다.

(   )

2 물의 증발과 관련된 예를 골라 기호를 써 봅시다.

▲ 달걀 삶기

▲ 만두 찌기

▲ 빨래 말리기

▲ 국 끓이기

(   )

끓음

3 오른쪽과 같이 물이 든 비커를 가열하여 물이 끓을 때 나타나는 현상으로 옳지 <u>않은</u> 것은 어느 것입니까? (   )

① 물의 높이가 높아진다.
② 물 표면에서 김이 난다.
③ 물 표면에서 기포가 터진다.
④ 물이 수증기로 상태가 변한다.
⑤ 물속에 크고 작은 기포가 많이 생긴다.

4 물의 끓음과 관련된 예는 어느 것입니까? ( )

① 고추를 말린다.
② 젖병을 소독한다.
③ 젖은 우산이 마른다.
④ 감을 말려 곶감을 만든다.
⑤ 어항에 있는 물이 줄어든다.

➡ 물이 증발할 때와 끓을 때 비교

5 다음 ( ) 안의 알맞은 말에 ○표 해 봅시다.

> ㉠(증발, 끓음)은 물 표면에서 액체인 물이 기체인 수증기로 상태가 변하는 현상이고, ㉡(증발, 끓음)은 물 표면뿐만 아니라 물속에서도 액체인 물이 기체인 수증기로 상태가 변하는 현상이다.

6 다음은 물이 증발할 때와 끓을 때의 공통점입니다. ( ) 안에 알맞은 말을 각각 써 봅시다.

> (㉠)이/가 (㉡)(으)로 상태가 변해 공기 중으로 날아간다.

㉠: ( ) ㉡: ( )

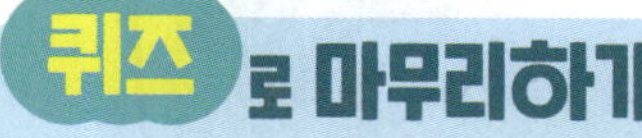  퀴즈로 마무리하기

● 증발과 관련된 현상이 적힌 징검돌만 밟아서 징검다리를 건너려고 합니다. 밟아야 하는 징검돌을 따라 선으로 연결해 봅시다.

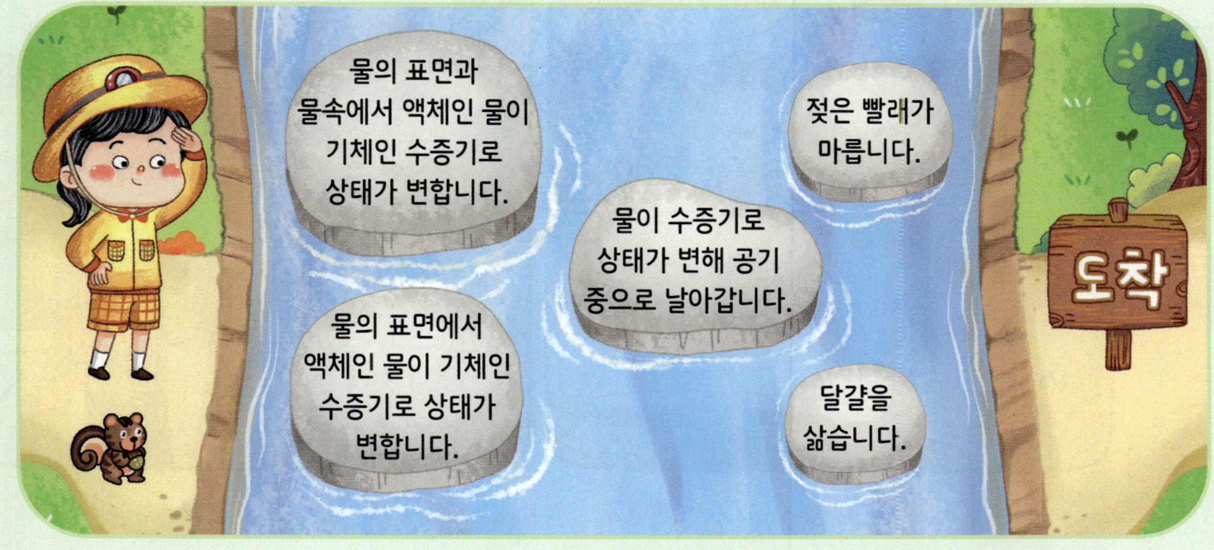

10 일차

수증기가 응결할 때의 변화

만화로 생각 열기

탐구로 시작하기

활동 **얼음이 든 비커의 바깥면 관찰하기**

과정 및 결과

실험 동영상

➕ **또 다른 방법!**

📖 동아, 미래엔, 천재(정)

식용 색소를 탄 상온의 물과 얼음물을 각각 담은 두 비커의 바깥면에서 일어나는 변화를 관찰하는 방법도 있습니다.

▲ 상온의 물

▲ 얼음물

1 비커에 조각 얼음을 가득 넣고 비닐 랩을 씌운 뒤 비커를 페트리접시 위에 올려놓고 전자저울로 무게를 측정해 봅시다. →무게를 측정하기 전에 비커의 물기를 닦습니다.

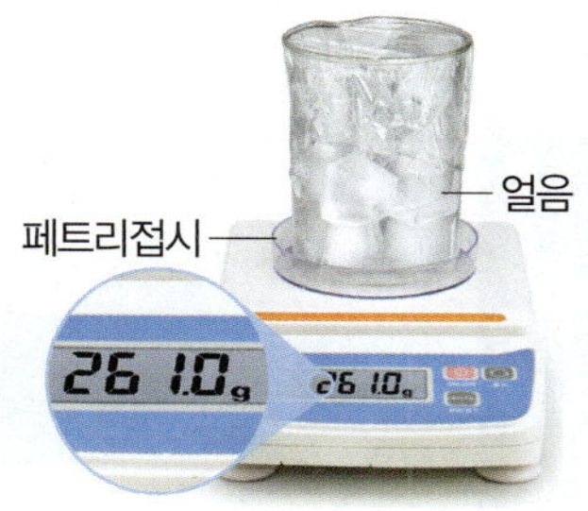

➜ 얼음이 담긴 비커 무게는 261.0g 입니다.

10 일차

2 시간이 지남에 따라 비커 바깥면에서 나타나는 변화를 관찰해 봅시다.

➜ 물방울이 맺힙니다.
➜ 물방울이 점점 커집니다.

➜ 커진 물방울이 아래쪽으로 흘러내려 페트리접시에 물이 고입니다.

3 페트리접시 위에 올려놓은 비커의 무게를 10분이 지난 뒤 다시 측정하고 처음 무게와 비교해 봅시다.

▲ 처음 비커의 무게   ▲ 10분 뒤 비커의 무게

10분 뒤 비커의 무게는 261.4 g입니다.
➜ 시간이 지난 뒤 비커의 무게가 더 무거워졌습니다.

정리

• **얼음이 든 비커의 바깥면에 변화가 생긴 까닭은 무엇일까요?**

➜ 공기 중의 수증기가 차가운 비커의 표면에 닿아 물로 변했기 때문입니다.

• **비커의 무게가 달라진 까닭은 무엇일까요?**

➜ 비커 바깥면에 맺힌 물방울과 페트리접시에 고인 물의 무게만큼 무게가 더 늘어났기 때문입니다.

1 응결

기체인 수증기가 액체인 물로 상태가 변하는 현상입니다.

2 수증기가 응결할 때 나타나는 변화

3 수증기가 응결하는 현상 관찰하기

✔ 식용 먹을 것으로 씀.

얼음을 넣지 않은 비커와 얼음을 넣은 비커 관찰하기

❶ 비커 두 개에 물을 담고 ✔식용 색소를 각각 탑니다.
❷ 두 개의 비커 중 한 개의 비커에만 얼음을 넣습니다.
❸ 10분 정도 시간이 지난 뒤 두 비커의 바깥면의 변화를 비교해 봅니다.
❹ 두 비커의 바깥면을 면수건으로 닦아 면수건에 묻은 물의 색깔과 양을 관찰해 봅니다.

▲ 얼음을 넣지 않은 비커

▲ 얼음을 넣은 비커

▲ 얼음을 넣지 않은 비커

비커 바깥면의 변화

- 얼음을 넣지 않은 비커: 변화가 없습니다.
- 얼음을 넣은 비커: 바깥면이 흐려지고 물방울이 맺힙니다.

비커 바깥면을 닦은 면수건의 변화

- 얼음을 넣지 않은 비커: 면수건이 젖지 않습니다.
- 얼음을 넣은 비커: 면수건이 젖으나 면수건에 묻은 물에 색깔이 없습니다.

▲ 얼음을 넣은 비커

4 응결의 예

풀잎에 맺힌 ˇ이슬

이른 아침 차가워진 풀잎 표면에 수증기가 닿아 물방울이 맺힙니다.

뿌옇게 흐려진 안경알

추운 날 따뜻한 실내로 들어오면 안경알에 물방울이 맺힙니다.

거미줄에 맺힌 물방울

맑은 날 이른 아침 거미줄에 수증기가 닿아 물방울이 맺힙니다.

➕ **이슬** 공기 중의 수증기가 기온이 내려가거나 찬 물체에 부딪힐 때 엉겨서 생기는 물방울

유리창 안쪽에 맺힌 물방울

추운 겨울날 유리창 안쪽에 수증기가 닿아 물방울이 맺힙니다.

차가운 음료수가 담긴 컵 표면에 생긴 물방울

차가운 음료수가 담긴 컵 표면에 수증기가 닿아 물방울이 맺힙니다.

목욕한 뒤 거울에 생긴 물방울

따뜻한 물로 목욕한 뒤 거울에 수증기가 닿아 물방울이 맺힙니다.

냄비 뚜껑 안쪽에 생긴 물방울

가열한 냄비 뚜껑 안쪽에 수증기가 닿아 물방울이 맺힙니다.

지표면에 떠 있는 안개

밤에 공기가 차가워지면 수증기가 응결하여 작은 물방울로 떠 있습니다.

핵심 개념 확인하기

| 정답과 해설 • 7쪽

✔ ❶ ☐☐ : 기체인 수증기가 액체인 물로 상태가 변하는 현상입니다.

✔ ❷ ☐☐ **의 예:** 풀잎에 맺힌 이슬, 뿌옇게 흐려진 안경알, 냄비 뚜껑 안쪽에 맺힌 물방울 등이 있습니다.

[1~2] 다음은 얼음이 든 비커를 비닐 랩으로 씌우고 페트리 접시 위에 올려놓은 모습입니다.

◗ 얼음이 든 비커의 바깥면 관찰하기

1 시간이 지난 뒤 비커 바깥면에서 나타나는 변화로 옳지 <u>않은</u> 것을 보기 에서 골라 기호를 써 봅시다.

> 보기
> ㉠ 비커의 바깥면에 물방울이 맺힌다.
> ㉡ 비커의 바깥면에 물방울이 흐른다.
> ㉢ 비커의 바깥면에 작은 얼음 알갱이가 생긴다.

(   )

2 다음은 위 실험에서 얼음이 든 비커의 바깥면에 변화가 생긴 까닭입니다. (   ) 안에 알맞은 말을 써 봅시다.

> 공기 중의 (㉠)이/가 차가운 비커의 바깥면에 닿아 (㉡)(으)로 변했기 때문이다.

㉠: (   ) ㉡: (   )

3 페트리접시에 올려놓은 얼음이 든 비커의 처음 무게와 시간이 지난 뒤의 무게를 비교하여 ○ 안에 >, =, < 중 옳은 것을 골라 써 봅시다.

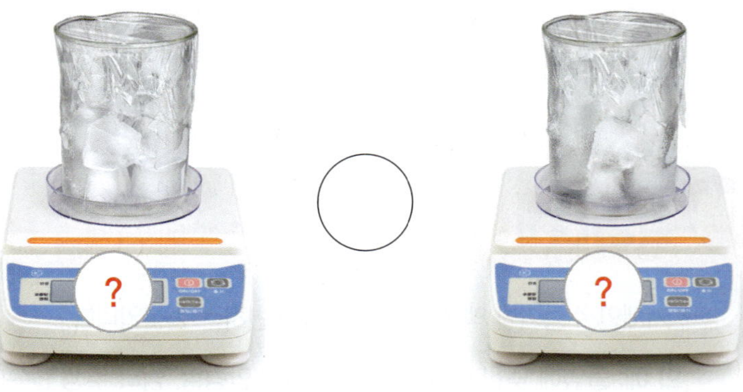

▲ 처음 무게   ▲ 시간이 지난 뒤의 무게

▶ 응결

4 다음에서 설명하는 현상은 어느 것입니까?　　　　　　　　　　（　　　　）

> 기체인 수증기가 액체인 물로 상태가 변하는 현상이다.

① 얾　　　　　　　② 끓음　　　　　　　③ 응결
④ 녹음　　　　　　② 증발

▶ 응결의 예

5 수증기가 응결하는 예가 <u>아닌</u> 것을 골라 기호를 써 봅시다.

▲ 추운 겨울 유리창 안쪽　▲ 고드름에서 떨어지는　▲ 맑은 날 이른 아침 거미　▲ 가열한 냄비 뚜껑 안쪽
에 맺힌 물방울　　　　물방울　　　　　　줄에 맺힌 물방울　　에 맺힌 물방울

（　　　　　　　　）

퀴즈로 마무리하기 

● 응결과 관련된 현상이 적혀 있는 풍선에 매달린 자음자와 모음자를 이용하여 낱말을 만들 수 있습니다. 만들 수 있는 낱말을 써 봅시다.

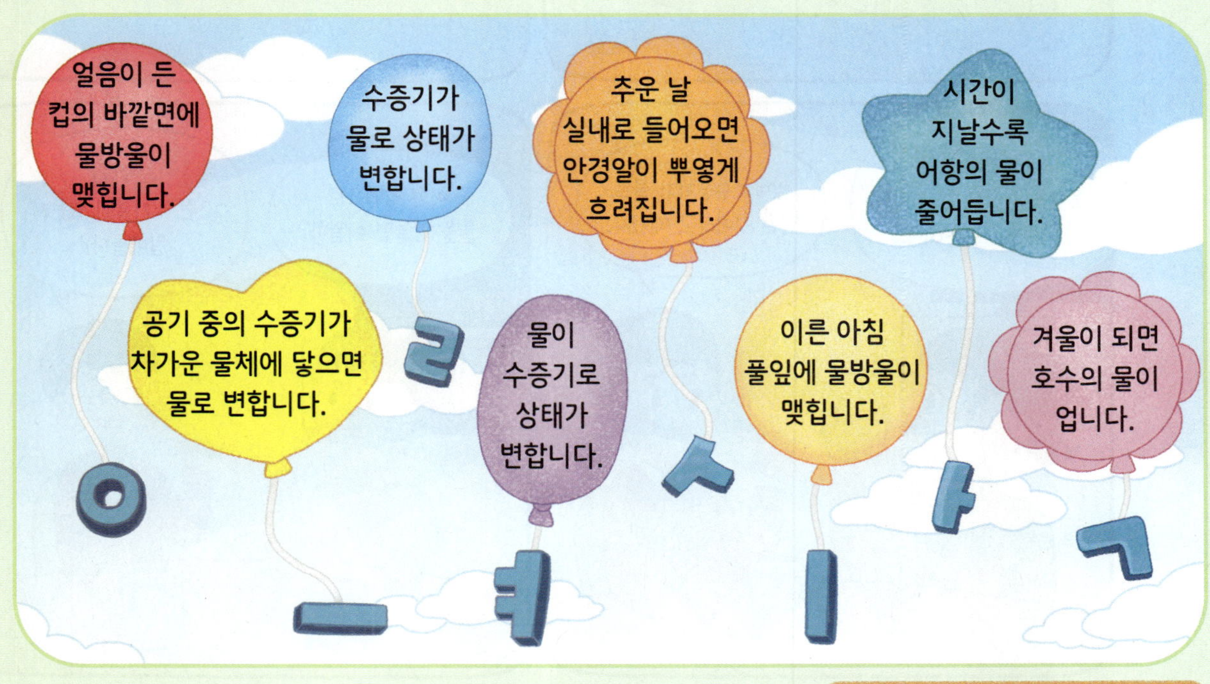

물 부족 현상과 물을 얻는 방법

만화로 생각 열기

활동 **물을 얻는 사례나 장치 조사하기**

11일차

과정 및 결과

1 물이 부족하면 어떤 점이 불편한지 친구들과 이야기해 봅시다.

→ 먹을 물이 줄어 생물이 살아가기 어렵습니다.

→ 식물이 시들고, 가축을 기르기 어렵습니다.

2 에코돔으로 어떻게 물을 모을 수 있는지 조사하고 물의 상태 변화와 관련지어 친구들과 이야기해 봅시다.

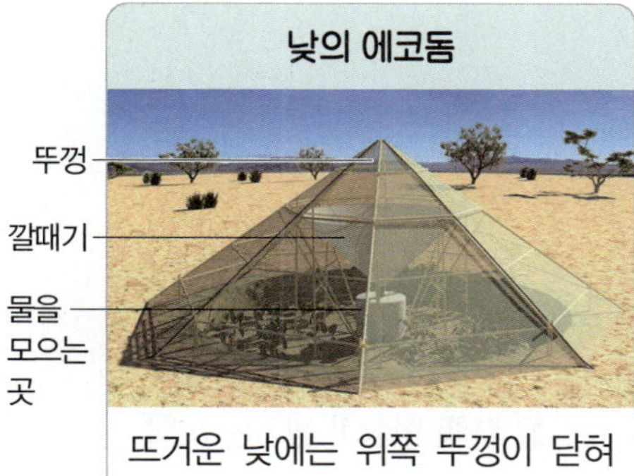

뜨거운 낮에는 위쪽 뚜껑이 닫혀 있어 증발한 수증기가 갇힙니다.

밤이 되면 위쪽 뚜껑이 열리면서 차가운 공기가 들어옵니다. 이때 수증기가 응결하여 생긴 물방울이 아래쪽 용기에 모입니다.

3 물의 상태 변화를 이용하여 물을 얻는 사례나 장치를 더 조사해 봅시다.

사례나 장치	이용한 물의 상태 변화
안개 수집기	수증기가 응결하여 생긴 안개가 그물망에 맺힌 것을 모아 물을 얻습니다.
하이드로패널	주변 공기를 가둔 뒤 수증기가 응결하면 모아 물을 얻습니다.
와카워터	공기 중의 수증기를 그물망에 응결시켜 물을 얻습니다.

▲ 안개 수집기

▲ 하이드로패널

▲ 와카워터

정리

• 물이 부족하면 어떤 점이 불편할까요?

→ 생물이 살아가기 어렵고, 농작물이나 가축을 기를 수 없습니다.

• 물의 상태 변화를 이용하여 물을 얻는 장치나 사례에는 어떤 것이 있을까요?

→ 에코돔, 안개 수집기, 하이드로패널, 와카워터 등이 있습니다.

1 물의 이용

① 물을 이용하는 예

▲ 농작물을 키울 때 물을 이용합니다.

▲ 공장에서 물건을 만들 때 물을 이용합니다.

▲ 수력 발전으로 전기를 만들 때 물을 이용합니다.

✔ **수력 발전** 높은 곳에서 낮은 곳으로 떨어지는 물의 힘을 이용해 발전기를 돌려 전기를 만드는 방식

② 물이 중요한 까닭

- 물은 우리 생활에서 다양하게 이용됩니다.
- 물은 생물이 살아가고 생명을 유지하는 데 꼭 필요합니다.

2 물 부족 현상 → 이용할 수 있는 물이 부족하거나 물을 얻기 어려운 환경에 처한 것

물이 부족할 때 불편한 점	물 부족 현상이 생기는 까닭
• 깨끗하지 않은 물을 사용합니다. • 농작물이나 가축을 기를 수 없습니다. • 마실 물이 없으면 생명이 위험해질 수 있습니다. • 공장에서 물건을 만들 때 필요한 물이 없어 물건을 만들 수 없습니다.	• 가정과 공장에서 나오는 물이 오염되어 사용할 수 있는 물이 점점 부족해지고 있습니다. • 기후변화로 비가 충분히 내리지 않기 때문입니다. • 인구가 증가하고 산업이 발달하면서 물 사용량이 많아졌습니다.

3 물 부족 현상을 해결하는 방법

- 빗물 저장 장치에 빗물을 모읍니다.
- 생활에서 물을 절약하려고 노력합니다.
- 더러운 물을 깨끗한 물로 만들어 사용하기도 합니다.
- 얼음을 녹이거나 식물에 맺힌 이슬을 모아 물을 얻습니다. ── 물의 상태 변화를 이용하여 물을 얻는 방법입니다.
- 바닷물을 마실 수 있는 물로 바꾸는 기술을 이용하기도 합니다.
- 새로운 기술을 이용하여 물을 얻는 장치를 개발하려고 노력합니다.

▲ 빗물 저장 장치에 빗물을 모아 물을 얻습니다.

▲ 얼음을 녹여 물을 얻습니다.

▲ 식물에 맺힌 이슬을 모아 물을 얻습니다.

4 물을 얻는 사례나 장치

해수 ˇ담수화

바닷물에 있는 소금 성분을 없애 우리가 이용할 수 있는 물로 바꾸는 기술입니다.

안개 수집기

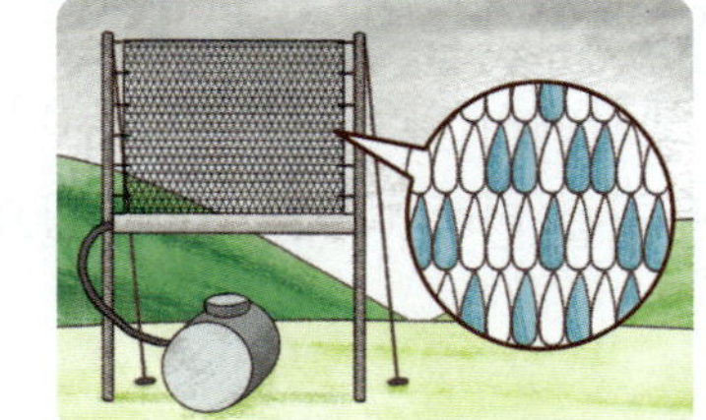

가는 그물을 사용해 수증기가 응결해 생긴 안개에서 물을 얻어내는 장치입니다.

ˇ **담수** 소금기가 없는 물

빗물 저장 장치

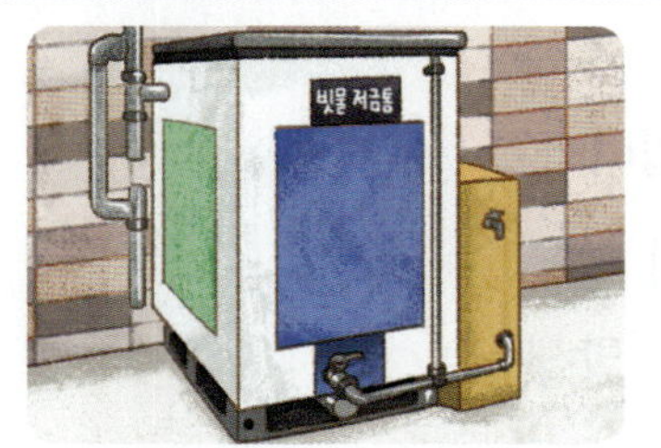

비가 올 때 빗물을 모아 두었다가 필요할 때 사용할 수 있는 장치입니다.

워터콘

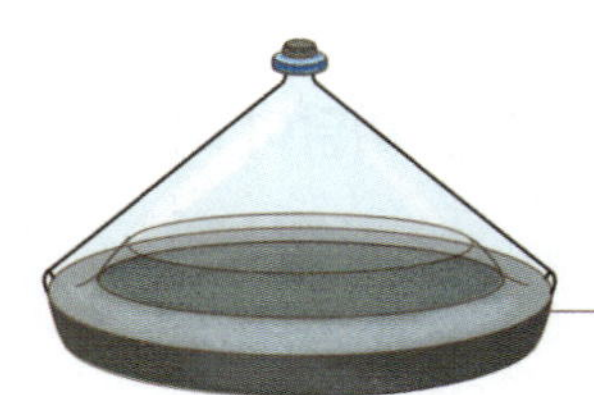

증발과 응결의 원리를 이용해 더러운 물에서 깨끗한 물을 얻는 장치입니다.

• 바닥에 더러운 물을 채우면 더러운 물에서 증발한 수증기가 고깔 모양에 응결해 물을 얻습니다.

솔라볼

더러운 물을 증발시킨 뒤 응결시켜 깨끗한 물을 얻는 장치입니다.

와카워터

공기 중의 수증기를 그물망에 응결시켜 물을 얻는 장치입니다.

• 밤에 기온이 내려가면 공기 중의 수증기가 응결하여 그물에 물방울로 맺힙니다.

핵심 개념 확인하기

| 정답과 해설 • 8쪽

✔ **물의 이용**: 물은 우리 생활에 다양하게 이용되고, ❶ ☐☐ 을 유지하는 데 필요합니다.

✔ **물 부족 현상**

- 물이 ❷ ☐☐ 할 때 불편한 점: 마실 물이 없으면 생명이 위험해질 수 있고, 농작물이나 가축을 기를 수 없습니다.
- 물 부족 현상이 생기는 까닭: 물의 오염, 기후변화, 인구 ❸ ☐☐, ❹ ☐☐ 발달 등

✔ **물 부족 현상을 해결하는 방법**: 물을 절약하고, 사용할 수 없는 물을 사용할 수 있는 물로 바꾸는 기술을 이용하여 물을 얻습니다.

● 물의 이용

1 물의 이용에 대한 설명으로 옳은 것은 ○표, 옳지 않은 것은 ×표 해 봅시다.

(1) 물은 생물이 살아가는 데 꼭 필요하다. ( )

(2) 물은 우리 생활에서 다양하게 이용된다. ( )

(3) 공장에서 물건을 만들 때에는 물이 필요하지 않다. ( )

● 물 부족 현상

2 물 부족 현상이 생기는 까닭이 <u>아닌</u> 것은 어느 것입니까? ( )

① 인구 증가 ② 산업 발달

③ 물의 오염 ④ 지진 발생

⑤ 물 사용량 증가

● 물 부족 현상을 해결하는 방법

3 물 부족 현상을 해결하는 방법이 <u>아닌</u> 것은 어느 것입니까? ( )

①

▲ 얼음을 녹여 물을 얻습니다.

②

▲ 식물에 맺힌 이슬을 모아 물을 얻습니다.

③

▲ 공장에서 물건을 만들 때 물을 이용합니다.

④

▲ 빗물을 모아 물을 얻습니다.

❷ 물을 얻는
사례나 장치

4 오른쪽 하이드로패널에 이용한 물의 상태 변화로 옳은 것을 보기 에서 골라 기호를 써 봅시다.

> **보기**
> ㉠ 녹음　　　㉡ 끓음　　　㉢ 응결

(　　　　　　)

5 다음은 오른쪽 에코돔을 이용하여 물을 얻는 방법입니다. (　　) 안에 알맞은 말을 써 봅시다.

> 낮에 위쪽 뚜껑이 닫혀 있다가 추운 밤이 되면 위쪽 뚜껑이 열리면서 차가운 공기가 들어와 수증기가 (　　　)하여 생긴 물방울을 용기에 모은다.

(　　　　　　)

6 수증기가 응결하여 생긴 안개가 그물망에 맺힌 것을 모아 물을 얻는 장치는 어느 것입니까?　　　　　　(　　　)

① 솔라볼　　　　　　　　② 워터콘
③ 수력 발전　　　　　　　④ 안개 수집기
⑤ 빗물 저장 장치

● 물을 얻는 사례나 장치가 적힌 카드를 골라 카드에 적힌 숫자를 모두 더하면 비밀번호가 나온다고 합니다. 비밀번호를 써 봅시다.

1 하이드로패널

2 수력 발전

3 솔라볼

4 에코돔

5 농작물 기르기

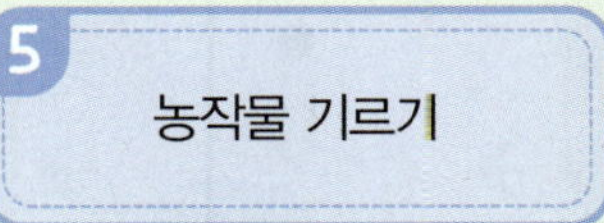

생각 그물 로 정리하기

● 다음 빈칸에 들어갈 내용을 써서 생각 그물을 완성해 보세요.

물의 상태 변화 ⓒ 7일차

물의 세 가지 상태

• 물은 고체인 ❶ [　][　], 액체인 물, 기체인 ❷ [　][　][　] 상태로 있습니다.
• 물은 ❸ [　] 가지 상태로 변할 수 있습니다.

물의 상태 변화

▲ 얼음을 만드는 기계에 넣은 물이 얼어 얼음으로 변합니다.

▲ 생선과 함께 넣은 얼음이 녹아 물로 변합니다.

▲ 뜨거운 옥수수를 담은 봉지 안의 수증기가 물로 변합니다.

물의 상태 변화

ⓒ 8일차

물이 얼 때와 얼음이 녹을 때의 변화

무게 변화

물이 얼 때와 얼음이 녹을 때 ❹ [　][　] 는 변하지 않습니다.

▲ 물이 얼기 전　　▲ 물이 얼었을 때　　▲ 물이 녹았을 때

부피 변화

물이 얼 때 부피가 ❺ [　][　][　][　], 얼음이 녹을 때 부피가 ❻ [　][　][　][　][　].

▲ 물이 얼기 전　　▲ 물이 얼었을 때　　▲ 물이 녹았을 때

◉ 9~10일차

물과 수증기의 상태 변화

❼ ☐☐

물 표면에서 액체인 물이 기체인 수증기로 변하는 현상입니다.

▲ 우산 말리기

▲ 빨래 말리기

❽ ☐☐

물 표면과 물속에서 액체인 물이 기체인 수증기로 변하는 현상입니다.

▲ 물 끓이기

▲ 달걀 삶기

❾ ☐☐

기체인 수증기가 액체인 물로 변하는 현상입니다.

▲ 풀잎에 맺힌 물방울

▲ 안경알에 맺힌 물방울

◉ 11일차

물 부족 현상과 물을 얻는 방법

물의 이용

• 물은 생물이 살아가는 데 꼭 필요합니다.
• 물은 우리 생활에 다양하게 이용됩니다.

물 부족 현상을 해결하는 방법

• 더러운 물을 깨끗한 물로 만들어 사용합니다.
• 새로운 기술을 이용하여 물을 얻는 장치를 개발하려고 노력합니다.
• 빗물을 모으거나 바닷물을 마실 수 있는 물로 바꾸는 기술을 이용하기도 합니다.

물을 얻는 사례나 장치

물의 상태 변화를 이용해 얼음을 녹이거나 공기 중의 ❿ ☐☐☐를 응결시켜 물을 얻는 여러 가지 장치를 만들어 물을 얻습니다.

▲ 하이드로패널

▲ 에코돔

▲ 안개 수집기

1 다음은 물의 세 가지 상태입니다. ㉠~㉢은 고체, 액체, 기체 중 어떤 상태에 해당하는지 각각 써 봅시다.

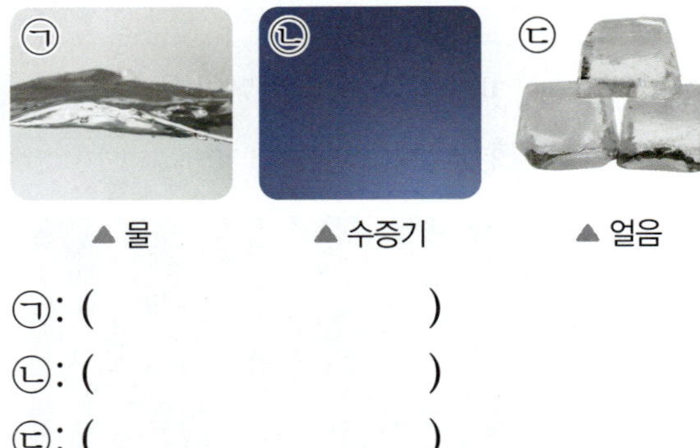

▲ 물　　　▲ 수증기　　　▲ 얼음

㉠: (　　　　　　　　)
㉡: (　　　　　　　　)
㉢: (　　　　　　　　)

서술형

2 얼음이 담긴 알루미늄 접시를 손난로 위에 올려놓았습니다. 시간이 지나면서 얼음은 어떻게 되는지 써 봅시다.

얼음

손난로

____

____

중요

3 물의 상태 변화에 대한 설명으로 옳지 <u>않은</u> 것을 보기 에서 골라 기호를 써 봅시다.

보기

㉠ 물이 다른 상태로 변하는 것이다.
㉡ 물은 세 가지 상태로 변할 수 있다.
㉢ 물은 얼음과 수증기로 변할 수 있다.
㉣ 물은 수증기로 변할 수 있지만, 수증기는 물로 변할 수 없다.

(　　　　　　　　)

4 다음과 같이 물의 상태가 변한 예는 어느 것입니까? (　　　　)

물 → 수증기

① 

▲ 갓 삶은 뜨거운 옥수수를 담은 봉지 안

② 

▲ 끓고 있는 물

③ 

▲ 물이 언 호수

④ 

▲ 욕실 거울에 맺힌 물방울

⑤ 

▲ 생선과 함께 넣은 얼음

5 다음과 같이 플라스틱 용기에 물을 반 정도 넣고 물이 얼기 전과 언 후의 무게를 측정하였습니다. 무게를 비교하여 ○ 안에 >, =, < 중 옳은 것을 골라 써 봅시다.

물

?

▲ 물이 얼기 전 무게

얼음

?

▲ 물이 언 후 무게

서술형

6 다음과 같이 물을 넣어 얼린 플라스틱 용기를 따뜻한 물이 담긴 비커에 넣고 녹였습니다. 물이 다 녹은 후의 무게와 부피 변화를 써 봅시다.

____

____

중요

7 물이 얼 때와 얼음이 녹을 때 무게와 부피 변화에 대한 설명으로 옳은 것은 어느 것입니까?

( )

① 물이 얼 때나 얼음이 녹을 때 무게는 변하지 않는다.
② 물이 얼 때나 얼음이 녹을 때 부피는 변하지 않는다.
③ 물이 얼 때 무게는 늘어나고, 얼음이 녹을 때 무게는 줄어든다.
④ 물이 얼 때 부피는 줄어들고, 얼음이 녹을 때 부피는 늘어난다.
⑤ 얼음이 녹아 물이 될 때 늘어난 부피는 물이 얼 때 줄어든 부피와 같다.

8 얼음 틀에 물을 넣고 냉동실에서 얼렸더니 오른쪽과 같이 얼음이 얼음 틀 위로 올라왔습니다. 이를 통해 알 수 있는 사실을 보기 에서 골라 기호를 써 봅시다.

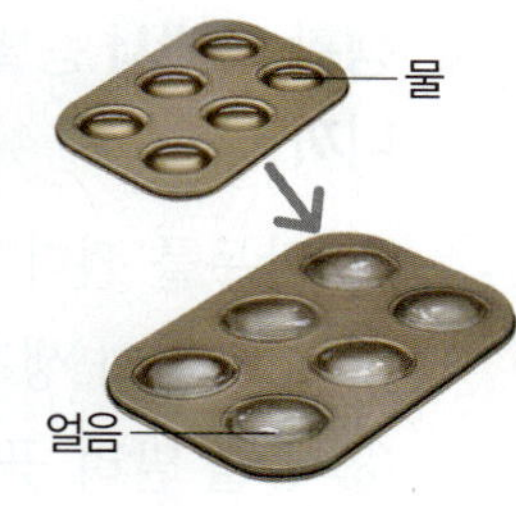

보기
㉠ 물이 얼면 부피가 늘어난다.
㉡ 물이 얼면 무게가 늘어난다.
㉢ 물이 얼면 부피가 줄어든다.

( )

9 생활 속에서 얼음이 녹아 부피가 변하는 예를 보기 에서 골라 기호를 써 봅시다.

보기
㉠ 추운 겨울날 수도관에 연결된 계량기가 터진다.
㉡ 물이 가득 든 페트병을 얼리면 페트병이 부푼다.
㉢ 유리병에 물을 가득 담아 얼리면 유리병이 깨진다.
㉣ 꽁꽁 언 튜브형 얼음과자가 녹으면 튜브 안에 빈 공간이 생긴다.

( )

10 다음은 물이 담긴 페트리접시를 햇볕이 드는 창가에 놓고 삼 일 뒤 관찰한 모습입니다. 이와 같은 현상이 나타날 때 일어나는 물의 상태 변화를 써 봅시다.

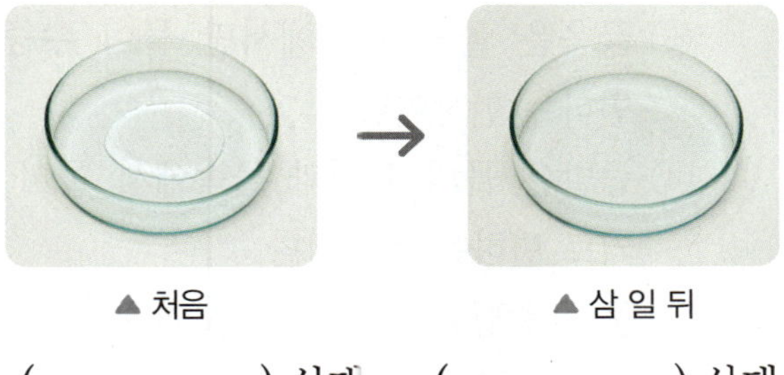

▲ 처음　　　　▲ 삼 일 뒤

( ) 상태 → ( ) 상태

11 생활 속에서 증발의 예로 옳은 것은 어느 것입니까? ( )

① 만두를 찐다.
② 고드름이 생긴다.
③ 감을 말려 곶감을 만든다.
④ 끓는 물에 채소를 데친다.
⑤ 이른 아침 풀잎 표면에 물방울이 맺힌다.

12 물을 반 정도 넣은 비커에 유성펜으로 물의 높이를 표시한 후 가열하였습니다. 물이 끓은 후 물의 높이로 옳은 것을 보기 에서 골라 기호를 써 봅시다.

보기
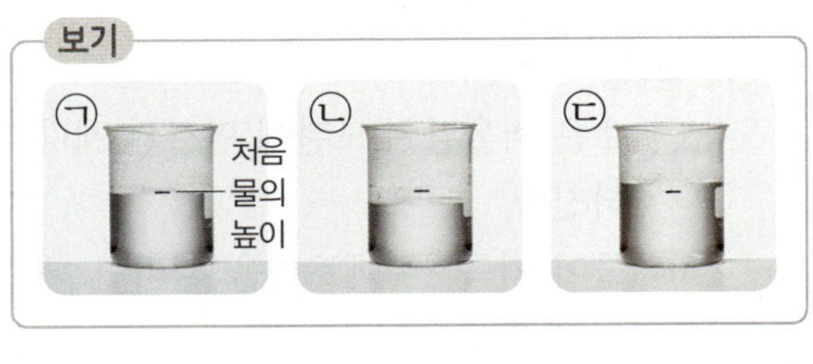

( )

중요
13 증발과 끓음에 대한 설명으로 옳은 것은 어느 것입니까? ( )

① 끓음은 물이 수증기로 상태가 변하는 현상이다.
② 증발은 수증기가 물로 상태가 변하는 현상이다.
③ 끓음은 물의 표면에서만 물이 수증기로 변하는 현상이다.
④ 증발은 물의 표면과 물속에서 물이 수증기로 변하는 현상이다.
⑤ 물이 증발할 때에는 끓을 때보다 물의 양이 더 빠르게 줄어든다.

[14~15] 다음은 얼음이 든 비커를 비닐 랩으로 씌운 뒤 비커를 페트리접시 위에 올려놓고 전자저울로 무게를 측정하는 모습입니다.

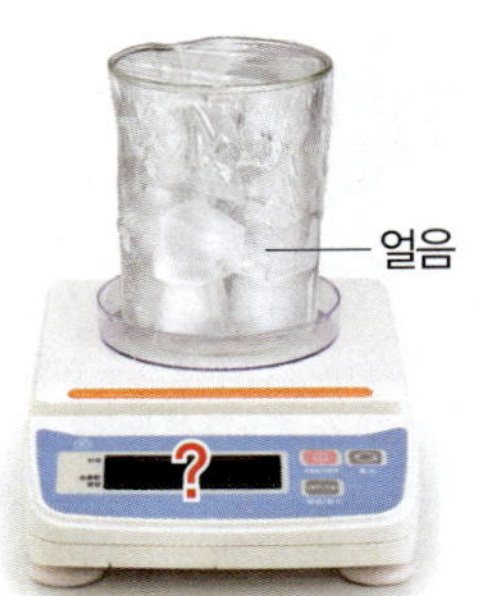

중요
14 위 실험에서 시간이 지남에 따라 나타나는 변화에 대한 설명으로 옳지 <u>않은</u> 것을 보기 에서 골라 기호를 써 봅시다.

보기
㉠ 페트리접시에 물이 고인다.
㉡ 비커의 바깥면에 물방울이 맺힌다.
㉢ 비커 바깥면에 맺혀 커진 물방울이 아래쪽으로 흐른다.
㉣ 시간이 지난 뒤 비커의 무게는 처음보다 더 가벼워진다.

( )

서술형
15 다음은 위 실험에서 무게를 측정한 결과입니다. 이와 같은 결과가 생기는 까닭을 써 봅시다.

처음 무게(g)	시간이 지난 뒤의 무게(g)
261.0	261.4

16 다음과 같이 식용 색소를 탄 물에 얼음을 넣지 않은 비커와 얼음을 넣은 비커의 바깥면을 관찰한 것으로 옳지 <u>않은</u> 것은 어느 것입니까?

(   )

▲ 식용 색소를 탄 물

▲ 식용 색소를 탄 물 + 얼음

① ㉠ 비커의 바깥면은 변화가 없다.

② ㉡ 비커의 바깥면에 물방울이 맺힌다.

③ ㉡ 비커의 바깥면을 닦은 면수건은 젖는다.

④ ㉠ 비커의 바깥면을 닦은 면수건은 젖지 않는다.

⑤ ㉡ 비커의 바깥면을 닦은 면수건에 묻은 물질은 색깔이 있다.

17 다음 현상들과 공통으로 관련된 물의 상태 변화는 어느 것입니까? (   )

▲ 추운 겨울 유리창 안쪽에 물방울이 맺힌다.

▲ 추운 날 실내로 들어오면 안경알이 뿌옇게 흐려진다.

① 얾   ② 끓음   ③ 응결

④ 녹음   ⑤ 증발

18 물이 부족한 곳에서 물의 상태 변화를 이용해 물을 얻는 방법을 <u>잘못</u> 말한 사람의 이름을 써 봅시다.

> • 서율: 아침에 풀잎에 맺힌 이슬을 모아 물을 얻어.
> • 민석: 매우 높은 산에서 얼음을 녹여 물을 얻기도 해.
> • 다현: 비가 올 때 빗물을 모아 두었다가 사용하기도 해.

(   )

19 다음은 물의 상태 변화를 이용해 물을 얻는 에코돔에 대한 설명입니다. (   ) 안에 알맞은 물의 상태 변화를 각각 써 봅시다.

> 뜨거운 낮에는 위쪽 뚜껑이 닫혀 있어 (㉠)한 수증기가 갇혀 있다가 밤이 되면 위쪽 뚜껑이 열리면서 차가운 공기가 들어오는데 이때 수증기가 (㉡)하여 물방울이 아래쪽 용기에 모이게 된다.

㉠: (   )   ㉡: (   )

20 오른쪽 물을 얻는 장치에 이용된 물의 상태 변화는 어느 것입니까? (   )

① 얾   ② 응결

③ 증발   ④ 끓음

⑤ 녹음

▲ 와카워터

13 일차

흐르는 물에 의한 땅의 변화

만화로 생각 열기

활동 흐르는 물에 의한 흙 언덕의 변화 관찰하기

과정 및 결과

1 운동장에 흙 언덕을 만들고 위쪽에 색 모래를 뿌립니다.

2 흙 언덕의 위쪽에서 물을 천천히 흘려 보내면서 색 모래가 이동하는 모습과 흙 언덕의 변화를 관찰해 봅시다.

3 흙 언덕에서 흙이 많이 깎인 곳과 흙이 많이 쌓인 곳은 어디인지 이야기해 봅시다.

흙이 많이 깎인 곳	흙 언덕의 위쪽
흙이 많이 쌓인 곳	흙 언덕의 아래쪽
색 모래의 이동 방향	흙 언덕의 위쪽에서 아래쪽으로 이동합니다.

4 흙 언덕의 모습이 변한 까닭을 이야기해 봅시다.

→ 물이 흐르면서 흙 언덕의 위쪽에 있는 흙을 깎고 ✓운반하여 흙 언덕의 아래쪽에 쌓았기 때문입니다.

✓ **운반** 강물이나 바람이 흙, 모래 등을 옮겨 나름.

정리 ● 흐르는 물은 땅의 모습을 어떻게 변화시킬까요?

→ 흐르는 물이 땅에 있는 흙을 깎고 운반하여 다른 곳에 쌓으면서 땅의 모습을 변화시킵니다.

1 흐르는 물의 작용과 땅의 모습 변화

① 흐르는 물은 땅의 바위, 돌, 흙 등을 깎고 운반해 낮은 곳에 쌓아 놓습니다.

② 흐르는 물의 작용

침식 작용	바위, 돌, 흙 등을 깎는 것
운반 작용	깎아 낸 돌이나 흙 등을 다른 곳으로 옮기는 것
퇴적 작용	운반된 돌이나 흙 등이 쌓이는 것

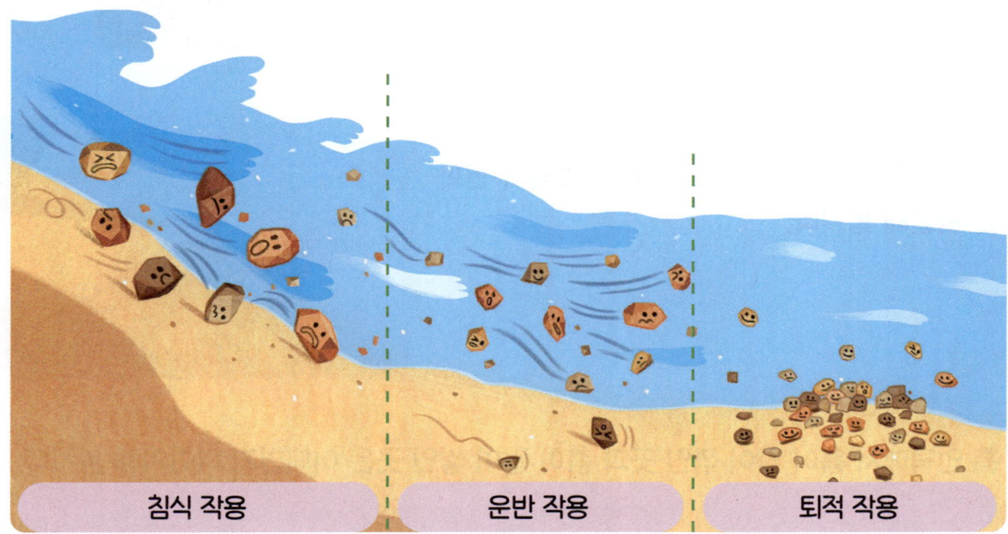

➡ 흐르는 물은 침식 작용, 운반 작용, 퇴적 작용으로 땅의 모습을 변화시킵니다.

2 흐르는 물에 의한 흙 언덕의 변화

① 흙 언덕에 물을 흘려 보낼 때의 변화

흙 언덕의 위쪽	주로 침식 작용이 일어나 흙이 많이 깎입니다.
흙 언덕의 아래쪽	주로 퇴적 작용이 일어나 흙이 많이 쌓입니다.

➡ 흐르는 물이 흙 언덕의 위쪽에 있는 흙을 깎고 운반하여 흙 언덕의 아래쪽에 쌓아 놓으면서 흙 언덕의 모습이 변합니다.

② 흙 언덕에 물을 더 빨리 흘려 보내거나 더 많이 흘려 보낼 때의 변화

- 흙 언덕의 위쪽에서는 침식 작용이 더 활발하게 일어나 흙이 더 많이 깎입니다.
- 흙 언덕의 아래쪽에서는 퇴적 작용이 더 활발하게 일어나 흙이 더 많이 쌓입니다.

3 강 주변 지형의 특징

① 강 상류와 강 하류의 강폭과 ✔경사

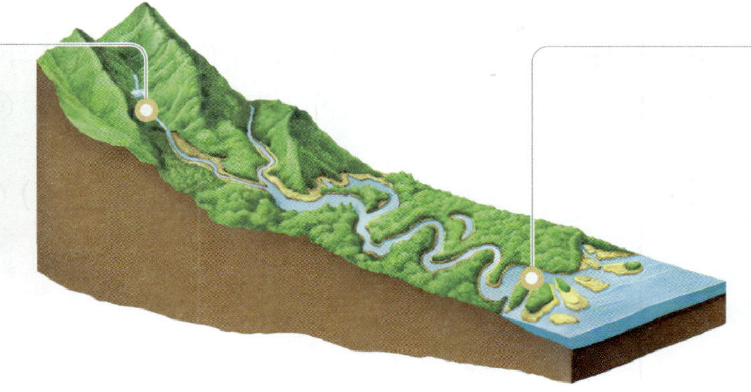

강 하류보다 강폭이 좁고 경사가 급합니다.

강 상류보다 강폭이 넓고 경사가 완만합니다.

② 흐르는 물의 작용에 따른 강 상류와 강 하류 주변 지형의 특징

구분	강 상류	강 하류
흐르는 물의 작용	물이 빠르게 흘러 침식 작용이 활발하게 일어납니다.	물이 느리게 흘러 퇴적 작용이 활발하게 일어납니다.
볼 수 있는 것	 • 큰 바위와 모난 돌을 볼 수 있습니다. • 폭포나 계곡을 볼 수 있습니다.	 • 모래와 흙이 쌓인 것을 볼 수 있습니다. • 넓고 편평한 땅을 볼 수 있습니다.

강 상류와 강 하류에서 흐르는 물의 세 가지 작용이 모두 일어납니다. 이 중 강 상류에서는 침식 작용이 활발하게 일어나고 강 하류에서는 퇴적 작용이 활발하게 일어납니다.

핵심 개념 확인하기

| 정답과 해설 • 10쪽

✔ **흐르는 물의 작용**: 흐르는 물은 침식 작용, ❶ [ ][ ] 작용, 퇴적 작용으로 땅의 모습을 변화시킵니다.

✔ **흐르는 물에 의한 흙 언덕의 변화**

흙 언덕의 위쪽	흙 언덕의 아래쪽
주로 ❷ [ ][ ] 작용이 일어나 흙이 많이 깎입니다.	주로 ❸ [ ][ ] 작용이 일어나 흙이 많이 쌓입니다.

✔ **강 주변 지형의 특징**

강 ❹ [ ][ ]	강 ❺ [ ][ ]
• 강 하류보다 강폭이 좁고 경사가 급합니다. • 침식 작용이 활발하게 일어납니다. • 큰 바위와 모난 돌을 볼 수 있습니다.	• 강 상류보다 강폭이 넓고 경사가 완만합니다. • 퇴적 작용이 활발하게 일어납니다. • 모래와 흙이 쌓인 것을 볼 수 있습니다.

문제로 완성하기

1 다음은 흐르는 물의 작용에 대한 설명입니다. (   ) 안에 알맞은 말을 각각 써 봅시다.

> 흐르는 물이 바위나 돌 등을 깎는 것을 (㉠) 작용, 깎아 낸 돌이나 흙을 옮기는 것을 (㉡) 작용, 운반된 돌이나 흙이 쌓이는 것을 (㉢) 작용이라고 한다.

㉠: (   ) ㉡: (   ) ㉢: (   )

[2~3] 다음은 흙 언덕을 쌓고 위쪽에 색 모래를 뿌린 뒤, 흙 언덕의 위쪽에서 물을 천천히 흘려 보내는 모습입니다.

2 위 실험에 대한 설명으로 옳지 **않은** 것은 어느 것입니까?   (   )

① 흙이 많이 깎이는 곳은 흙 언덕의 위쪽이다.
② 흙이 많이 쌓이는 곳은 흙 언덕의 아래쪽이다.
③ 물을 흘려 보내도 흙 언덕의 모습은 변하지 않는다.
④ 색 모래는 흙 언덕의 위쪽에서 아래쪽으로 이동한다.
⑤ 색 모래는 흐르는 물에 흙이 어떻게 이동하는지 쉽게 보기 위해 뿌린 것이다.

3 다음은 위 실험에서 일어나는 흐르는 물의 작용을 설명한 것입니다. (   ) 안의 알맞은 말에 ○표를 해 봅시다.

> 흙 언덕의 위쪽에서는 흐르는 물에 의해 ㉠ (침식, 퇴적) 작용이 활발하게 일어나고, 흙 언덕의 아래쪽에서는 흐르는 물에 의해 ㉡ (침식, 퇴적) 작용이 활발하게 일어난다.

◈ 강 주변 지형의 특징

4 강 주변 지형에 대한 설명으로 옳은 것을 보기 에서 <u>두 가지</u> 골라 기호를 써 봅시다.

> 보기
>
> ㉠ 강 상류는 강 하류보다 강폭이 좁다.
> ㉡ 강 상류는 강 하류보다 경사가 완만하다.
> ㉢ 강 상류는 강 하류보다 물이 느리게 흐른다.
> ㉣ 흐르는 강물은 강 주변의 지형을 서서히 변화시킨다.

(   )

5 다음은 강 상류와 강 하류 중 어느 곳에서 볼 수 있는 모습인지 각각 써 봅시다.

(1) 

(   )

(2) 

(   )

6 강 상류와 강 하류에서 활발하게 일어나는 흐르는 물의 작용을 각각 써 봅시다.

(1) 강 상류: (   )

(2) 강 하류: (   )

퀴즈 로 마무리하기

● 강 상류의 특징이 적힌 징검돌만 밟아서 징검다리를 건너려고 합니다. 밟아야 하는 징검돌을 따라 선으로 연결해 봅시다.

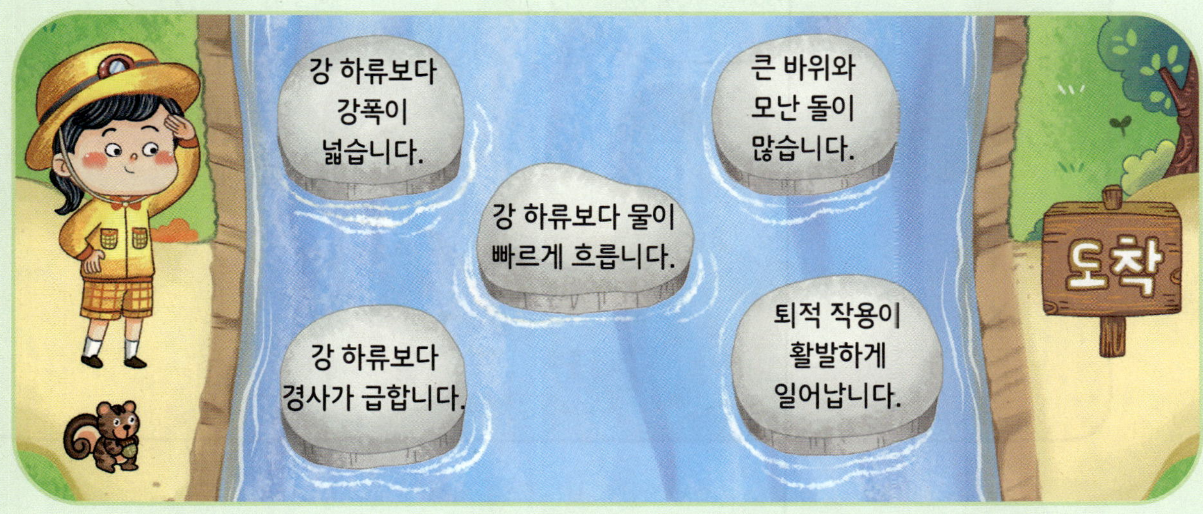

14 일차

화산

만화로 생각 열기

활동 **화산과 화산이 아닌 산 비교하기**

과정 및 결과

14
일차

1 화산과 화산이 아닌 산을 관찰하고, 화산과 화산이 아닌 산을 비교해 봅시다.

화산

한라산

통구라우아산

- 산꼭대기에 움푹 파인 곳이 있습니다.
- 산꼭대기에서 연기와 붉은색 액체가 나오기도 합니다.

화산이 아닌 산

설악산

에베레스트산

- 산꼭대기에 움푹 파인 곳이 없습니다.
- 산꼭대기에서 아무것도 나오지 않습니다.

2 여러 산을 화산과 화산이 아닌 산으로 분류해 봅시다.

❶ 므라피산

❷ 도봉산

❸ 후지산

❹ 에트나산

화산	화산이 아닌 산
❶, ❸, ❹	❷

정리 **화산의 특징은 무엇일까요?**

→ 화산은 산꼭대기에 화산 활동으로 생긴 움푹 파인 곳이 있는 것이 있습니다.

→ 화산은 화산 활동으로 산꼭대기에서 여러 가지 물질이 나오기도 합니다.

1 화산

① 마그마: 땅속 깊은 곳에서 암석이 녹아 있는 것입니다.

② 화산: 땅속에 있던 마그마가 땅을 뚫고 나와 만들어진 지형입니다.

③ 화산 활동: 화산 꼭대기에서 마그마와 함께 여러 가지 물질이 나오는 것입니다.

④ 분화구: 화산 꼭대기에 움푹 파인 곳으로, 분화구에 물이 고여 호수가 생기기도 합니다.

▲ 한라산 꼭대기에 있는 백록담

2 화산과 화산이 아닌 산의 비교

① 화산과 화산이 아닌 산 관찰하기

산꼭대기가 움푹 파여 있습니다.

산꼭대기에서 연기가 나고 붉은색 액체가 흘러나옵니다.

산꼭대기에 움푹 파인 곳이 없고 뾰족합니다.

산꼭대기에 움푹 파인 곳이 없고 뾰족합니다.

② 화산과 화산이 아닌 산 비교하기

| 화산 | • 봉우리가 하나인 경우가 많습니다.
• 산꼭대기에 움푹 파인 곳이 있는 것이 있습니다.
• 산꼭대기에서 여러 가지 물질이 나오기도 합니다. |
| 화산이 아닌 산 | • 산꼭대기에 움푹 파인 곳이 없습니다.
• 산꼭대기에서 아무것도 나오지 않습니다. |

3 화산의 특징

① 화산의 모양과 크기는 다양합니다.

② 화산 중에는 분화구가 있는 것도 있고, 분화구가 없는 것도 있습니다.

③ 분화구에 물이 고여 호수가 생기기도 합니다.

④ 분화구에서 여러 가지 물질이 나오는 화산도 있습니다.

→ 산꼭대기에 분화구가 무너진 곳에 물이 고여 생긴 호수인 천지가 있습니다.

▲ 백두산

▲ 독도

→ 독도는 오랜 시간이 흐르며 분화구가 침식된 화산입니다.

▲ 마우나로아산

▲ 피나투보산

▲ 세계의 화산

❘ 정답과 해설 • 10쪽

💧 화산: 땅속에 있던 ❶ [　　] 가 땅을 뚫고 나와 만들어진 지형입니다.

💧 ❷ [　　] : 화산 꼭대기에서 마그마와 함께 여러 가지 물질이 나오는 것입니다.

💧 화산의 특징

• 화산의 모양과 크기가 ❸ [　　].

• 화산 중에는 산꼭대기에 움푹 파인 ❹ [　　] 가 있는 것도 있습니다.

• 분화구에 물이 고여 ❺ [　　] 가 생기기도 합니다.

• 화산 활동으로 분화구에서 연기나 붉은색 액체가 나오기도 합니다.

1 다음에서 설명하는 지형은 무엇인지 써 봅시다.

> 땅속에 있던 마그마가 땅을 뚫고 나와 만들어진 지형이다.

(   )

◐ 화산

2 오른쪽 한라산에 대한 설명으로 옳은 것을 보기 에서 골라 기호를 써 봅시다.

보기
㉠ 화산이 아니다.
㉡ 산꼭대기가 뾰족하다.
㉢ 산꼭대기에 호수가 있다.

(   )

◐ 화산과
 화산이 아닌 산의
 비교

3 화산을 두 가지 골라 써 봅시다. (,   )

① 
▲ 푸에고산

② 
▲ 설악산

③ 
▲ 백두산

④ 
▲ 도봉산

⑤ 
▲ 에베레스트산

4 다음 (   ) 안의 알맞은 말에 ○표 해 봅시다.

> (화산, 화산이 아닌 산)은 산꼭대기에서 연기가 나거나 붉은색 액체가 흘러나오기도 한다.

▶ 화산의 특징

5 오른쪽은 화산인 베수비오산의 모습입니다. ㉠과 같이 화산 꼭대기에 움푹 파인 곳을 무엇이라고 하는지 써 봅시다.

(   )

6 화산의 특징으로 옳지 <u>않은</u> 것은 어느 것입니까?　　　　　(   )

① 화산의 모양은 다양하다.
② 분화구가 있는 화산도 있다.
③ 화산의 분화구에는 항상 물이 고여 있다.
④ 화산은 마그마가 땅을 뚫고 나와 만들어졌다.
⑤ 화산의 분화구에서 여러 가지 물질이 나오기도 한다.

 퀴즈로 마무리하기

● 다음 □ 안에 알맞은 낱말을 말 상자에서 찾아 모두 ○표를 해 봅시다. 말 상자의 낱말은 가로, 세로, 대각선에 숨어 있습니다.

마	천	지	분
화	그	구	화
산	화	마	구
활	분	출	물
동	백	록	담

❶ □□□는 땅속 깊은 곳에서 암석이 녹아 있는 것으로, □□□가 땅을 뚫고 나와 화산이 만들어집니다.
❷ 화산 꼭대기에 움푹 파인 곳을 □□□라고 합니다.
❸ 화산 꼭대기에서 마그마와 함께 여러 가지 물질이 나오는 것을 □□□□이라고 합니다.
❹ 한라산 꼭대기에는 분화구에 물이 고여 생긴 호수인 □□□이 있습니다.

15 일차

화산 활동으로 나오는 물질

만화로 생각 열기

활동 | 화산 활동 모형 만들기

과정 및 결과

1 화산 활동 동영상을 찾아보고, 화산 활동으로 어떤 물질이 나오는지 이야기해 봅시다.

→ 화산 가스와 화산재가 나오고, 용암이 흘러내립니다.

→ 화산 암석 조각이 튀어나오기도 합니다.

2 화산 활동 모형을 만들어 봅시다.

▲ 쿠킹 컵에 마시멜로를 넣고 식용 색소를 뿌립니다.

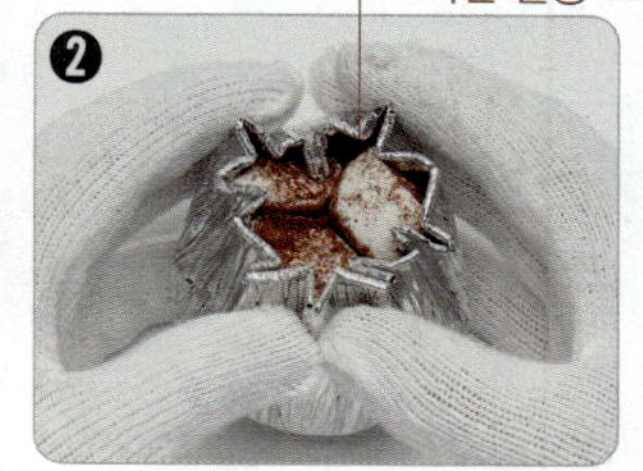

▲ 쿠킹 컵 위쪽을 감싸 화산 활동 모형을 만듭니다.

▲ 은박 접시 위에 화산 활동 모형을 올립니다.

3 화산 활동 모형을 올린 은박 접시를 가열 장치로 가열하면서 나타나는 현상을 관찰해 봅시다.

→ 화산 활동 모형 윗부분에서 연기가 나옵니다.

→ 화산 활동 모형 윗부분에서 녹은 마시멜로가 흘러나옵니다.

→ 흘러나온 마시멜로는 시간이 지나면 굳습니다.

4 화산 활동 모형과 실제 화산 활동에서 나오는 물질을 비교해 봅시다.

화산 활동 모형	실제 화산 활동
연기	화산 가스
흐르는 마시멜로	용암

⊕ 또 다른 방법!

📖 비상교육

플라스틱 통에 제빵 소다와 빨간색 물감을 넣고 식초를 넣어 흘러내리는 용암을 표현하는 방법도 있습니다.

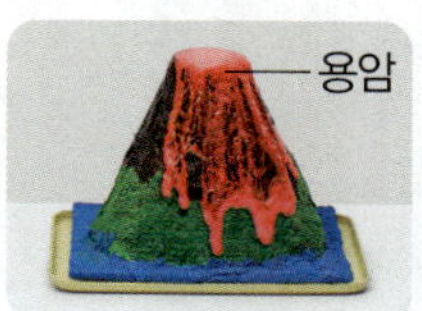

📖 천재(정)

빨간색 물감을 칠해 흘러내리는 용암을 표현하고, 비닐봉지를 부풀려서 화산재와 화산 가스를 표현하는 방법도 있습니다.

정리

• **화산 활동 모형과 실제 화산 활동의 공통점은 무엇일까요?**

→ 화산 활동 모형과 실제 화산 활동 모두 연기가 나고 액체 상태의 물질이 흘러나옵니다.

• **화산 활동 모형과 실제 화산 활동의 차이점은 무엇일까요?**

→ 화산 활동 모형에서는 화산 암석 조각이나 화산재가 나오지 않지만, 실제 화산 활동에서는 화산 암석 조각과 화산재가 나오기도 합니다.

1 화산 분출물

① 화산 분출물: 화산이 분출할 때 나오는 물질입니다.

② 화산 분출물의 종류: 화산 분출물에는 화산 가스, 화산재, 화산 암석 조각, 용암 등이 있습니다.

③ 화산 분출물의 특징

구분	특징	상태
화산 가스	• 여러 가지 기체로 이루어져 있고, 대부분 수증기입니다. • 주로 화산재와 함께 분출합니다.	기체
화산재	• 화산이 분출할 때 나오는 매우 작은 크기의 돌가루입니다. • 주로 화산 가스와 함께 분출합니다.	고체
화산 암석 조각	• 화산이 분출할 때 나오는 돌덩어리입니다. • 크기와 모양이 다양합니다.	고체
용암	• 마그마가 땅 위로 분출한 것입니다. • 지표를 따라 흘러내립니다. • 매우 뜨겁습니다.	액체

마그마가 분출하면서 기체가 빠져나간 것이 용암입니다.

2 화산 활동 모형과 실제 화산 활동의 비교

① 화산 활동 모형을 가열할 때 나타나는 현상

▲ 화산 활동 모형 실험 결과

화산 활동 모형 윗부분에서 연기가 납니다.

화산 활동 모형 윗부분에서 녹은 마시멜로가 흘러나옵니다.

흘러나온 마시멜로는 시간이 지나면 굳습니다.

② 화산 활동 모형과 실제 화산 활동에서 나오는 물질 비교하기

화산 활동 모형	연기	흐르는 마시멜로	흘러내린 마시멜로가 굳은 것
실제 화산 활동	화산 가스	용암	용암이 굳어서 된 암석

③ 화산 활동 모형과 실제 화산 활동의 공통점과 차이점

구분	화산 활동 모형	실제 화산 활동
공통점	• 연기가 나고, 액체 상태의 물질이 흘러나옵니다. • 시간이 지나면 흘러나온 액체 상태의 물질이 굳습니다.	
차이점	• 크기가 작습니다. • 화산재나 화산 암석 조각이 나오지 않습니다. • 큰 소리가 나지 않습니다.	• 크기가 큽니다. • 화산재나 화산 암석 조각이 나오기도 합니다. • 큰 소리가 나기도 합니다.

핵심 개념 확인하기

정답과 해설 • 11쪽

✔ 화산 ①◻◻◻ : 화산이 분출할 때 나오는 물질입니다.

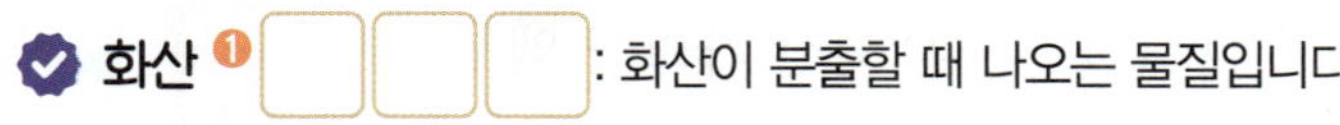

화산 가스	화산재	화산 암석 조각	③◻◻
기체 상태이고, 대부분 ②◻◻◻ 입니다.	크기가 매우 작은 돌가루로, 고체 상태입니다.	크기와 모양이 다양하고, 고체 상태입니다.	마그마가 땅 위로 분출한 것으로, 액체 상태입니다.

✔ 화산 활동 모형과 실제 화산 활동의 비교

공통점	• ④◻◻ 가 나고, 액체 상태의 물질이 흘러나옵니다. • 시간이 지나면 흘러나온 액체 상태의 물질이 굳습니다.
차이점	• 화산 활동 모형에서는 고체 상태의 물질이 나오지 않지만, 실제 화산 활동에서는 화산재, 화산 암석 조각 등 ⑤◻◻ 상태의 물질이 나오기도 합니다. • 화산 활동 모형에서는 큰 소리가 나지 않지만, 실제 화산 활동에서는 큰 소리가 나기도 합니다.

◆ 화산 분출물

1 다음 화산 분출물의 모습과 이름을 선으로 연결해 봅시다.

(1)  • • ㉠ 용암

(2) 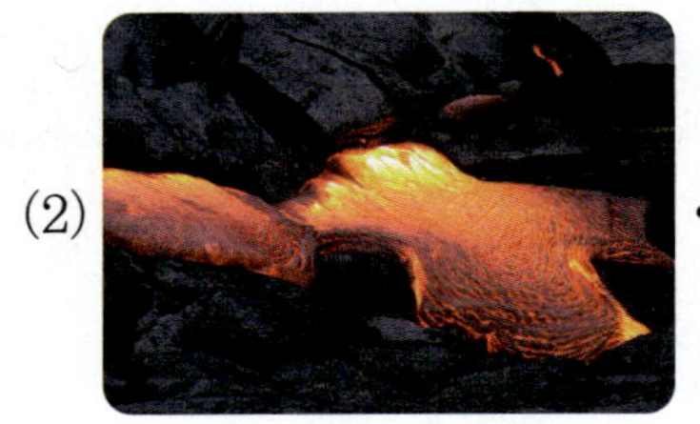 • • ㉡ 화산 암석 조각

(3)  • • ㉢ 화산 가스와 화산재

2 화산 분출물과 상태를 옳게 짝 지은 것은 어느 것입니까? ( )

① 용암 – 기체 ② 화산재 – 고체
③ 화산 가스 – 고체 ④ 화산 가스 – 액체
⑤ 화산 암석 조각 – 액체

3 화산 분출물에 대한 설명으로 옳지 <u>않은</u> 것은 어느 것입니까? ( )

① 화산 가스는 대부분 수증기이다.
② 화산재는 매우 작은 크기의 돌가루이다.
③ 용암은 마그마가 땅 위로 분출한 것이다.
④ 화산 암석 조각은 크기와 모양이 일정하다.
⑤ 화산이 분출할 때 나오는 물질을 화산 분출물이라고 한다.

[4~5] 오른쪽은 쿠킹 컵에 마시멜로와 식용 색소를 넣고 감싸 만든 화산 활동 모형을 은박 접시 위에 올려놓고 가열하는 모습입니다.

완성 15일차

▶ 화산 활동 모형과 실제 화산 활동의 비교

4 위 실험 결과 나타나는 현상으로 옳은 것을 보기 에서 골라 기호를 써 봅시다.

> **보기**
> ㉠ 모형 윗부분에서 녹은 마시멜로가 흘러나온다.
> ㉡ 흘러나온 마시멜로는 시간이 지난 뒤 사라진다.
> ㉢ 모형 윗부분에서 단단한 고체 알갱이가 나온다.

(   )

5 위 실험 결과 화산 활동 모형 윗부분에서 나는 연기는 실제 화산 활동에서 나오는 물질 중 무엇에 해당하는지 써 봅시다.

(   )

6 오른쪽 화산 활동 모형에서 ㉠은 실제 화산 분출물 중 무엇을 표현한 것입니까? (   )

① 용암   ② 마그마   ③ 화산재
④ 화산 가스   ⑤ 화산 암석 조각

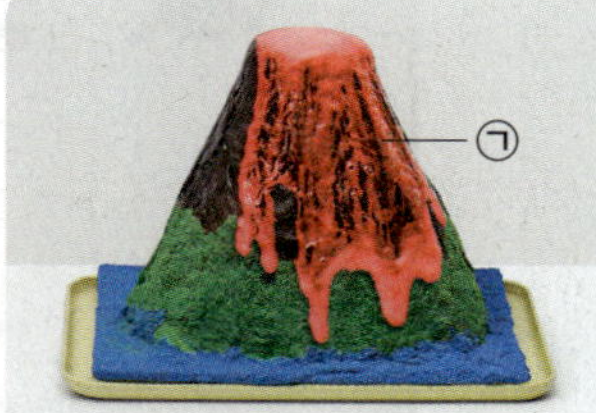

퀴즈로 마무리하기

● 다음 빈칸에 알맞은 낱말 카드를 골라 카드에 적힌 숫자를 순서대로 누르면 보물 상자의 비밀번호를 알 수 있습니다. 비밀번호를 써 봅시다.

화산이 분출할 때 나오는 [?] 에는 기체인 [?], 고체인 화산 암석 조각과 [?], 액체인 [?]이 있습니다.

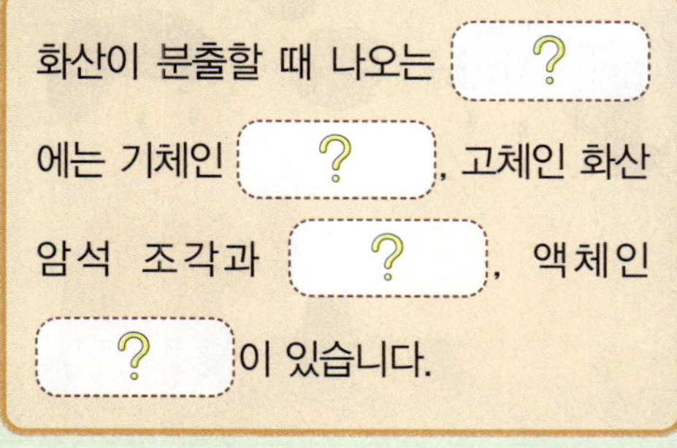

🖊 [ ]

16 일차

화산 활동으로 만들어지는 암석

만화로 생각 열기

📖 내 교과서 7종 공통

활동 | **현무암과 화강암을 관찰하고 분류하기**

과정 및 결과

실험 동영상

1 현무암과 화강암에 번호 붙임딱지를 각각 붙인 뒤, 흰 종이 위에 올려놓습니다.

16 일차

2 암석의 색깔, 암석을 이루는 알갱이의 크기 등을 관찰해 봅시다.

구분	색깔	알갱이의 크기	그 밖의 특징
암석 ①	어둡습니다.	작습니다.	크고 조은 구멍이 있습니다.
암석 ②	밝습니다.	큽니다.	반짝이는 알갱이가 있습니다.
암석 ③	어둡습니다.	작습니다.	크고 작은 구멍이 있습니다.
암석 ④	밝습니다.	큽니다.	반짝이는 알갱이가 있습니다.

✔ 분류 종류에 따라서 가름.

3 관찰한 결과를 바탕으로 ✔분류 기준을 정해 암석을 분류해 봅시다.

암석의 색깔, 암석을 이루는 알갱이의 크기와 같이 어떤 사람이 분류해도 같은 결과가 나오는 분류 기준을 정해요.

정리 ● **현무암과 화강암은 어떤 특징에 따라 분류할 수 있을까요?**

➡ 암석의 색깔에 따라 분류할 수 있습니다.

➡ 암석을 이루는 알갱이의 크기에 따라 분류할 수 있습니다.

1 화성암

① 화성암: 마그마가 식으면서 굳어져 만들어진 암석입니다.

② 우리 주변에서 볼 수 있는 대표적인 화성암으로 현무암과 화강암이 있습니다.

2 현무암과 화강암의 특징

① 현무암과 화강암은 암석의 색깔과 암석을 이루는 알갱이의 크기로 분류할 수 있습니다.

현무암

화강암

② 현무암과 화강암의 특징

구분	현무암	화강암
색깔	어둡습니다.	밝습니다.
알갱이의 크기	 작습니다.	큽니다.
그 밖의 특징	구멍이 있는 것도 있습니다.	반짝이는 알갱이가 있습니다.

└ 현무암이 만들어질 때 마그마가 빠르게 식으면서 기체가 빠져나와 생긴 것입니다.

3 현무암과 화강암이 만들어지는 장소

현무암	화강암
마그마가 ˅지표 가까이에서 빠르게 식으면서 굳어져 만들어집니다.	마그마가 땅속 깊은 곳에서 서서히 식으면서 굳어져 만들어집니다.

˅ **지표** 땅의 겉면

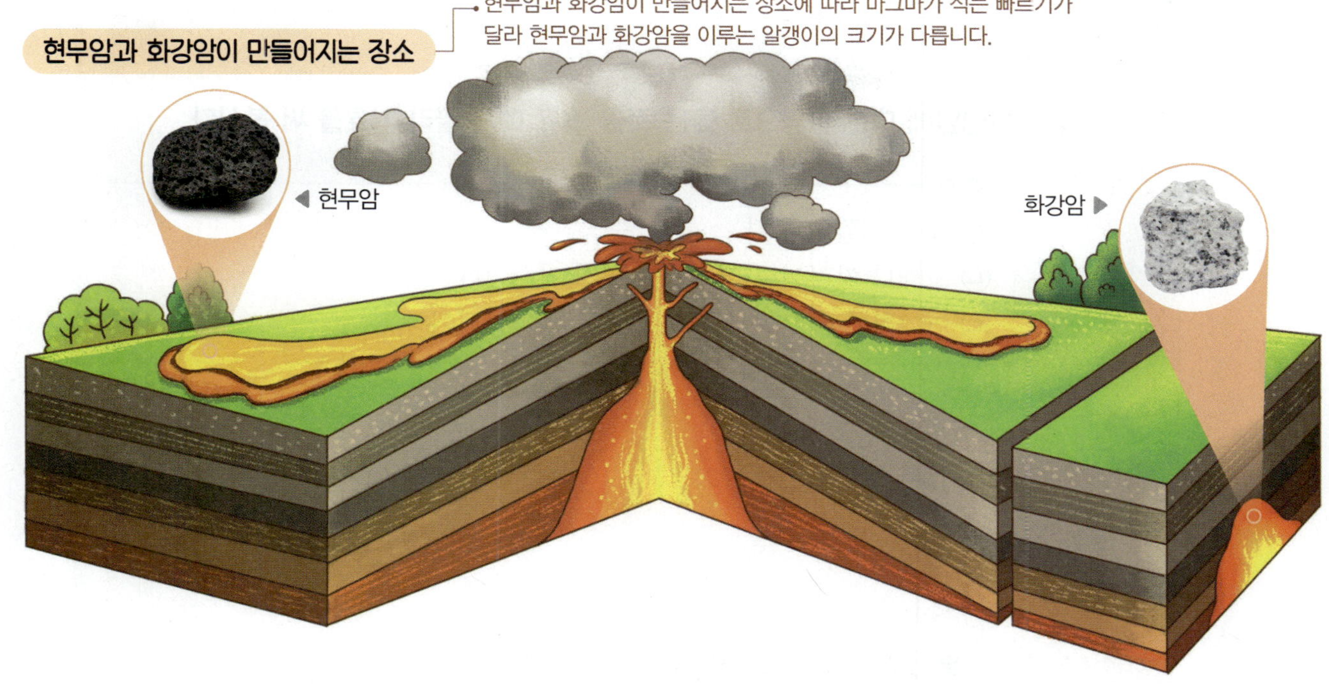

4 현무암과 화강암의 이용

현무암의 이용 예	화강암의 이용 예
✔맷돌, 제주도에서 볼 수 있는 돌하르방과 돌담 등	건축 재료, 불국사의 다보탑과 석가탑, 석굴암, 첨성대 등

▲ 맷돌   ▲ 돌하르방   ▲ 불국사 다보탑   ▲ 석굴암

✔ **맷돌** 곡식을 가는 데 쓰는 기구

핵심 개념 확인하기

| 정답과 해설 • 11쪽

◆ **화성암**: ❶ ☐☐☐ 가 식으면서 굳어져 만들어진 암석으로, 현무암과 화강암은 대표적인 화성암입니다.

◆ **현무암과 화강암의 특징**

구분	현무암	화강암
색깔	색깔이 어둡습니다.	색깔이 밝습니다.
알갱이의 크기	알갱이의 크기가 ❷ ☐☐☐ .	알갱이의 크기가 ❸ ☐☐ .
만들어지는 장소	마그마가 ❹ ☐☐☐☐ 에서 빠르게 식으면서 굳어져 만들어집니다.	마그마가 ❺ ☐☐☐ 곳에서 천천히 식으면서 굳어져 만들어집니다.

문제로 완성하기

1 화성암에 대한 설명으로 옳은 것을 보기 에서 골라 기호를 써 봅시다.

> **보기**
> ㉠ 모두 색깔이 밝다.
> ㉡ 모래나 자갈이 굳어져 만들어진 암석이다.
> ㉢ 마그마가 식으면서 굳어져 만들어진 암석이다.

(   )

[2~3] 다음 여러 가지 화성암을 관찰하여 분류하려고 합니다.

현무암과 화강암의 특징

2 위 화성암을 관찰한 내용으로 옳은 것은 어느 것입니까? (   )

① ㉠은 색깔이 밝다.
② ㉡은 크고 작은 구멍이 있다.
③ ㉢은 반짝이는 알갱이가 있다.
④ ㉣은 암석을 이루는 알갱이의 크기가 크다.
⑤ ㉤은 암석을 이루는 알갱이의 크기가 작다.

3 위 화성암을 현무암과 화강암으로 분류해 기호를 각각 써 봅시다.

(1) 현무암: (   )
(2) 화강암: (   )

4 현무암에 대한 설명으로 옳지 <u>않은</u> 것은 어느 것입니까? (　　　)

① 화성암이다.

② 색깔이 어둡다.

③ 암석을 이루는 알갱이의 크기가 크다.

④ 표면에 크고 작은 구멍이 있는 것도 있다.

⑤ 마그마가 지표 가까이에서 식으면서 굳어져 만들어진다.

▶ 현무암과
　화강암이
　만들어지는 장소

5 다음은 화성암이 만들어지는 장소를 나타낸 것입니다. 화강암이 만들어지는 장소를 골라 기호를 써 봅시다.

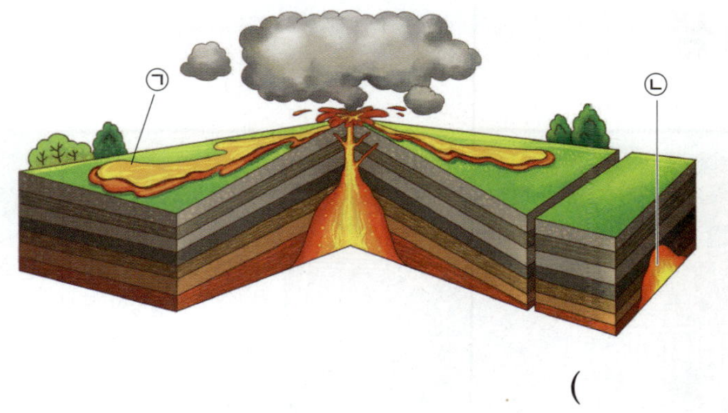

(　　　　　　　)

▶ 현무암과
　화강암의 이용

6 다음 (　　) 안의 알맞은 말에 ○표를 해 봅시다.

> 불국사의 다보탑은 ㉠ (현무암, 화강암)으로 만들어졌고, 맷돌은 ㉡ (현무암,
> 화강암)으로 만든다.

● 북한산에 올라가면 큰 절벽이 있습니다. 다음 글자판에서 글자를 가로나 세로로 연결하여 북한산 절벽을 이루는 암석은 무엇인지 ○표 해 봅시다.

퇴	현	무	암
적	자	화	석
암	역	강	모
석	회	암	래

17 일차

화산 활동의 영향

만화로 생각 열기

활동 화산 활동이 우리 생활에 미치는 영향 조사하기

과정 및 결과

1 화산 활동이 우리 생활에 미치는 영향을 조사해 나타내 봅시다.

용암이 흘러 산불이 발생합니다.

✔ **운항** 배나 비행기가 정해진 길이나 목적지를 오고 감.

✔ **호흡기** 폐와 같이 숨을 쉬는 일을 맡은 몸속 기관

2 조사한 내용을 화산 활동이 우리 생활에 주는 피해와 이로운 점으로 분류해 봅시다.

화산 활동의 피해	• 용암이 흘러 산불이 발생합니다. • 화산재는 비행기 운항을 어렵게 합니다. • 화산재와 화산 가스는 호흡기 질병을 일으킵니다.
화산 활동의 이로운 점	• 화산 주변의 온천을 관광지로 활용합니다. • 화산 주변 땅속의 열을 이용해 전기를 생산합니다. • 화산재는 땅을 기름지게 하여 농사에 도움을 줍니다.

3 화산 활동에 대처하는 방법을 조사해 봅시다.

• 재난 방송을 확인하며 현재 상황을 파악합니다.
• 실외에서는 마스크나 손수건 등으로 코와 입을 막습니다.
• 실내에서는 문과 창문을 닫고, 젖은 수건으로 문틈을 막습니다.
• 화산재 낙하가 끝나면 주변을 청소하고 몸을 씻습니다.

✔ **재난** 뜻밖에 일어난 사고와 어려움

✔ **낙하** 높은 데서 낮은 데로 떨어짐.

정리 **화산 활동은 우리 생활에 어떤 영향을 미칠까요?**

→ 화산 활동으로 발생한 화산 가스와 화산재, 용암 등은 우리 생활에 많은 피해를 주지만, 화산 활동의 이로운 점도 있습니다.

개념 이해하기

1 화산 활동이 우리 생활에 미치는 영향

① 화산 활동은 우리 생활에 피해를 주지만, 이로운 점도 있습니다.

② 화산 활동의 피해

화산재가 마을이나 농경지를
뒤덮습니다.

화산 가스와 화산재가 호흡기
질병을 일으킵니다.

용암이 흘러 산불이
발생합니다.

화산 암석 조각이 떨어져
집과 자동차 등이
부서집니다.

화산재가 태양빛을 가려서
날씨에 영향을 줍니다.

화산재로 인해 비행기가
고장 나거나 운항이
중단됩니다.

③ 화산 활동의 이로운 점

온천

화산 주변의 온천을 관광지로 활용합니다. →화산 주변 땅속의 열에 의해 지하수가 데워져 온천이 만들어집니다.

지열 발전

화산 주변 땅속의 열을 이용해 전기를 생산합니다.

✔ **지열 발전** 지구 내부의 열을 이용해 전기를 얻는 방법

기름진 땅

화산재는 시간이 지나면 땅을 기름지게 하여 농작물이 잘 자라게 합니다.

관광지로 활용

화산 활동으로 만들어진 독특한 지형은 관광지가 됩니다.

2 화산 활동 대처 방법

① 가급적 실내에 머무르고, 재난 방송을 확인하며 현재 상황을 파악합니다.
② 화산재가 떨어질 때는 마스크나 손수건 등으로 코와 입을 막습니다.
③ 실내에서는 문과 창문을 닫고, 젖은 수건으로 문틈을 막습니다.
④ 화산재 낙하가 끝나면 주변을 청소하고 몸을 씻습니다.

핵심 개념 확인하기

정답과 해설 • 12쪽

화산 활동이 우리 생활에 미치는 영향

화산 활동의 피해	• ❶ [　][　] 이 흘러 산불이 발생합니다. • 화산재는 마을을 뒤덮고, 비행기 운항을 어렵게 합니다.
화산 활동의 이로운 점	• 화산 주변 땅속의 ❷ [　] 을 이용해 온천을 개발하거나 전기를 생산합니다. • ❸ [　][　][　] 는 시간이 지나면 땅을 기름지게 만들어 농작물이 잘 자라게 합니다.

화산 활동에 대처하는 방법

• 화산재가 날리면 마스크 등으로 코와 입을 막고, 실내로 대피합니다.
• 실내에서는 문과 창문을 닫고, 문틈을 ❹ [　][　] 수건으로 막습니다.

1 화산 활동이 우리 생활에 주는 피해가 <u>아닌</u> 것은 어느 것입니까?　　　(　　　)

① 

▲ 화산 암석 조각이 떨어져 부서진
　자동차

② 

▲ 화산 주변 땅속의 열을 이용한 전
　기 생산

③ 

▲ 화산재로 인한 비행기 운항 중단

④ 

▲ 화산재로 인한 날씨 변화

2 오른쪽과 같은 피해를 주는 화산 분출물은 어느 것입니까?　　　(　　　)

① 용암　　　　　② 화산재
③ 화성암　　　　④ 화산 가스
⑤ 화산 암석 조각

3 화산 활동이 우리 생활에 주는 이로운 점이 <u>아닌</u> 것을　보기　에서 골라 기호를 써 봅시다.

> 보기
> ㉠ 독특한 화산 지형은 관광지가 된다.
> ㉡ 화산재가 마을이나 농경지를 뒤덮는다.
> ㉢ 화산 주변의 온천을 관광지로 활용한다.

(　　　　　　　)

4 우리 생활에 다음과 같은 영향을 미치는 화산 분출물은 무엇인지 써 봅시다.

> 호흡기 질병을 일으켜 피해를 주기도 하지만, 시간이 지나면 땅을 기름지게 하여 농작물이 자라는 데 도움을 준다.

( )

● 화산 활동
대처 방법

5 화산 활동으로 화산재가 떨어질 때의 대처 방법으로 옳은 것을 골라 기호를 써 봅시다.

㉠

▲ 마스크로 코와 입을 막습니다.

㉡

▲ 문과 창문을 모두 엽니다.

( )

6 다음은 화산 활동에 대처하는 방법입니다. ( ) 안의 알맞은 말에 ○표를 해 봅시다.

> 화산 활동이 일어나면 가급적 (실내, 실외)에 머무르고, 재난 방송을 확인하며 현재 상황을 파악한다.

퀴즈 로 **마무리하기**

● 화산 활동의 피해와 이로운 점이 적힌 카드가 섞여 있습니다. 이 중 화산 활동의 피해가 적힌 카드를 골라 카드에 적힌 숫자를 모두 더하면 비밀번호가 나온다고 합니다. 비밀번호를 써 봅시다.

1	2	3
화산 주변의 열을 이용한 온천	용암으로 발생한 산불	화산재로 인한 비행기 운항 중단

4	5	6
화산재로 기름지게 된 땅	화산 가스로 인한 호흡기 질병 발생	땅속의 열을 이용한 전기 생산

✏️

18 일차

지진의 영향과 대처 방법

만화로 생각 열기

활동 지진 피해 사례를 조사하고 대처 방법 탐구하기

과정 및 결과

1 우리나라와 다른 나라에서 발생한 지진 피해 사례를 조사해 봅시다.

우리 나라	발생 시기	2017년 11월 15일	
	발생 지역	○○시	
	규모	5.4	
	피해 내용	• 건물 벽이 무너졌습니다. • 부상자가 발생했습니다.	
다른 나라	발생 시기	2023년 2월 6일	
	발생 지역	튀르키예, 시리아	
	규모	7.8	
	피해 내용	• 건물이 무너지고, 도로가 끊어졌습니다. • 많은 사망자와 부상자가 발생했습니다.	

✔ **부상자** 몸에 상처를 입은 사람

2 지진 피해 사례를 조사하면서 알게 된 점을 이야기해 봅시다.

➡ 우리나라를 포함해 세계 곳곳에서 지진이 발생한다는 것을 알게 되었습니다.

➡ 지진이 발생하면 우리 생활에 피해를 준다는 것을 알게 되었습니다.

➡ 강한 지진도 발생하지만 우리가 느낄 수 없는 약한 지진도 발생한다는 것을 알게 되었습니다.

3 지진 피해를 줄이기 위한 방법을 조사해 봅시다.

➡ 지진으로 흔들리는 동안에는 탁자 아래로 들어가 몸을 보호합니다.

➡ 흔들림이 멈추면 전기와 가스를 차단하고 문을 열어 출구를 확보합니다.

➡ 승강기 안에 있을 때는 모든 층의 버튼을 눌러 가장 먼저 열리는 층에서 내린 뒤, 계단으로 대피합니다.

➡ 건물 밖에서는 가방이나 손으로 머리를 보호하며, 건물에서 떨어져 이동합니다.

✔ **차단** 다른 것과의 접촉을 막거나 끊음.

정리

• 지진 피해 사례를 조사하여 알게 된 점은 무엇인가요?

➡ 세계 곳곳에서 지진이 발생하여 피해를 입고 있습니다.

• 지진이 발생했을 때의 대처 방법을 정리해 볼까요?

➡ 먼저 머리와 몸을 보호하고, 상황과 장소에 따라 침착하게 대처합니다.

1 지진

① 지진: 땅이 흔들리는 현상입니다.

② 지진이 우리 생활에 미치는 영향

땅이 갈라지거나 도로가 끊깁니다.

건물이 무너지고 사람이 다칩니다.

산사태가 발생하기도 합니다.

큰 파도가 일어 바닷가 마을을 덮치기도 합니다.

→ 바다에서 지진이 발생하면 파도가 크게 일어 육지로 넘쳐 들어오기도 하는데, 이것을 지진 해일이라고 합니다.

✔ **산사태** 지진이나 화산 활동 등으로 산의 바위나 흙이 갑자기 무너져 내리는 현상

2 지진 대처 방법

① 평소 지진 대비 방법

- 비상용품(물, 비상식량, 구급약품, 손전등, 라디오 등)을 준비해 둡니다.
- 떨어질 수 있는 물건은 낮은 곳에 두고, 흔들리기 쉬운 물건을 고정합니다.
- 건물이나 담장, 가스나 전기 등 주변의 안전을 미리 점검합니다.
- 주변에 가까이 있는 대피 장소를 미리 알아 둡니다.

② 집에서 지진이 발생했을 때 상황별 대처 방법

탁자 아래로 들어가 몸을 보호하고, 탁자 다리를 꼭 잡습니다.

전기와 가스를 차단하고, 문을 열어 출구를 확보합니다.

승강기 대신 계단을 이용해 신속하게 대피합니다.

가방이나 손으로 머리를 보호하고, 건물에서 떨어져 이동합니다.

운동장이나 공원 등 넓은 곳으로 대피합니다.

✔ **거동** 몸을 움직임.

③ 지진이 발생했을 때 장소별 대처 방법

학교에 있을 때	승강기 안에 있을 때	버스나 전철에 있을 때	대형 할인점에 있을 때

책상 아래로 들어가 몸을 보호하고, 흔들림이 멈추면 질서를 지키며 운동장으로 대피합니다.	모든 층의 버튼을 눌러 가장 먼저 열리는 층에서 내린 뒤, 계단을 이용해 대피합니다.	넘어지지 않도록 손잡이나 기둥을 잡고, 버스나 전철이 멈추면 안내에 따라 행동합니다.	장바구니를 이용해 떨어지는 물건으로부터 머리를 보호하고, 흔들림이 멈추면 밖으로 대피합니다.

극장에 있을 때	자동차에 있을 때	산에 있을 때	바닷가에 있을 때

소지품으로 머리를 보호하고, 흔들림이 멈추면 안내에 따라 대피합니다.	도로 오른쪽에 자동차를 세우고, 차 밖으로 대피합니다.	산사태 등에 주의하고 안전한 곳으로 대피합니다.	큰 파도가 발생하는 것을 피해 안전한 곳으로 이동합니다. → 바다에서 먼 곳, 높은 곳

④ 지진 발생 후 대처 방법

다친 사람이 있으면 응급 처치를 하고 구조 요청을 합니다.

재난 방송을 들으며 올바른 정보에 따라 행동합니다.

건물에 들어가기 전에 안전한지 확인합니다.

핵심 개념 확인하기

정답과 해설 • 12쪽

✔ 지진: ❶[ ]이 흔들리는 현상입니다.

✔ 지진 대처 방법

평소	비상용품을 준비해 두고, 떨어지거나 흔들릴 수 있는 물건을 ❷[ ][ ]합니다.
지진이 발생했을 때	• 지진으로 흔들릴 때는 탁자나 책상 ❸[ ][ ]로 들어가 몸을 보호합니다. • 흔들림이 멈추면 소지품으로 머리를 보호하며 공원과 같은 ❹[ ][ ] 곳으로 대피합니다.
지진 발생 후	다친 사람을 살피고, ❺[ ][ ][ ]을 들으며 올바른 정보에 따라 행동합니다.

● 지진

1 지진에 대한 설명으로 옳은 것을 보기 에서 **두 가지** 골라 기호를 써 봅시다.

> 보기
> ㉠ 지진은 땅이 흔들리는 현상이다.
> ㉡ 지진이 발생하면 사람이 다칠 수 있다.
> ㉢ 우리나라에서는 지진이 발생하지 않는다.
> ㉣ 지진이 발생해도 땅의 모습은 변하지 않는다.

(   )

2 지진으로 발생하는 피해 사례가 **아닌** 것은 어느 것입니까? (   )

① 
▲ 끊긴 도로

② 
▲ 무너진 건물

③ 
▲ 화산재로 뒤덮인 마을

④ 
▲ 산사태

● 지진 대처 방법

3 평소 지진에 대비하는 방법으로 옳지 **않은** 것은 어느 것입니까? (   )
① 비상용품을 준비해 둔다.
② 떨어질 수 있는 물건은 높은 곳에 둔다.
③ 건물이나 담장, 가스나 전기를 미리 점검한다.
④ 주변에 가까이 있는 대피 장소를 미리 알아 둔다.
⑤ 상황과 장소에 따른 올바른 지진 대처 방법을 익혀 둔다.

4 지진으로 흔들릴 때의 대처 방법으로 옳은 것을 골라 기호를 써 봅시다.

ㄱ

▲ 문을 열고 신속하게 밖으로 대피
합니다.

ㄴ

▲ 탁자 아래로 들어가 몸을 보호합
니다.

( )

5 지진이 발생했을 때 대처 방법을 옳게 말한 사람의 이름을 써 봅시다.

> • 윤아: 바닷가에서는 바다 가까운 곳으로 대피해야 해.
> • 수호: 극장에 있을 때는 소지품이나 손으로 머리를 보호해야 해.
> • 선우: 건물 밖으로 나갈 때는 승강기를 이용해 빠르게 이동해야 해.

( )

퀴즈로 마무리하기

● 평소 지진에 대비해 준비해야 할 비상용품이 적혀 있는 풍선에 매달려 있는 자음자와 모음자를 이용하여 낱말을 만들 수 있습니다. 만들 수 있는 낱말을 써 봅시다.

생각 그물 로 정리하기

● 다음 빈칸에 들어갈 내용을 써서 생각 그물을 완성해 보세요.

흐르는 물에 의한 땅의 변화 ⟳ 13일차

흐르는 물의 작용

흐르는 ❶ [ ] 은 바위, 돌, 흙 등을 깎는 침식 작용, 깎아 낸 돌이나 흙 등을 다른 곳으로 옮기는 운반 작용, 운반된 돌이나 흙 등을 쌓아 놓는 퇴적 작용을 하면서 땅의 모습을 변화시킵니다.

강 주변 지형의 특징

❷ [ ] [ ] 작용이 활발하게 일어나고, 큰 바위와 모난 돌을 볼 수 있습니다.

❸ [ ] [ ] 작용이 활발하게 일어나고, 모래와 흙이 쌓여 있습니다.

땅의 변화

지진과 지진 대처 방법 ⟳ 18일차

지진의 영향

• ❾ [ ] [ ] : 땅이 흔들리는 현상입니다.

• 지진 피해 사례: 땅이 갈라지거나 도로가 끊기고, 건물이 무너져 사람이 다치기도 합니다.

지진 대처 방법

탁자 아래로 들어가서 ❿ [ ] 을 보호하고, 흔들림이 멈추면 문을 열고 대피합니다.

모든 층의 버튼을 눌러 가장 먼저 열리는 층에서 내려 계단으로 대피합니다.

장바구니를 이용해 떨어지는 물건으로부터 머리를 보호합니다.

화산 활동과 화성암

⟳ 14~16일차

화산의 특징

• 산꼭대기에 움푹 파인 ❹ ☐☐☐ 가 있는 것도 있습니다.
• 산꼭대기에서 여러 가지 물질이 나오기도 합니다.

화산 분출물

▲ 화산 가스와 화산재　　▲ 화산 암석 조각　　▲ 용암

화성암의 특징

• 화성암: 마그마가 식으면서 굳어져 만들어진 암석입니다.
• ❺ ☐☐☐ : 색깔이 어둡고, 암석을 이루는 알갱이의 크기가 작습니다.
• ❻ ☐☐☐ : 색깔이 밝고, 암석을 이루는 알갱이의 크기가 큽니다.

▲ 현무암　　▲ 화강암

⟳ 17일차

화산 활동의 영향

화산 활동의 ❼ ☐☐

▲ 화산재에 뒤덮인 마을　　▲ 용암으로 발생한 화재

▲ 비행기 운항 중단　　▲ 호흡기 질병 발생

화산 활동의 ❽ ☐☐☐ 점

▲ 온천　　▲ 전기 생산

▲ 기름진 땅　　▲ 관광지로 활용

[1~2] 다음은 흙 언덕을 만들고 위쪽에 색 모래를 뿌린 뒤, 흙 언덕의 위쪽에서 물을 천천히 흘려 보내는 모습입니다.

✦중요✦

1 위 실험에서 흐르는 물의 침식 작용과 퇴적 작용이 가장 활발하게 일어나는 곳을 각각 골라 기호를 써 봅시다.

침식 작용이 가장 활발하게 일어나는 곳	퇴적 작용이 가장 활발하게 일어나는 곳
(1)	(2)

2 위 실험에서 흙 언덕의 모습을 더 많이 변하게 하는 방법으로 옳은 것을 보기 에서 **두 가지** 골라 기호를 써 봅시다.

보기
㉠ 흙 언덕에 물을 더 빠르게 흘려 보낸다.
㉡ 흙 언덕에 물을 더 느리게 흘려 보낸다.
㉢ 흙 언덕에 더 적은 양의 물을 흘려 보낸다.
㉣ 흙 언덕에 더 많은 양의 물을 흘려 보낸다.

(　　　　　　)

3 다음은 강 주변의 모습입니다. 모래와 흙이 많이 쌓이는 곳을 골라 기호를 써 봅시다.

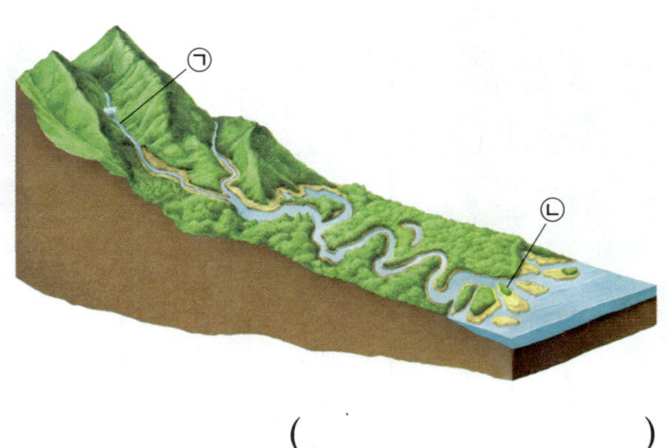

(　　　　　　)

4 강 주변에서 오른쪽과 같은 모습을 볼 수 있는 곳에 대한 설명으로 옳지 <u>않은</u> 것은 어느 것입니까?　(　　　)

① 강 상류이다.
② 강폭이 좁다.
③ 경사가 급하다.
④ 물이 느리게 흐른다.
⑤ 침식 작용이 활발하게 일어난다.

5 화산이 <u>아닌</u> 산을 골라 기호를 써 봅시다.

(　　　　　　)

✦중요✦
6 화산에 대한 설명으로 옳은 것은 어느 것입니까? ( )

① 산꼭대기가 뾰족하다.
② 화산의 크기는 모두 같다.
③ 모든 화산에는 분화구가 있다.
④ 화산의 분화구에는 아무것도 없다.
⑤ 화산은 마그마가 땅을 뚫고 나와 만들어진 지형이다.

7 기체 상태의 화산 분출물은 어느 것입니까? ( )

① 용암　　　② 화성암
③ 화산재　　④ 화산 가스
⑤ 화산 암석 조각

8 다음 화산 분출물에 대한 설명으로 옳지 <u>않은</u> 것은 어느 것입니까? ( )

① ㉡은 대부분 수증기이다.
② ㉢은 크기와 모양이 다양하다.
③ ㉠은 화산 가스와 화산재이다.
④ 모두 화산 활동으로 나오는 물질이다.
⑤ ㉡은 용암, ㉢은 화산 암석 조각이다.

[9~10] 다음은 쿠킹 컵에 마시멜로와 식용 색소를 넣고 감싸 만든 화산 활동 모형을 가열하는 모습입니다.

✦중요✦
9 위 실험 결과에 대한 설명으로 옳지 <u>않은</u> 것은 어느 것입니까? ( )

① 화산 활동 모형 윗부분에서 연기가 난다.
② 화산 활동 모형 윗부분에서 녹은 마시멜로가 흘러나온다.
③ 화산 활동 모형에서 흘러나온 마시멜로는 시간이 지나면 굳는다.
④ 화산 활동 모형에서 나오는 연기는 실제 화산 활동에서 나오는 화산재에 해당한다.
⑤ 화산 활동 모형에서 흐르는 마시멜로는 실제 화산 활동에서 나오는 용암에 해당한다.

서술형
10 위 실험 결과를 바탕으로 화산 활동 모형과 실제 화산 활동을 비교하여 차이점을 써 봅시다.

▲ 화산 활동 모형　　　▲ 실제 화산 활동

____

____

11 다음 (   ) 안에 공통으로 들어갈 알맞은 말을 써 봅시다.

> • (   )은 마그마가 식으면서 굳어져 만들어진 암석이다.
> • 현무암이나 화강암은 우리 주변에서 볼 수 있는 대표적인 (   )이다.

(   )

[12~13] 다음은 화산 활동으로 만들어진 암석의 모습입니다.

㉠  ㉡ 

중요

12 위 두 암석에 대한 설명으로 옳은 것은 어느 것입니까? (   )

① ㉠은 색깔이 밝다.
② ㉡은 표면에 구멍이 있다.
③ ㉠은 화강암, ㉡은 현무암이다.
④ ㉠은 밝은 바탕에 반짝이는 알갱이가 있다.
⑤ ㉠은 ㉡보다 암석을 이루는 알갱이의 크기가 작다.

서술형

13 위 암석 ㉠과 ㉡이 만들어지는 장소를 비교해 써 봅시다.

____

____

14 현무암과 화강암으로 만들어진 것을 찾아 선으로 연결해 봅시다.

(1) 현무암 •

석굴암

(2) 화강암 •

• ㉠

• ㉡

돌하르방

15 다음은 화산 활동이 우리 생활에 미치는 영향을 나타낸 것입니다. 화산 활동의 피해와 이로운 점으로 분류해 기호를 각각 써 봅시다.

㉠ 
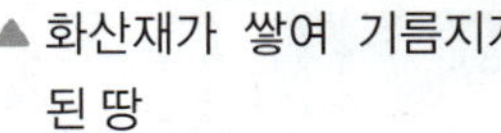
▲ 화산재가 쌓여 기름지게 된 땅

㉡ 
▲ 화산 주변 땅속의 열을 이용한 전기 생산

㉢ 

▲ 용암으로 인한 산불 발생

㉣ 
▲ 화산재에 뒤덮인 마을

(1) 화산 활동의 피해: (   )
(2) 화산 활동의 이로운 점: (   )

16 화산 활동에 대처하는 방법으로 옳지 <u>않은</u> 것은 어느 것입니까? ( )

① 실내에서는 문과 창문을 닫는다.
② 마스크 등으로 코와 입을 막는다.
③ 실내에 있을 때는 실외로 대피한다.
④ 화산재 낙하가 끝나면 주변을 청소한다.
⑤ 재난 방송을 확인하며 현재 상황을 파악한다.

17 지진에 대한 설명으로 옳지 <u>않은</u> 것은 어느 것입니까? ( )

① 지진으로 땅의 모습이 변한다.
② 지진은 땅이 흔들리는 현상이다.
③ 우리나라에서도 지진이 발생한다.
④ 지진으로 건물이 무너지기도 한다.
⑤ 지진이 발생하면 항상 큰 피해가 발생한다.

18 지진 대처 방법에서 밑줄 친 부분을 바르게 고쳐 써 봅시다.

지진으로 인한 흔들림이 멈추면 <u>승강기를 이용해</u> 신속하게 건물 밖으로 대피한다.

____

____

19 지진이 발생했을 때 장소별 대처 방법으로 옳지 <u>않은</u> 것은 어느 것입니까? ( )

① 
▲ 학교에서는 책상 아래로 들어가 몸을 보호합니다.

② 
▲ 대형 할인점에서는 장바구니를 이용해 머리를 보호합니다.

③ 
▲ 건물 밖에서는 건물이나 담장 가까이로 더 피합니다.

④ 
▲ 산에서는 산사태에 주의해 안전한 곳으로 대피합니다.

⑤ 
▲ 전철에서는 넘어지지 않도록 손잡이나 기둥을 잡습니다.

20 지진에 대처하는 방법으로 옳은 것을 보기 에서 골라 기호를 써 봅시다.

보기
㉠ 지진이 발생하던 비상용품을 사러 간다.
㉡ 지진으로 인한 흔들림이 멈추면 바로 집으로 돌아간다.
㉢ 지진이 발생한 후에는 부상자를 살피고 구조 요청을 한다.

( )

20 일차

버섯과 곰팡이의 특징과 사는 곳

만화로 생각 열기

활동 버섯과 곰팡이 관찰하기

과정 및 결과

실험 동영상

➕ 또 다른 방법!

📖 천재(정)
버섯 배지에서 버섯을 키우면서 버섯이 잘 자라는 환경을 관찰할 수도 있습니다.

1 맨눈과 돋보기로 버섯과 곰팡이를 관찰해 봅시다.

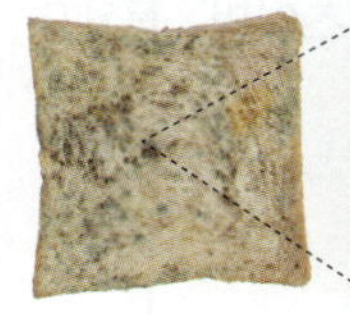

버섯	곰팡이
▲ 표고버섯 ▲ 돋보기로 본 표고버섯	▲ 빵에 자란 곰팡이 ▲ 돋보기로 본 곰팡이

맨눈 윗부분은 우산처럼, 아랫부분은 막대처럼 생겼습니다. 윗부분은 갈색, 아랫부분은 하얀색입니다.
돋보기 우산처럼 생긴 윗부분 안쪽에 주름이 많이 보입니다.

맨눈 솜털 같은 것이 보이고, 푸른색, 검은색, 하얀색 등을 띱니다.
돋보기 솜털 같은 것이 많이 있고, 그 끝에 검은색 둥근 알갱이가 보입니다.

2 실체 현미경으로 버섯과 곰팡이를 관찰해 봅시다.

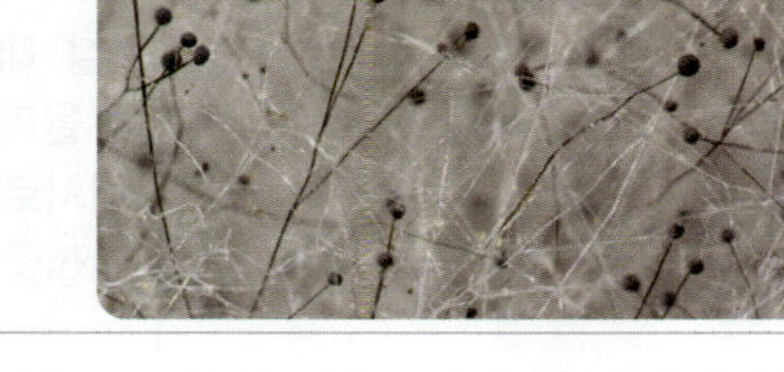

버섯	곰팡이
겉면 윗부분 안쪽	

- 겉면은 가늘고 긴 실 같은 것이 엉켜 있습니다.
- 윗부분 안쪽은 주름이 많고 깊게 파여 있습니다.

가늘고 긴 실 같은 것이 복잡하게 얽혀 있고, 그 끝에 검은색 공 모양의 덩어리가 있습니다.

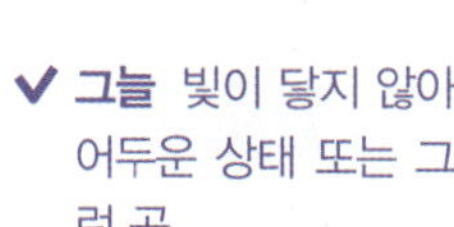

3 버섯과 곰팡이의 특징과 사는 곳을 조사해 봅시다.

특징	• 몸이 가늘고 긴 실 모양의 균사로 이루어져 있습니다. • 죽은 생물이나 다른 생물에서 양분을 얻습니다.
사는 곳	• 버섯과 곰팡이는 주로 ✔그늘진 곳에서 잘 자랍니다. • 버섯과 곰팡이는 주로 따뜻하고 축축한 곳에서 잘 자랍니다.

✔ **그늘** 빛이 닿지 않아 어두운 상태 또는 그런 곳

정리 🔵 **버섯과 곰팡이 생김새의 공통점은 무엇일까요?**
➡ 버섯과 곰팡이는 모두 몸이 가늘고 긴 실 모양의 균사로 이루어져 있습니다.

개념 이해하기

1 실체 현미경

① 실체 현미경: 관찰 대상의 입체적인 모습을 관찰할 수 있는 현미경입니다.

② 실체 현미경의 구조

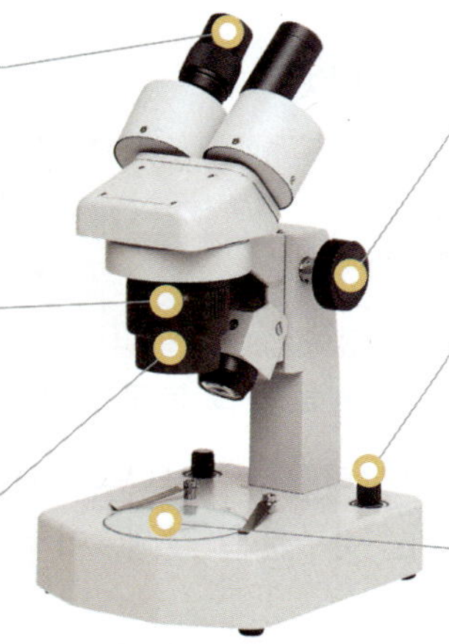

접안렌즈

눈으로 들여다보는 렌즈이며, 물체의 상을 확대합니다.

회전판

대물렌즈의 배율을 조절합니다.

대물렌즈

관찰 대상 쪽의 렌즈로 물체의 상을 확대합니다.

초점 조절 나사

상의 초점을 맞출 때 사용하는 나사입니다.

조명 조절 나사

조명을 켜고 끄며 밝기를 조절하는 나사입니다.

재물대

관찰 대상을 올려놓는 곳입니다.

▲ 실체 현미경

③ 실체 현미경의 사용법

① 회전판을 돌려 대물렌즈의 배율을 가장 낮게 합니다.

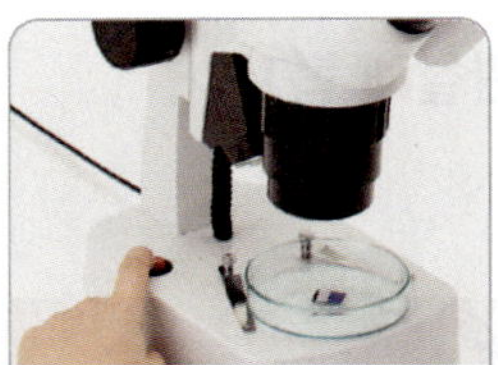

② 관찰 대상을 재물대에 올리고, 조명 조절 나사로 빛의 밝기를 조절합니다.

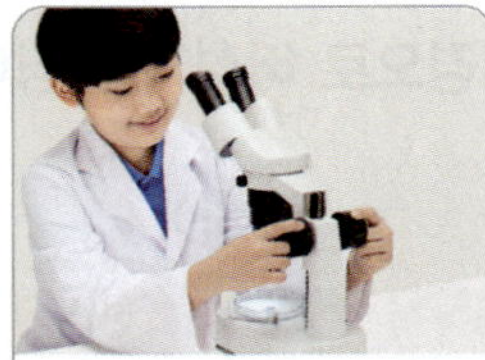

③ 옆에서 보면서 초점 조절 나사를 돌려 대물렌즈를 내립니다.

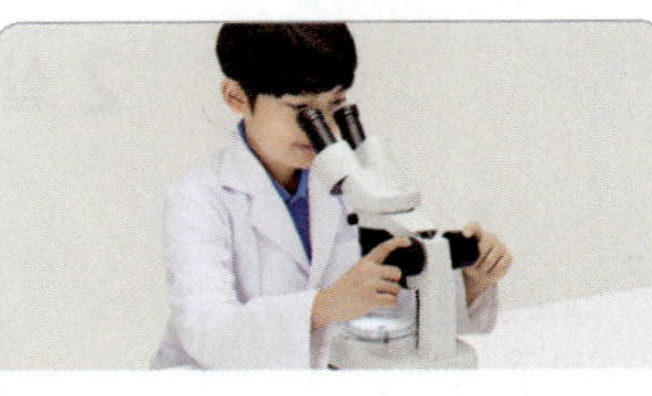

④ 접안렌즈로 관찰 대상을 보면서 대물렌즈를 올려 관찰 대상이 뚜렷하게 보이도록 초점을 맞춥니다.

더 자세히 관찰하려면 대물렌즈의 배율을 높이고, 초점 조절 나사로 초점을 맞추어 관찰합니다.

2 버섯과 곰팡이의 생김새

① 버섯의 생김새

맨눈으로 관찰한 모습

돋보기로 관찰한 모습

현미경으로 관찰한 모습

- 우산처럼 생겼습니다.
- 윗부분은 갈색이고, 아랫부분은 하얀색입니다.
- 윗부분의 안쪽에는 주름이 많이 있습니다.
- 가늘고 긴 실 같은 것이 서로 엉켜 있습니다.

② 곰팡이의 생김새

맨눈으로 관찰한 모습	돋보기로 관찰한 모습	현미경으로 관찰한 모습
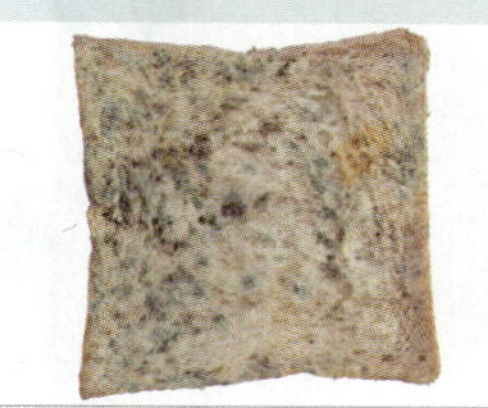		

- 솜털 같은 것이 보입니다.
- 가늘고 긴 실 같은 것이 복잡하게 얽혀 있고, 그 끝에 검은색 공 모양의 덩어리가 있습니다.

3 균류

① 균류: 버섯이나 곰팡이와 같은 생물입니다.

② 구조: 가늘고 긴 실 모양의 균사로 이루어져 있습니다.

버섯의 구조	곰팡이의 구조
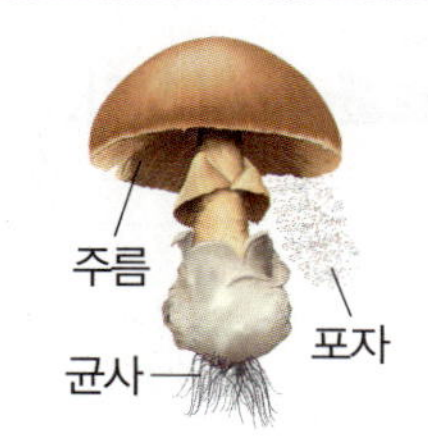 주름 / 균사 / 포자 가늘고 긴 균사로 이루어져 있고, 윗부분 안쪽은 주름이 많이 있습니다.	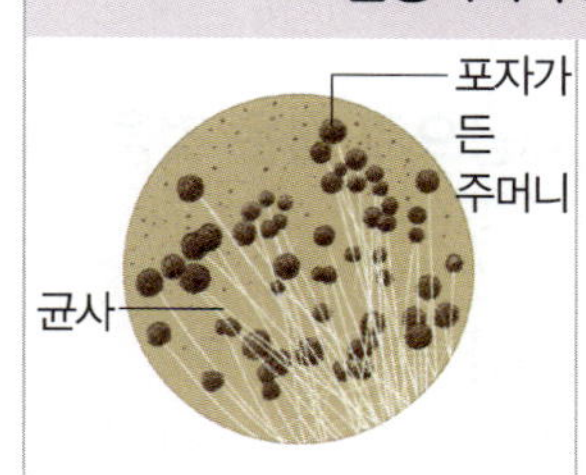 포자가 든 주머니 / 균사 가늘고 긴 균사로 이루어져 있고, 그 끝에 포자가 든 주머니가 있습니다.

③ 양분을 얻는 방법: 스스로 양분을 만들지 못하므로 주로 죽은 생물이나 다른 생물에서 양분을 얻습니다.

④ ✔번식 방법: 포자로 번식합니다.

⑤ 사는 곳: 그늘지고 축축하며 따뜻한 곳에서 잘 자랍니다.
→ 습도가 높다고도 합니다.

✔ **번식** 생물의 자손을 늘리는 것

▲ 죽은 나무에서 자란 버섯

▲ 과일에서 자란 곰팡이

▲ 벽면에서 자란 곰팡이

핵심 개념 확인하기

정답과 해설 • 14쪽

❶ ☐☐☐☐☐ : 관찰 대상의 입체적인 모습을 관찰할 수 있는 현미경입니다.

❷ ☐☐ : 버섯, 곰팡이와 같은 생물입니다.

- 가늘고 긴 실 모양의 ❸ ☐☐ 로 이루어져 있고, 포자로 번식합니다.

- ❹ ☐☐ 지고 축축하며 따뜻한 곳에서 잘 자랍니다.

문제로 완성하기

실체 현미경

1 **오른쪽 실체 현미경에서 밝기를 조절하는 부분의 기호와 이름을 써 봅시다.**

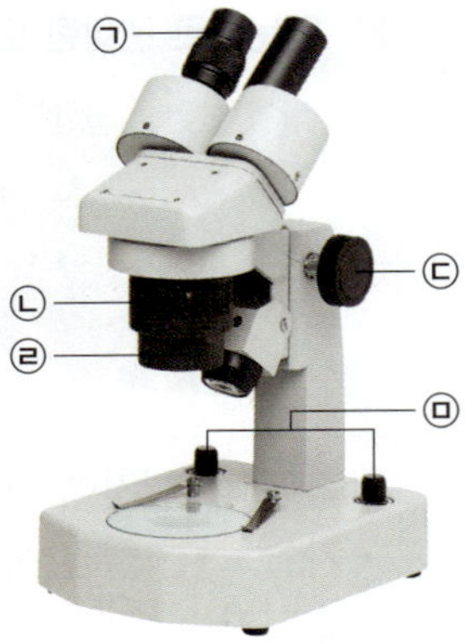

(　　　　　　　　)

버섯과 곰팡이의 생김새

2 **버섯을 관찰한 내용으로 옳은 것을 보기 에서 두 가지 골라 기호를 써 봅시다.**

보기
㉠ 윗부분은 우산처럼 생겼다.
㉡ 현미경으로 겉면을 보면 실 같은 것이 엉켜 있다.
㉢ 솜털 같은 것이 보이고, 푸른색, 검은색, 하얀색 등을 띤다.

(　　　　　　　　)

균류

3 **다음은 버섯과 빵에 자란 곰팡이의 모습입니다. 버섯과 곰팡이 같은 생물을 무엇이라고 하는지 써 봅시다.**

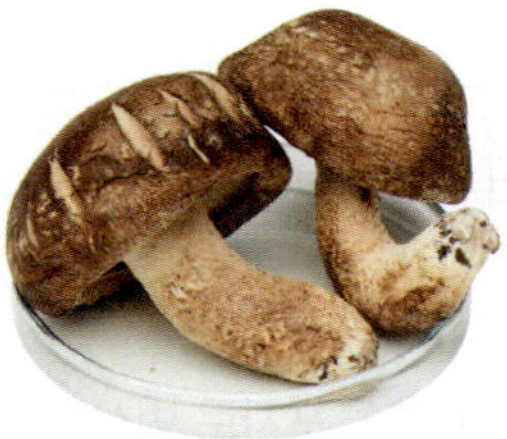
▲ 버섯

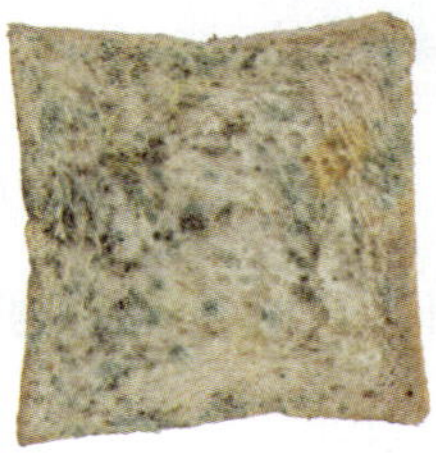
▲ 빵에 자란 곰팡이

(　　　　　　　　)

4 다음은 곰팡이에 대한 설명입니다. ( ) 안에 알맞은 말을 각각 써 봅시다.

> 곰팡이는 가늘고 긴 (㉠)(으)로 이루어져 있고, 그 끝에 (㉡)이/가 든 주머니가 달린 것을 볼 수 있다.

㉠: (   ) ㉡: (   )

5 균류에 대한 설명으로 옳은 것을 보기 에서 <u>두 가지</u> 골라 기호를 써 봅시다.

> 보기
> ㉠ 생물이 아니다.
> ㉡ 포자로 번식한다.
> ㉢ 스스로 양분을 만들지 못한다.

(   )

6 다음 (   ) 안의 알맞은 말에 ○표 해 봅시다.

> 버섯과 곰팡이는 ㉠ (따뜻하고, 춥고) 축축하며, ㉡ (햇빛이 잘 드는 곳, 그늘진 곳)에서 잘 자란다.

퀴즈 로 마무리하기 

● 다음 □ 안에 들어갈 알맞은 낱말을 말 상자에서 찾아 모두 ○표 해 봅시다. 말 상자의 낱말은 가로, 세로, 대각선에 숨어 있습니다.

대	조	균	류
명	물	사	점
습	포	렌	배
도	자	율	즈
유	점	버	섯

❶ □□□□는 관찰 대상 쪽에 있는 렌즈입니다.
❷ 버섯, 곰팡이와 같은 생물을 □□라고 합니다.
❸ 균류는 □□로 번식합니다.
❹ □□은 우산처럼 생겼고 윗부분 안쪽에 주름이 많습니다.

21 일차

해캄과 짚신벌레의 특징과 사는 곳

만화로 생각 열기

활동 | **해캄과 짚신벌레 관찰하기**

과정 및 결과

실험 동영상

1 맨눈과 돋보기로 해캄과 짚신벌레를 관찰해 봅시다.

해캄	짚신벌레

▲ 해캄 ▲ 돋보기로 본 해캄	▲ 짚신벌레 ▲ 돋보기로 본 짚신벌레

맨눈 초록색이고, 여러 가닥의 실이 뭉쳐 있는 것처럼 보입니다.
돋보기 실처럼 가늘고 긴 가닥이 뭉쳐 있으며, 맨눈으로 볼 때보다 자세하게 보입니다.

맨눈 작은 점 모양으로 보이며, 어떤 모습인지 관찰하기 어렵습니다.
돋보기 작은 점 모양으로 보입니다.

✔ **영구표본** 생물의 몸 전체나 일부를 보존해 오랫동안 관찰할 수 있게 만든 것

살아있는 짚신벌레는 계속 움직이므로 영구표본을 이용하여 현미경으로 관찰해요.

2 디지털 현미경으로 해캄과 짚신벌레의 ✔영구표본을 관찰해 봅시다.

해캄	짚신벌레 영구표본
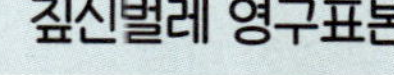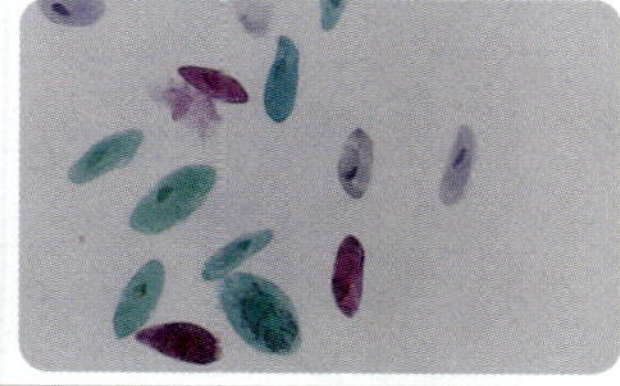	

• 대나무처럼 마디로 나누어져 있습니다.
• 나선 가닥 안에 크기가 작고 둥근 초록색 알갱이가 있습니다.

• 짚신처럼 길쭉한 둥근 모양입니다.
• 바깥쪽에 가는 털이 나 있고, 안쪽에 여러 가지 모양이 보입니다.

3 해캄과 짚신벌레의 특징과 사는 곳을 조사하고, 이야기해 봅시다.

특징
• 해캄과 짚신벌레는 생김새가 식물이나 동물보다 단순합니다.
• 해캄은 움직일 수 없고, 스스로 양분을 만듭니다.
• 짚신벌레는 몸 바깥쪽에 난 가는 털을 사용해 움직이며, 다른 생물을 먹습니다.

사는 곳
해캄과 짚신벌레는 논, 연못과 같이 물이 고인 곳이나 하천, 도랑과 같이 물살이 느린 곳에서 삽니다.

정리 | **해캄과 짚신벌레 생김새의 공통점은 무엇일까요?**

➡ 해캄과 짚신벌레는 모두 생김새가 식물이나 동물보다 단순합니다.

1 디지털 현미경

① 디지털 현미경: 디지털 기기에 연결하여 사용할 수 있는 현미경입니다.

② 디지털 현미경의 구조

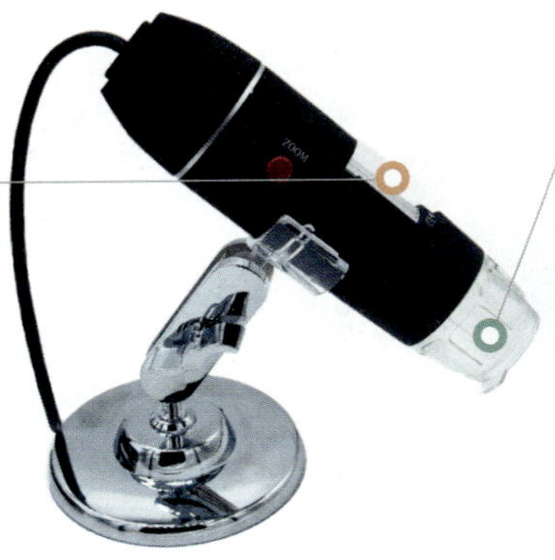

▲ 디지털 현미경

2 해캄과 짚신벌레의 생김새

① 해캄의 생김새

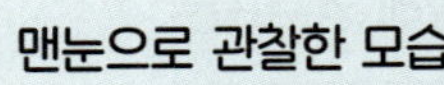

맨눈으로 관찰한 모습

돋보기로 관찰한 모습

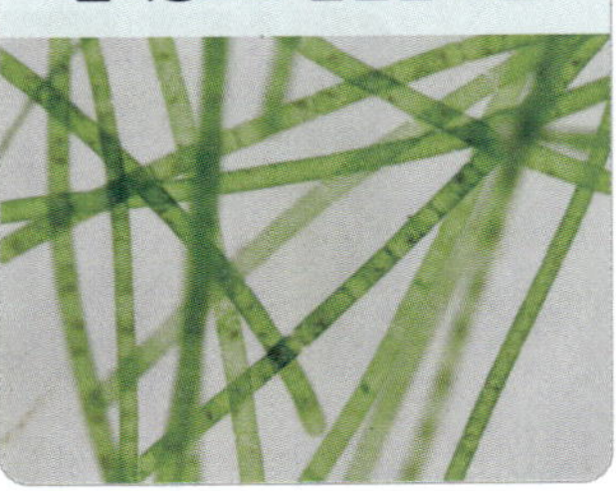
현미경으로 관찰한 모습

┌─ 머리카락 모양이라고도 합니다.

• 가늘고 긴 실 모양이고, 여러 가닥의 실이 뭉쳐 있는 것처럼 보입니다.
• 대나무처럼 마디로 나누어져 있습니다.
• 나선 가닥 안에 작고 둥근 초록색 알갱이가 있습니다.

② 짚신벌레의 생김새

맨눈으로 관찰한 모습 | 돋보기로 관찰한 모습 | 현미경으로 관찰한 모습

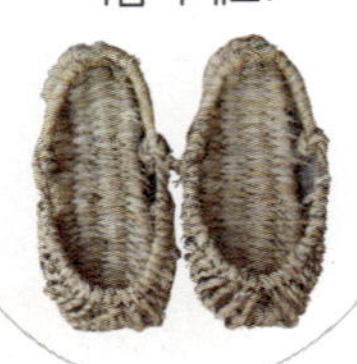

• 맨눈으로 관찰하기 어렵습니다.
• 짚신처럼 길쭉한 둥근 모양입니다.
• 바깥쪽에는 가는 털이 나 있고, 안쪽에 여러 가지 모양이 보입니다.

✔ **짚신** 짚을 꼬아 만든 신발

3 원생생물

① **원생생물**: 짚신벌레나 해캄과 같이 동물이나 식물, 균류로 분류되지 않는 생물입니다.

② **크기**: 해캄처럼 맨눈으로 관찰할 수 있는 것도 있지만, 짚신벌레처럼 맨눈으로는 보기 어려워 현미경을 이용해야 관찰할 수 있는 것도 있습니다.

③ **움직임**: 해캄처럼 움직이지 못하는 것도 있지만, 짚신벌레처럼 움직이는 것도 있습니다.

④ **사는 곳**: 해캄이나 짚신벌레와 같은 원생생물은 주로 논, 연못과 같이 물이 고인 곳이나 하천, 도랑과 같이 물살이 느린 곳에 삽니다. 김이나 미역, 파래, 다시마와 같이 바다에 사는 원생생물도 있습니다. → 대부분의 원생생물은 물에 삽니다.

⑤ **양분을 얻는 방법**: 해캄처럼 스스로 양분을 만드는 원생생물도 있고, 짚신벌레처럼 다른 생물을 먹는 원생생물도 있습니다.

⑥ **여러 가지 원생생물**: 해캄, 짚신벌레, 아메바, 종벌레, 유글레나, 미역, 파래, 다시마 등 종류가 매우 다양합니다.

아메바	종벌레	유글레나	미역	파래

→ 바다에 사는 원생생물입니다.

핵심 개념 확인하기

정답과 해설 • 14쪽

☑ ① ☐☐☐ **현미경**: 디지털 기기에 연결하여 사용할 수 있는 현미경입니다.

☑ **해캄과 짚신벌레의 비교**

해캄	짚신벌레
• 가늘고 긴 실 모양이고, 대나무처럼 ② ☐☐ 로 나누어져 있습니다. • 나선 가닥 안에는 크기가 작고 둥근 ③ ☐☐☐ 알갱이가 있습니다.	• 짚신처럼 ④ ☐☐ 한 둥근 도양입니다. • 바깥쪽에는 가는 털이 나 있습니다. • 안쪽에는 여러 가지 모양이 보입니다.

☑ ⑤ ☐☐☐☐ : 동물이나 식물, 균류로 분류되지 않는 생물입니다.

• 식물이나 동물보다 생김새가 단순합니다.

• 해캄이나 짚신벌레처럼 논, 연못과 같이 물이 고인 곳이나 하천, 도랑과 같이 물살이 ⑥ ☐☐ 곳에 사는 것도 있고, 미역이나 파래와 같이 바다에 사는 것도 있습니다.

◐ 디지털
　현미경

1 오른쪽 디지털 현미경에서 관찰 대상 쪽의 렌즈로 관찰 대상을 크게 보이게 하는 부분의 기호와 이름을 써 봅시다.

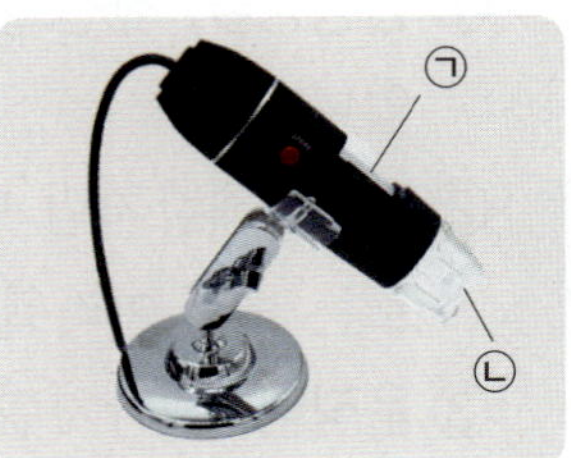

(　　　　　　　　　　)

◐ 해캄과
　짚신벌레의
　생김새

2 오른쪽 짚신벌레의 영구표본을 현미경으로 관찰한 결과를 옳게 설명한 사람의 이름을 써 봅시다.

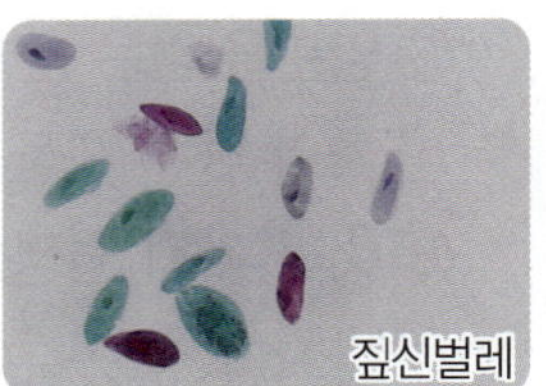

> 지원: 길쭉하고 둥근 모양이야.
> 한별: 어떤 모습인지 관찰하기 어려워.
> 재훈: 나선 가닥 안에 초록색 둥근 알갱이가 있어.

(　　　　　　　　　　)

3 해캄의 생김새에 대한 설명으로 옳지 <u>않은</u> 것을 보기 에서 골라 기호를 써 봅시다.

> **보기**
> ㉠ 투명하고 하얀색이다.
> ㉡ 가늘고 긴 실 모양이다.
> ㉢ 대나무처럼 마디로 나누어져 있다.

(　　　　　　　　　　)

◐ 원생생물

4 다음 (　　) 안의 알맞은 말에 ○표 해 봅시다.

> 원생생물은 생김새가 식물이나 동물보다 ㉠ (단순, 복잡)하고, 크기와 종류가 매우 ㉡ (비슷, 다양)하다.

5 여러 가지 원생생물이 주로 사는 곳에 대한 설명으로 옳지 <u>않은</u> 어느 것입니까?

(   )

① 다시마는 바다에 산다.
② 김이나 미역은 바다에 산다.
③ 파래는 하천과 같이 물이 느리게 흐르는 곳에 산다.
④ 해캄은 도랑과 같이 물이 느리게 흐르는 곳에 산다.
⑤ 짚신벌레는 논, 연못 등과 같이 물이 고인 곳에 산다.

6 우리 주변에 살고 있는 원생생물을 보기 에서 **두 가지** 골라 기호를 써 봅시다.

보기

ㄱ ▲ 아메바   ㄴ ▲ 미역   ㄷ ▲ 과일에 자란 곰팡이

(   )

퀴즈 로 마무리하기

● 다음 십자말풀이를 해 봅시다.

» 가로

❶ 동물이나 식물, 균류로 분류되지 않는 해캄이나 짚신벌레와 같은 생물을 ☐☐☐☐☐ 이라고 합니다.
❸ ☐☐은 맨눈으로 보면 초록색이고, 여러 가닥의 실이 뭉쳐 있는 것처럼 보입니다.
❹ 디지털 ☐☐☐은 디지털 기기에 연결해 사용할 수 있습니다.

» 세로

❷ ☐☐렌즈는 디지털 현미경에서 관찰 대상 쪽의 렌즈입니다.
❺ ☐☐이나 파래와 같이 바다에 사는 원생생물도 있습니다.

22 일차

세균의 특징과 사는 곳

만화로 생각 열기

활동 **세균의 특징과 사는 곳 조사하기**

과정 및 결과

도움 동영상

1 우리 주변에 세균이 많이 있을 것 같은 곳과 그 까닭을 이야기해 봅시다.

→ 학교 화장실은 여러 사람이 사용해서 세균이 많을 것 같습니다.

→ 우리 몸속에도 우리 몸을 지켜 주기 위해 많은 세균이 있을 것 같습니다.

→ 휴대 전화나 문손잡이는 손으로 자주 만지기 때문에 세균이 많을 것 같습니다.

2 여러 가지 세균의 생김새를 관찰해 봅시다.

헬리코박터균이라고도 합니다.

대장균	포도상구균	위나선균
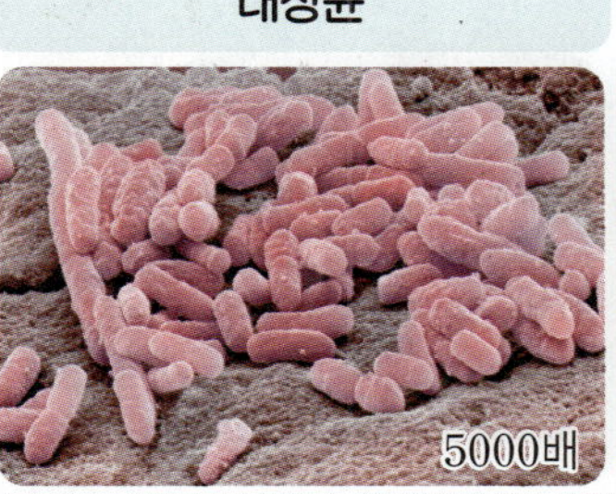 5000배	3000배	9000배
• 막대 모양입니다. • 여러 개가 모여 있습니다.	• 공 모양입니다. • 포도처럼 여러 개가 뭉쳐 있습니다.	• 나선 모양입니다. • 꼬리 같은 것이 달려 있습니다.

3 세균이 사는 곳을 조사해 봅시다.

대장균	사람이나 동물의 대장에 살고, 물속에도 삽니다.
포도상구균	공기, 음식물, 피부 등에 삽니다.
위나선균	사람이나 동물의 위장에 삽니다.

→ 세균은 우리 주변의 어느 곳에나 있습니다.

4 세균에 대해 새롭게 알게 된 것을 이야기해 봅시다.

→ 세균은 종류가 다양합니다.

→ 세균은 크기가 매우 작아 눈에 보이지 않습니다.

→ 세균은 살기에 알맞은 조건이 되면 많은 수로 빠르게 늘어납니다.

정리

• **세균의 생김새는 어떠할까요?**

→ 세균의 생김새는 공 모양, 막대 모양, 나선 모양 등 생김새가 다양합니다.

• **세균이 사는 곳은 어디일까요?**

→ 세균은 우리 주변의 어느 곳에나 삽니다.

1 세균

① 세균: 대장균, 포도상구균과 같이 균류나 원생생물보다 크기가 더 작고 생김새가 단순한 생물입니다.

② 크기: 크기가 매우 작아서 맨눈이나 돋보기로 관찰하기 어렵습니다. → 배율이 높은 현미경으로 관찰해야 합니다.

③ 움직임: 움직일 수 있는 것도 있고, 움직일 수 없는 것도 있습니다.

④ 번식: 살기에 알맞은 조건이 되면 많은 수로 빠르게 늘어납니다.

⑤ 여러 가지 세균: 대장균, 포도상구균, 위나선균, 젖산균 등 종류가 매우 다양합니다.

대장균	포도상구균	위나선균	젖산균
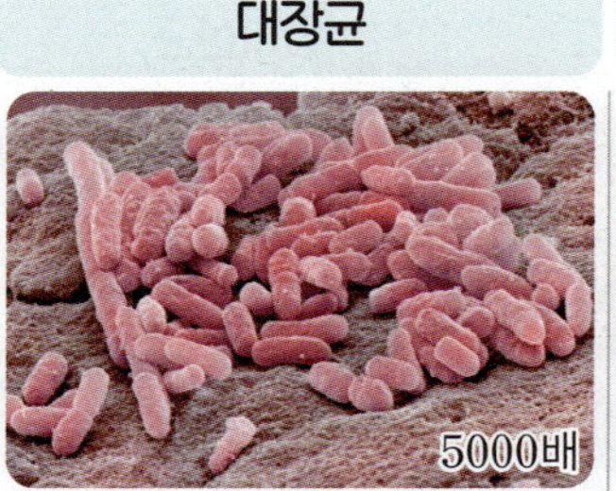 5000배	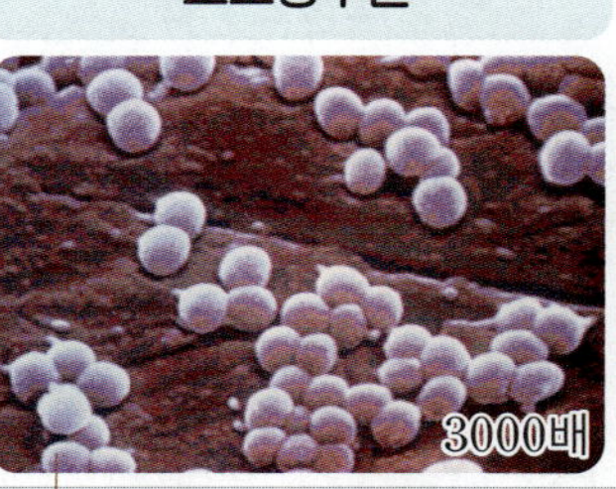 3000배	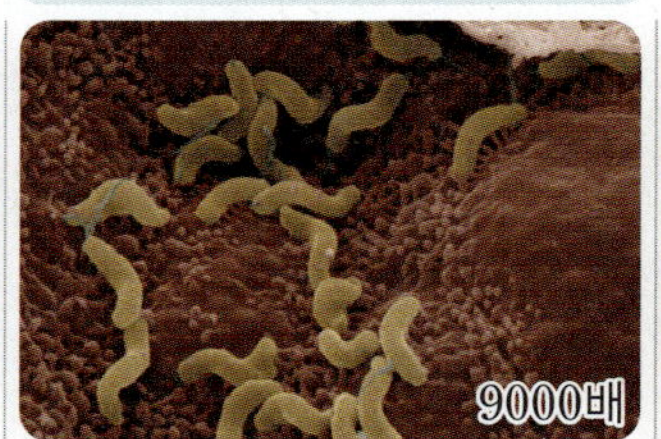 9000배	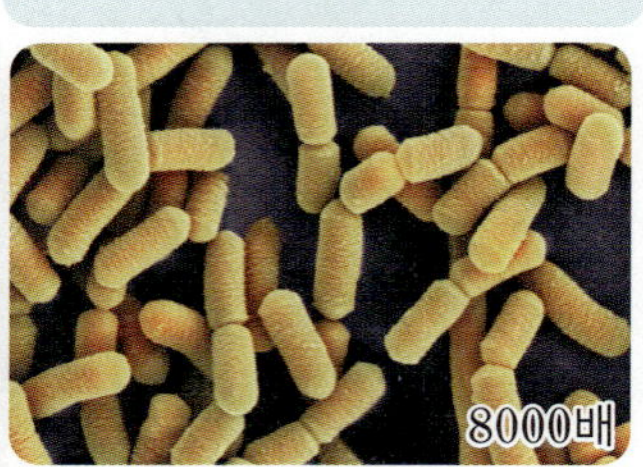 8000배

• 포도상구균은 포도송이가 모여 있는 모양입니다.

2 세균의 생김새

① 세균은 공 모양, 막대 모양, 나선 모양 등 생김새가 다양합니다.

② 콜레라균처럼 꼬리 같은 것이 달려 있는 것도 있습니다.

③ 하나씩 떨어져 있기도 하고 여러 개가 뭉쳐 붙어 있기도 합니다.

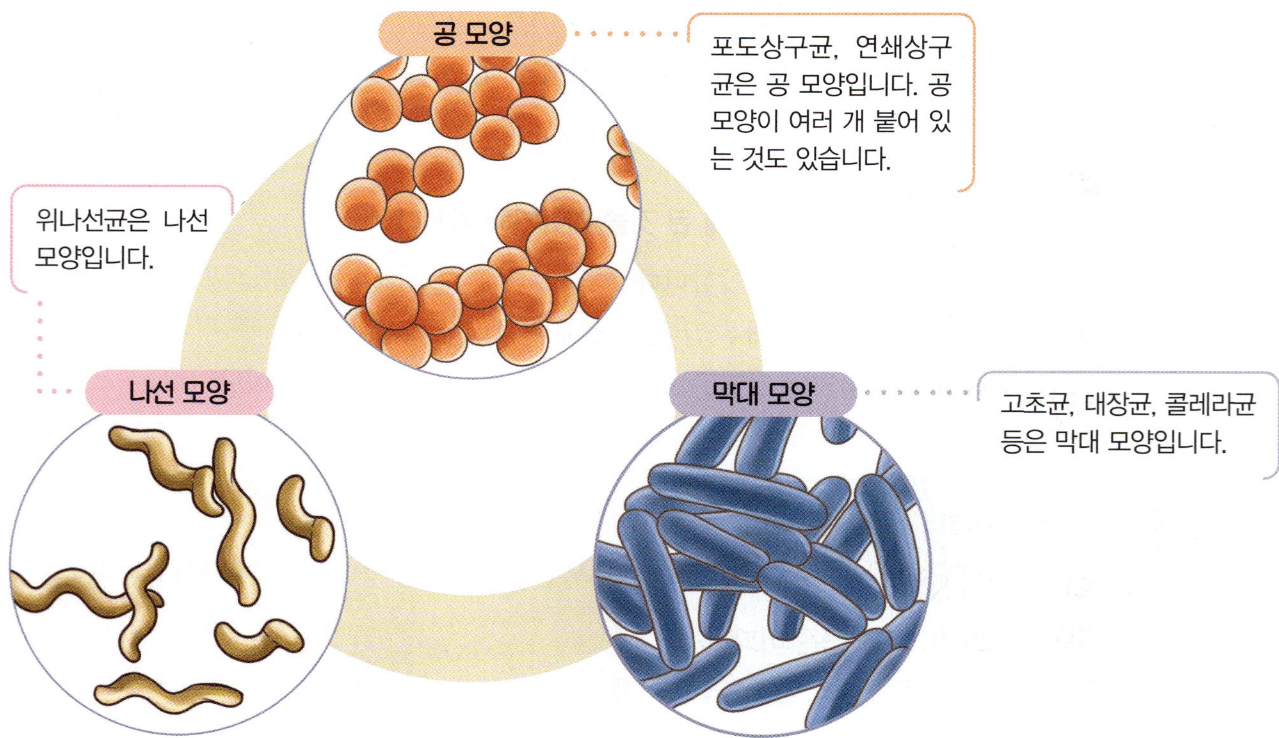

3 세균이 사는 곳

대장균	사람이나 동물의 대장에 살고 물속에도 삽니다.
포도상구균	공기, 음식물, 피부 등에 삽니다.
위나선균	사람이나 동물의 위장에 삽니다.
콜레라균	공기, 물 등에 삽니다. → 콜레라균은 콜레라라는 질병을 일으키는 세균입니다.
젖산균	사람이나 동물의 장에 삽니다. 요구르트, 김치 등 발효 식품에 있습니다.
충치균	사람의 입속이나 몸속에 삽니다.

➡ 세균은 눈에 보이지 않지만 흙이나 물, 생물의 몸속, 물건 등 우리 주변의 어느 곳에나 삽니다.

핵심 개념 확인하기

정답과 해설 • 15쪽

❶ ☐☐ : 균류나 원생생물보다 크기가 더 작고 생김새가 단순한 생물입니다.

• 크기가 매우 ❷ ☐☐ 맨눈이나 돋보기로 관찰하기 어렵습니다.

• ❸ ☐☐☐ 조건이 되면 많은 수로 빠르게 늘어납니다.

✔ 세균의 생김새

❹ ☐ 모양	❺ ☐☐ 모양	나선 모양
포도상구균, 연쇄상구균의 모양입니다.	대장균, 콜레라균의 모양입니다.	위나선균의 모양입니다.

✔ 세균이 사는 곳: 세균은 흙이나 물, 생물의 몸속, 물건 등 우리 주변의 어느 곳에나 삽니다.

● 세균

1 다음에서 설명하는 것은 어느 것입니까? ( )

> • 원생생물보다 크기가 매우 작아 맨눈으로 볼 수 없다.
> • 공 모양, 막대 모양, 나선 모양 등 생김새가 다양하다.

① 버섯　　　　　② 세균　　　　　③ 해캄
④ 곰팡이　　　　⑤ 짚신벌레

2 세균에 대한 설명으로 옳은 것을 보기 에서 골라 기호를 써 봅시다.

> 보기
> ㉠ 종류가 다양하다.
> ㉡ 모두 움직이지 않는다.
> ㉢ 세균의 크기는 균류보다 더 크다.

( )

3 다음은 세균의 특징에 대한 설명입니다. 밑줄 친 부분에 들어갈 내용으로 가장 적절한 것은 어느 것입니까? ( )

> 세균은 살기에 알맞은 조건이 되면 ________________________________.

① 꼬리가 길어진다.
② 여러 개씩 뭉쳐진다.
③ 색이 점점 흐려진다.
④ 눈으로 볼 수 있게 커진다.
⑤ 많은 수로 빠르게 늘어난다.

◆ 세균의 생김새

4 다음에서 설명하는 세균의 모습을 보기 에서 골라 기호를 써 봅시다.

> 포도상구균은 공 모양이고 여러 개가 뭉쳐 있다.

보기

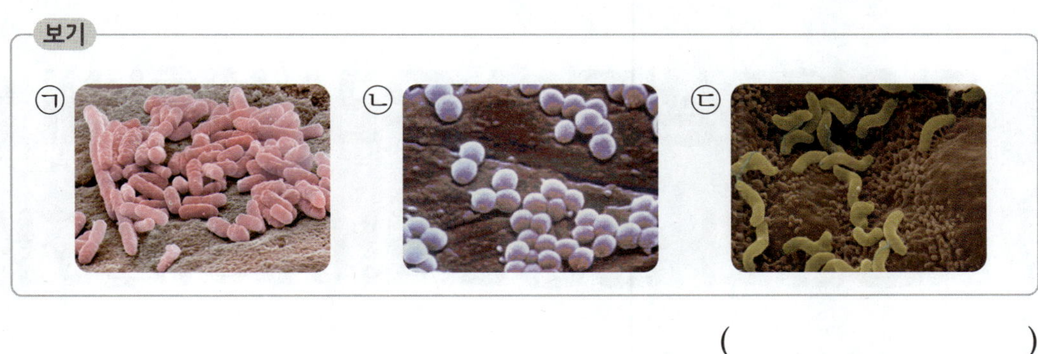

( )

5 세균의 종류와 모양을 바르게 선으로 연결해 봅시다.

(1) 대장균 •   • ㉠ 나선 모양

(2) 위나선균 •   • ㉡ 막대 모양

◆ 세균이 사는 곳

6 세균이 사는 곳을 보기 에서 모두 골라 기호를 써 봅시다.

보기
㉠ 흙이나 물
㉡ 생물의 몸속
㉢ 우리 주변에 있는 여러 가지 물건

( )

퀴즈 로 마무리하기

● 세균의 특징이 적힌 카드를 골라 카드에 적힌 숫자를 모두 곱하면 비밀번호가 나온다고 합니다. 비밀번호를 써 봅시다.

1 흙에서만 삽니다.

2 사람의 몸속에도 살 수 있습니다.

3 공 모양 세균은 없습니다.

4 모든 세균에는 꼬리가 있습니다.

5 알맞은 조건이 되면 빠르게 수가 늘어납니다.

일차

23

다양한 생물이 우리 생활에 미치는 영향과 생명과학이 이용되는 예

만화로 생각 열기

| 활동 | 균류, 원생생물, 세균이 우리 생활에 미치는 영향 조사하기 |

과정 및 결과

1 균류, 원생생물, 세균이 우리 생활에 미치는 영향을 조사해 봅시다.

✔ **적조** 바닷물이 붉게 변하게 하는 현상

종류	우리 생활에 미치는 영향
균류	① 음식으로 먹을 수 있는 버섯이 있습니다. ② 독버섯이나 곰팡이가 질병을 일으킬 수 있습니다. ③ 곰팡이를 이용하여 치즈, 간장, 된장 등을 만듭니다. ④ 곰팡이는 음식이나 물건을 상하게 합니다. ⑤ 균류는 죽은 생물을 분해합니다. ⑥ 곰팡이로 치료 약을 만들 수 있습니다.
원생생물	① 김, 미역, 다시마 등은 식품으로 이용됩니다. ② 산소를 만들기도 합니다. ──→ 해캄이나 유글레나 같은 원생생물이 산소를 만들 수 있습니다. ③ 다른 생물의 먹이가 됩니다. ④ 말라리아와 같은 질병을 일으킬 수 있습니다. ⑤ 강이나 바다에 오염 물질 등이 많아지면 원생생물의 수가 빠르게 늘어나 ˘적조 현상이 일어나고 다른 생물이 살기 어려워집니다. ⑥ 고영양의 원생생물은 영양제로 사용합니다.
세균	① 질병을 일으킬 수 있습니다. ② 김치(젖산균), 요구르트, 청국장, 식초 같은 음식을 만드는 데 이용됩니다. ③ 충치를 일으킬 수 있습니다. ④ 치료 약을 만드는 데 사용합니다. ⑤ 음식이나 물건을 상하게 합니다. ⑥ 죽은 생물이나 배설물을 분해하기도 합니다.

2 위에서 조사한 것을 이로운 영향과 해로운 영향으로 나누어 번호를 써 봅시다.

이로운 영향		해로운 영향
①, ③, ⑤, ⑥	균류	②, ④
①, ②, ③, ⑥	원생생물	④, ⑤
②, ④, ⑥	세균	①, ③, ⑤

정리

다양한 생물이 우리 생활에 어떤 영향을 줄까요?

➡ 다양한 생물은 우리 생활에 이로운 영향을 주기도 하고 해로운 영향을 주기도 합니다.

1 다양한 생물이 우리 생활에 미치는 영향

① 균류, 원생생물, 세균이 우리 생활에 미치는 이로운 영향과 해로운 영향

종류	이로운 영향	해로운 영향
균류	• 음식으로 먹을 수 있는 버섯이 있습니다. • 곰팡이를 이용하여 치즈, 간장, 된장 등과 같은 음식이나 치료 약을 만듭니다. • 죽은 생물을 분해합니다.	• 독버섯을 먹으면 질병에 걸릴 수 있습니다. • 곰팡이가 질병을 일으킬 수 있습니다. • 곰팡이가 음식이나 물건을 상하게 합니다.
원생생물	• 다른 생물의 먹이가 되거나 산소를 만듭니다. • 김, 미역, 다시마 등은 식품으로 이용됩니다. • 고영양의 원생생물은 영양제로 사용합니다.	• 강이나 바다에 오염 물질 등이 많아지면 원생생물의 수가 빠르게 늘어나면서 적조 현상이 일어납니다. • 말라리아와 같은 질병을 일으킬 수 있습니다.
세균	• 치료 약을 만드는 데 사용합니다. • 김치, 요구르트, 식초 같은 음식을 만드는 데 이용됩니다. • 죽은 생물이나 배설물을 분해하기도 합니다.	• 질병을 일으킬 수 있습니다. • 충치를 일으킬 수 있습니다. • 음식이나 물건을 상하게 합니다.

음식을 만드는 데 이용

균류나 세균은 된장, 김치, 치즈, 요구르트 등의 음식을 만드는 데 이용됩니다.

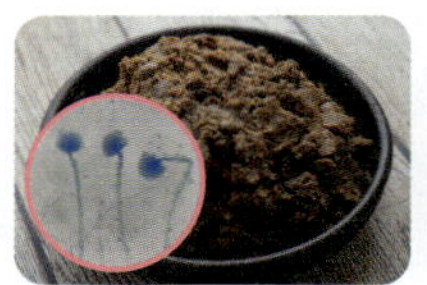

▲ 된장을 만드는 데 이용되는 균류

▲ 요구르트나 김치를 만드는 데 이용되는 세균

질병의 원인

균류나 원생생물, 세균은 다른 생물에게 질병을 일으키기도 합니다.

▲ 식물에게 병을 일으키는 균류

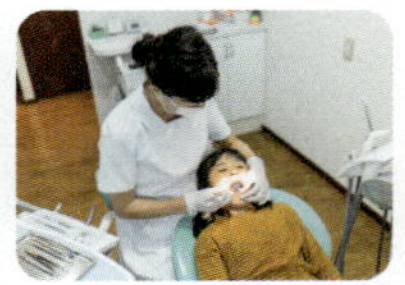

▲ 충치를 일으키는 세균

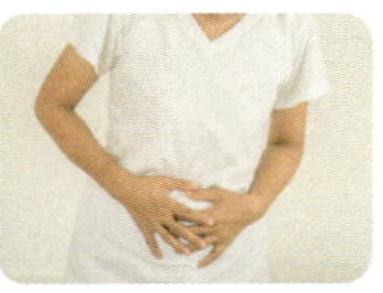

▲ 배탈 등 질병을 일으키는 세균

먹이나 산소 제공

원생생물은 생물에게 필요한 산소를 제공합니다.

▲ 산소를 만드는 원생생물

죽은 생물 분해

균류나 세균은 죽은 생물이나 배설물을 분해하여 지구 환경을 유지합니다.

▲ 죽은 나무를 분해하는 균류

적조 현상

강이나 바다에 원생생물의 수가 늘어나면 적조 현상이 일어납니다.

▲ 적조 현상을 일으키는 원생생물

음식이나 물건에 피해

균류나 세균은 음식이나 물건을 상하게 합니다.

▲ 음식을 상하게 하는 균류

② 균류, 원생생물, 세균의 해로운 영향을 줄이는 방법
- 음식이 상하지 않게 냉장고에서 보관합니다.
- 하천에 오염 물질을 버리지 않습니다.
- 손을 깨끗이 씻고 상한 음식을 먹지 않습니다.

2 생명과학

① **생명과학**: <u>다양한 생물을 연구해</u> 우리 생활의 여러 가지 문제를 해결하는 데 도움을 주는 과학 분야입니다.
└▸ 균류, 원생생물, 세균의 특징을 연구합니다.

② 생명과학이 우리 생활에 이용되는 예

질병을 치료하는 약 생산	**생물 연료 생산**	**생물 농약 생산**
세균을 자라지 못하게 하는 곰팡이의 특성을 이용하여 약을 만들고, 빠르게 번식하는 세균의 특성을 이용해 많은 약을 생산합니다.	몸에 기름 성분이 있는 원생생물을 이용해 생물 연료를 만듭니다.	해충만 없애는 세균과 곰팡이의 특성을 이용하여 친환경 생물 농약을 만듭니다.

▲ 곰팡이를 이용한 질병 치료 약

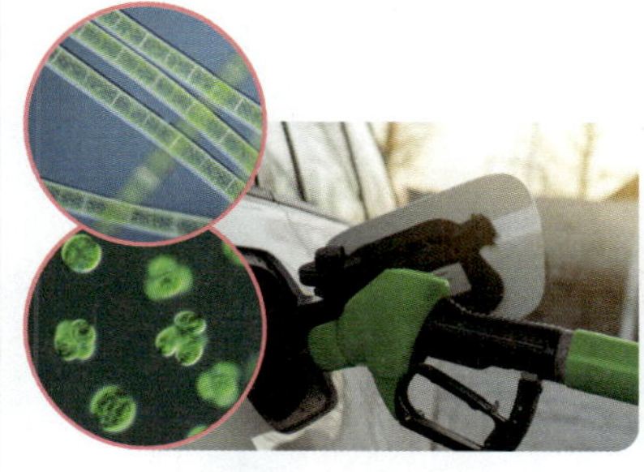

▲ 원생생물을 이용한 생물 연료

▲ 세균과 곰팡이를 이용한 생물 농약

플라스틱 쓰레기 처리	**하수 처리**	**플라스틱 제품 생산**
플라스틱을 분해하는 특성이 있는 세균을 이용하여 플라스틱 쓰레기를 분해합니다.	물질을 분해하는 특성이 있는 세균, 곰팡이, 원생생물을 이용하여 하수 처리를 합니다.	몸에 플라스틱 원료가 있는 세균을 이용하여 플라스틱 제품을 만들 수 있습니다.

▲ 세균을 이용한 플라스틱 쓰레기 처리

▲ 다양한 생물을 이용한 하수 처리장

▲ 세균을 이용한 플라스틱 제품 생산

핵심 개념 확인하기

❘ 정답과 해설 • 15쪽

✔ **다양한 생물이 우리 생활에 미치는 영향**

구분	이로운 영향	해로운 영향
균류	된장과 같은 ❶ ☐☐ 을 만드는 데 이용됩니다.	음식과 물건을 상하게 합니다.
원생생물	생물에게 필요한 산소를 제공합니다.	적조 현상을 일으킵니다.
세균	김치, 요구르트 등의 음식을 만드는 데 이용됩니다.	배탈 등 ❷ ☐☐ 을 일으키기도 합니다.

✔ ❸ ☐☐☐☐ : 다양한 생물을 연구해 우리 생활의 여러 가지 문제를 해결하는 데 도움을 주는 과학 분야입니다.

• 질병을 치료하는 약 생산, 생물 연료 생산, 생물 농약 생산 등에 이용됩니다.

다양한 생물이 우리 생활에 미치는 영향

1 다양한 생물이 우리 생활에 미치는 이로운 영향과 해로운 영향을 선으로 연결해 봅시다.

(1) [이로운 영향] •

(2) [해로운 영향] •

• ㉠ [질병을 일으킨다.]

• ㉡ [음식을 상하게 한다.]

• ㉢ [치료 약을 만든다.]

2 다양한 생물이 우리 생활에 미치는 해로운 영향에 대해 옳게 설명한 사람의 이름을 써 봅시다.

> • 서연: 세균은 죽은 생물을 분해해.
> • 준수: 음식을 만드는 데 도움을 주는 곰팡이도 있어.
> • 민아: 강이나 바다에 원생생물의 수가 빠르게 늘어나면 적조 현상이 일어나기도 해.

(   )

3 오른쪽 원생생물이 우리 생활에 미치는 영향은 어느 것입니까? (   )

① 산소를 만든다.
② 충치를 일으킨다.
③ 물건을 상하게 한다.
④ 된장을 만드는 데 이용된다.
⑤ 김치를 만드는 데 이용된다.

> 생명과학

4 다음은 다양한 생물의 특징을 활용한 생명과학이 우리 생활에 이용되는 예입니다. 곰팡이와 원생생물 중 ㉠, ㉡에 알맞은 생물의 종류를 써 봅시다.

> 세균을 잘 자라지 못하게 하는 (㉠)을/를 이용하여 질병을 치료하는 약을 만들 수 있고, 기름 성분이 있는 (㉡)을/를 이용하여 생물 연료를 만들 수 있다.

㉠: (   ) ㉡: (   )

5 우리 생활에 생명과학을 이용한 예로 옳은 것은 어느 것입니까? (   )

① 세균이 질병을 일으킨다.
② 곰팡이가 음식을 상하게 만든다.
③ 원생생물이 적조 현상을 일으킨다.
④ 세균을 이용하여 하수 처리를 한다.
⑤ 원생생물은 다른 생물의 먹이가 된다.

● 다양한 생물의 이로운 영향이 적힌 징검돌만 밟아서 징검다리를 건너려고 합니다. 밟아야 하는 징검돌을 따라 선으로 연결해 봅시다.

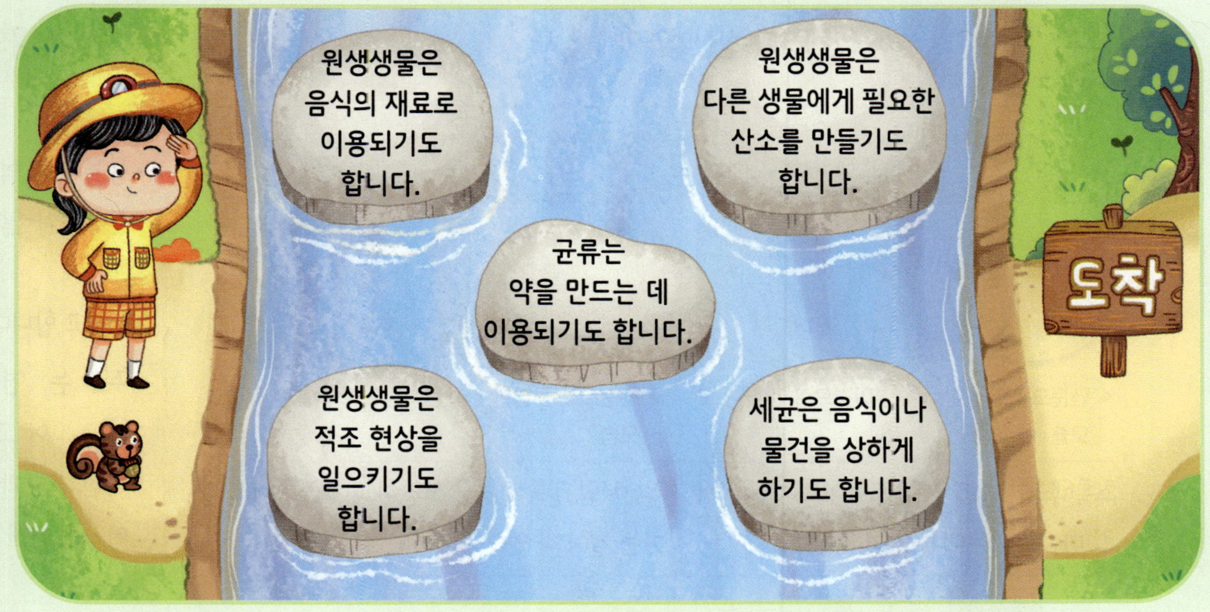

생각그물로 정리하기

● 다음 빈칸에 들어갈 내용을 써서 생각 그물을 완성해 보세요.

다양한 생물과 우리 생활

○ 20일차

버섯과 곰팡이의 특징과 생김새

버섯과 곰팡이의 생김새

❶ [　][　]의 생김새

▲ 맨눈으로 관찰한 모습　　▲ 돋보기로 관찰한 모습

우산 모양이고, 가늘고 긴 실 같은 것이 서로 엉켜 있습니다.

❷ [　][　][　]의 생김새

▲ 맨눈으로 관찰한 모습　　▲ 현미경으로 관찰한 모습

가늘고 긴 실 같은 것이 복잡하게 얽혀 있고, 그 끝에 검은색 공 모양의 덩어리가 있습니다.

균류의 특징

- 균류는 몸이 가늘고 긴 실 모양의 ❸ [　][　]로 이루어져 있습니다.
- 균류는 ❹ [　][　]진 곳, 따뜻한 곳, 축축한 곳에 삽니다.

○ 21일차

해캄과 짚신벌레의 특징과 생김새

해캄과 짚신벌레의 생김새

❺ [　][　]의 생김새

▲ 맨눈으로 관찰한 모습　　▲ 현미경으로 관찰한 모습

초록색의 가늘고 긴 실 모양이고, 대나무처럼 마디로 나누어져 있습니다.

❻ [　][　][　][　]의 생김새

▲ 맨눈으로 관찰한 모습　　▲ 현미경으로 관찰한 모습

짚신처럼 길쭉한 둥근 모양이고, 바깥쪽에 가는 털이 나 있습니다.

원생생물의 특징

- 동물이나 식물, 균류로 분류되지 않는 생물을 ❼ [　][　][　]이라고 합니다.
- 주로 논, 연못과 같이 ❽ [　]이 고인 곳이나 하천, 도랑과 같이 물살이 느린 곳에 삽니다.

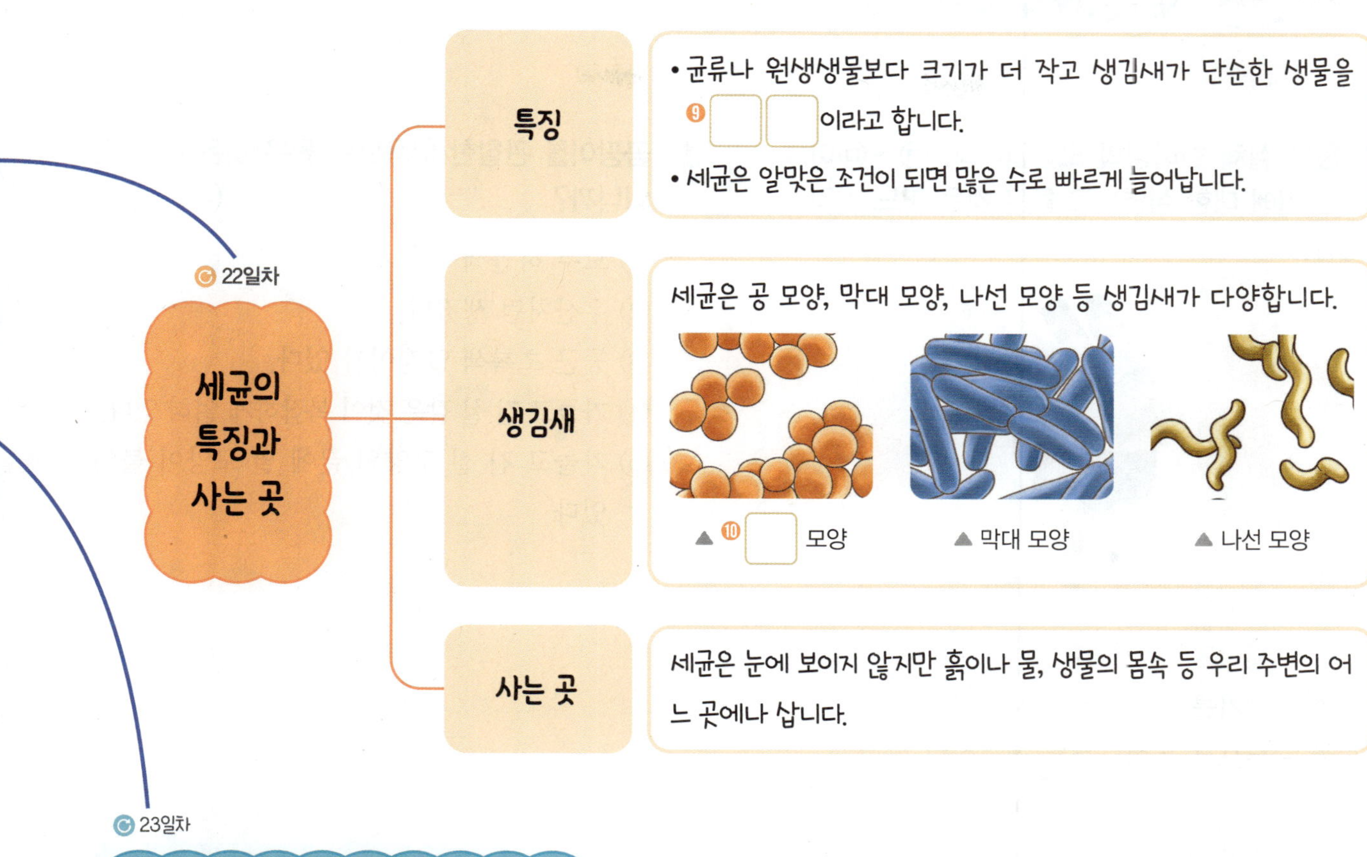

세균의 특징과 사는 곳

22일차

| 특징 | • 균류나 원생생물보다 크기가 더 작고 생김새가 단순한 생물을 ❾ □□ 이라고 합니다.
• 세균은 알맞은 조건이 되면 많은 수로 빠르게 늘어납니다. |

세균은 공 모양, 막대 모양, 나선 모양 등 생김새가 다양합니다.

생김새

▲ ❿ □ 모양   ▲ 막대 모양   ▲ 나선 모양

| 사는 곳 | 세균은 눈에 보이지 않지만 흙이나 물, 생물의 몸속 등 우리 주변의 어느 곳에나 삽니다. |

23일차

여러 생물의 이용과 우리 생활

음식의 재료로 쓰이거나 치료 약을 만드는 데 쓰입니다.

이로운 영향

▲ 음식을 만드는 데 이용되는 균류   ▲ 산소를 발생시키는 원생생물   ▲ 음식을 만드는 데 이용되는 세균

식물이나 사람에게 병을 일으키거나 음식, 물건을 상하게 합니다.

해로운 영향

▲ 식물에게 병을 일으키는 균류   ▲ 적조 현상을 일으키는 원생생물   ▲ 질병을 일으키는 세균

⓫ □□□□

• 다양한 생물을 연구해 우리 생활의 여러 가지 문제를 해결하는 데 도움을 주는 과학 분야입니다.

• 질병을 치료하는 약이나 생물 원료, 생물 농약 등을 생산하는 데 이용됩니다.

1 다음은 실체 현미경의 모습입니다. ㉠~㉤이 하는 일에 대한 설명으로 옳은 것은 어느 것입니까? (　　　)

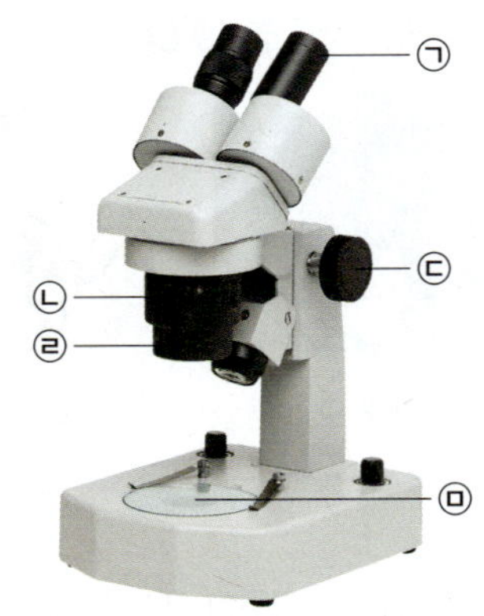

① ㉠-밝기를 조절하는 나사이다.
② ㉡-눈으로 들여다보는 렌즈이다.
③ ㉢-상의 초점을 맞추는 나사이다.
④ ㉣-관찰 대상을 올려놓는 곳이다.
⑤ ㉤-렌즈의 배율을 조절하는 곳이다.

2 버섯을 실체 현미경으로 관찰한 결과로 옳은 것을 보기 에서 골라 기호를 써 봅시다.

> 보기
>
> ㉠ 작고 둥근 알갱이가 보인다.
> ㉡ 가늘고 긴 실 같은 것이 엉켜 있다.
> ㉢ 솜털 같은 것이 많이 있고 그 위에 검은색 알갱이가 많이 붙어 있다.

(　　　　　　　)

3 곰팡이를 관찰한 내용으로 옳은 것은 어느 것입니까? (　　　)

① 모두 하얀색이다.
② 우산처럼 생겼다.
③ 둥근 초록색 알갱이가 있다.
④ 가늘고 긴 실 같은 것이 복잡하게 얽혀 있다.
⑤ 가늘고 긴 실 모양의 끝에 별 모양이 붙어 있다.

4 버섯과 곰팡이의 공통점을 균류의 구조와 관련 지어 써 봅시다.

▲ 버섯

▲ 빵에 자란 곰팡이

____

____

중요

5 균류의 특징으로 옳은 것을 **보기** 에서 **두 가지** 골라 기호를 써 봅시다.

> **보기**
> ㉠ 씨로 번식한다.
> ㉡ 가늘고 긴 실 모양의 균사로 이루어져 있다.
> ㉢ 주로 죽은 생물이나 다른 생물에서 양분을 얻는다.

(   )

6 버섯과 곰팡이가 사는 환경으로 가장 적절한 것은 어느 것입니까? (   )

① 추운 곳
② 건조한 곳
③ 춥고 그늘진 곳
④ 축축하며 따뜻한 곳
⑤ 햇빛이 잘 비치는 곳

7 디지털 현미경에서 ㉠, ㉡의 이름을 바르게 선으로 연결해 봅시다.

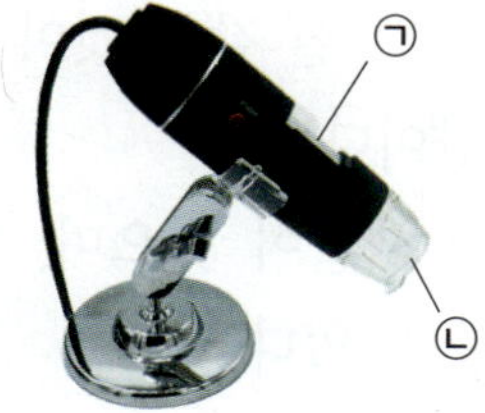

(1) 대물렌즈 •   • ㉠

(2) 초점 조절 나사 •   • ㉡

8 다음은 어떤 생물을 관찰한 결과입니다. 이 생물의 이름을 써 봅시다.

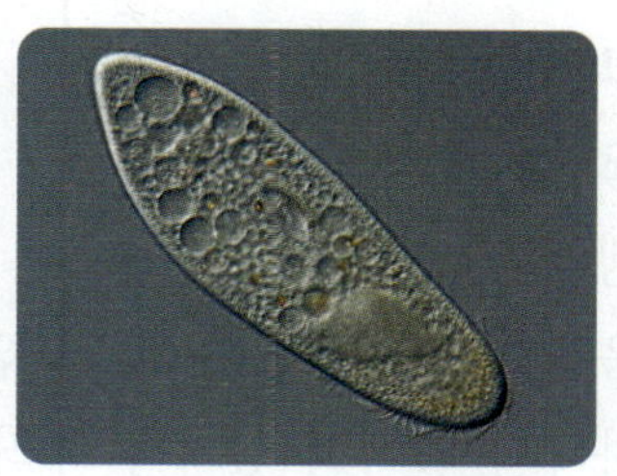

> • 짚신처럼 길쭉한 둥근 모양이다.
> • 바깥쪽에 가는 털이 나 있다.

(   )

9 오른쪽 해캄에 대한 설명으로 옳지 <u>않은</u> 것을 **보기** 에서 골라 기호를 써 봅시다.

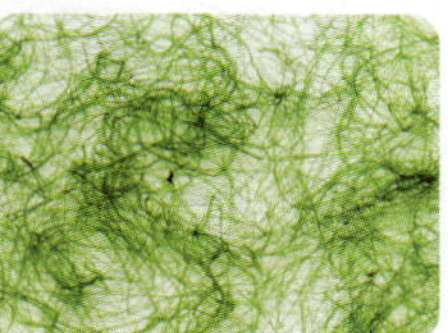

> **보기**
> ㉠ 초록색이다.
> ㉡ 가늘고 긴 실 모양이다.
> ㉢ 물살이 빠른 계곡에서 산다.

(   )

중요

10 해캄과 짚신벌레의 공통점으로 옳은 것은 어느 것입니까? (   )

① 원생생물이다.
② 바다에서 산다.
③ 스스로 양분을 만든다.
④ 대부분 식물과 비슷한 생김새이다.
⑤ 식물이나 동물에 비해 생김새가 복잡하고 크기가 작다.

11 세균에 대한 설명으로 옳지 <u>않은</u> 것은 어느 것입니까? ( )

① 크기가 매우 작다.
② 모양과 크기는 모두 같다.
③ 생김새가 단순한 생물이다.
④ 움직일 수 있는 것도 있고, 없는 것도 있다.
⑤ 하나씩 떨어져 있거나 여러 개가 뭉쳐 붙어 있기도 하다.

[12~13] 다음은 여러 가지 세균의 모습입니다.

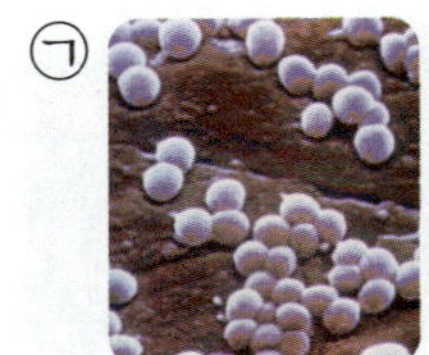
▲ 포도상구균

▲ 위나선균

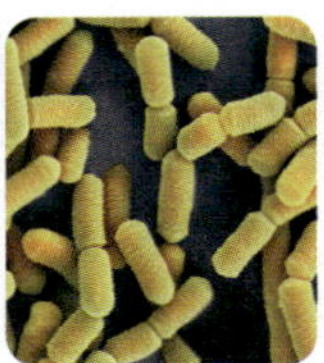
▲ 젖산균

12 위 세균 중 나선 모양의 세균을 골라 기호를 써 봅시다.

( )

13 다음에서 설명하는 세균과 같은 모양의 세균을 ㉠~㉢ 중에서 골라 기호를 써 봅시다.

- 막대 모양이다.
- 여러 개가 모여 있다.
- 사람의 대장이나 물속에서 산다.

( )

서술형
14 세균이 사는 환경에 대한 보기 의 설명 중 옳지 <u>않은</u> 것을 찾아 기호를 쓰고, 세균이 어떤 환경에서 살 수 있는지 써 봅시다.

보기
㉠ 물속에 산다.
㉡ 공기 중에는 없다.
㉢ 다른 생물의 몸속에 있다.
㉣ 휴대 전화 같은 물건에 있다.

____

____

중요
15 균류, 원생생물, 세균의 공통점을 옳게 설명한 것은 어느 것입니까? ( )

① 물속에서만 산다.
② 가늘고 긴 실 같은 것이 여러 개 겹쳐 있는 모양이다.
③ 다양한 색깔이 있으며, 맨눈으로도 쉽게 관찰할 수 있다.
④ 스스로 움직일 수 없으며, 바람이나 물의 도움을 받아 움직인다.
⑤ 우리 생활에 이로운 영향을 주기도 하고 해로운 영향을 주기도 한다.

16 우리 생활에 이로운 영향을 미치는 생물의 예를 두 가지 골라 써 봅시다. (,)

① 음식을 상하게 하는 곰팡이
② 물건을 상하게 만드는 세균
③ 식물에게 병을 일으키는 균류
④ 다른 생물의 먹이가 되는 원생생물
⑤ 요구르트를 만드는 데 이용되는 세균

17 다양한 생물이 우리 생활에 미치는 해로운 영향을 보기 에서 골라 기호를 써 봅시다.

보기

ㄱ ▲ 된장을 만듭니다.
ㄴ ▲ 적조 현상을 일으킵니다.
ㄷ ▲ 산소를 만듭니다.
ㄹ ▲ 김치를 만듭니다.

( )

✦중요✦
18 다음 ( ) 안에 공통으로 들어갈 알맞은 말을 써 봅시다.

> • ( )은/는 균류, 원생생물, 세균의 특징을 연구하여 우리 생활의 여러 가지 문제를 해결하는 데 도움을 주는 과학 분야이다.
> • ( )을/를 이용하여 생물 연료나 약을 만든다.

( )

서술형
19 몸에 기름 성분이 있는 원생생물이 생명과학에 어떻게 이용되는지 써 봅시다.

____

____

20 생명과학이 우리 생활에 이용되는 예와 해당하는 생물을 옳게 짝 지은 것을 보기 에서 골라 기호를 쓰시오.

보기

> ㄱ 약 생산 - 물질을 분해하는 세균
> ㄴ 생물 농약 생산 - 해충만 없애는 곰팡이나 세균
> ㄷ 플라스틱 쓰레기 처리 - 세균을 잘 자라지 못하게 하는 곰팡이

( )

MEMO

생생한 과학의 즐거움!
과학은 역시!

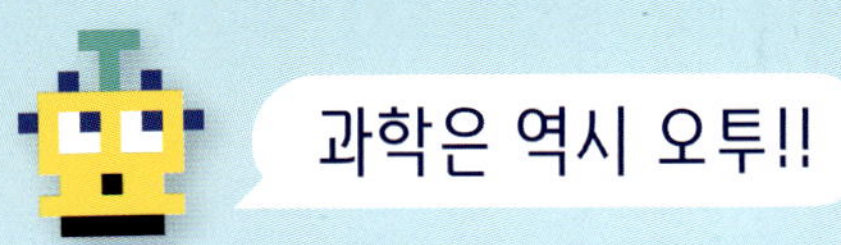
과학은 역시 오투!!

오투 정답과 해설

초등과학

4·1

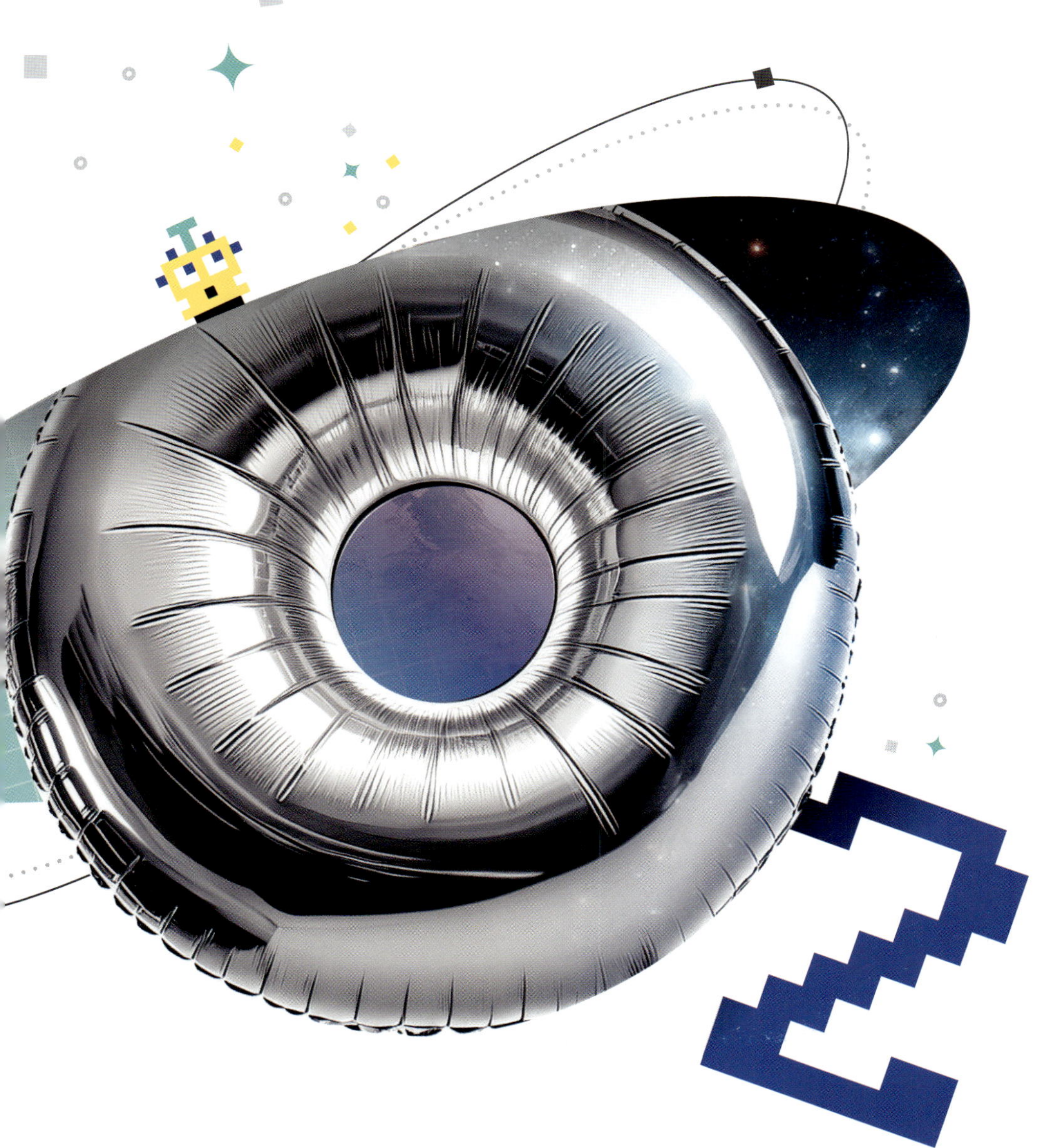

오투 정답과 해설

● 진도책 ————————————————— 2
● 실전책 ————————————————— 17

초등 과학

4·1

1. 자석의 이용

01일차 자석과 물체 사이에 작용하는 힘

핵심 개념 확인하기
11쪽

❶ 철 ❷ 끌어당기는 ❸ 끌어당기는
❹ 끌어당기는

문제로 완성하기
12~13쪽

1 ②   2 ③   3 ㉠
4 은수   5 ㉡

퀴즈로 마무리하기

1 철로 된 물체는 자석에 붙지만 유리, 종이, 고무, 나무, 플라스틱, 나무, 알루미늄 등으로 된 물체는 자석에 붙지 않습니다. 따라서 철 못은 자석에 붙고 유리컵, 종이 빨대, 고무줄, 플라스틱 자는 자석에 붙지 않습니다.

2 철사, 철 못, 철 클립, 철 집게, 용수철, 빵 끈은 모두 철로 된 물체입니다. 나무, 고무, 종이, 플라스틱, 알루미늄 등으로 된 물체는 자석에 붙지 않습니다.

3 철로 된 가위의 날 부분(㉠)은 자석에 붙고 플라스틱으로 된 가위의 손잡이 부분(㉡)은 자석에 붙지 않습니다.

4 자석을 철로 된 물체에 가까이 하면 자석과 철로 된 물체가 서로 끌어당깁니다.

오답 바로잡기

· 민준: 철 클립은 그대로 가만히 있어.
  ↳ 철 클립은 막대자석과 서로 끌어당겨 붙습니다.
· 아영: 막대자석과 철 클립은 서로 밀어 내.
  ↳ 철 클립과 막대자석은 서로 끌어당겨 붙습니다.

5 자석과 자석에 붙는 물체 사이에 종이나 플라스틱, 알루미늄 등으로 된 자석에 붙지 않는 물체가 있어도 자석은 철로 된 물체를 끌어당길 수 있습니다.

02일차 자석의 극

핵심 개념 확인하기
17쪽

❶ 극   ❷ 두   ❸ 북(남)
❹ 남(북)

문제로 완성하기
18~19쪽

1 ④   2 자석의 극   3 ①
4 ②   5 ㉢

퀴즈로 마무리하기

1 철 클립이 든 종이 상자에 막대자석을 넣었다가 천천히 들어 올리면 철 클립이 막대자석의 양쪽 끝부분에 많이 붙어 있습니다.

오답 바로잡기

① 철 클립이 ㉠ 부분에 적게 붙어 있다.
  ↳ 철 클립이 ㉠ 부분에 많이 붙어 있습니다.
② 철 클립이 ㉡ 부분에 많이 붙어 있다.
  ↳ 철 클립이 ㉠, ㉢ 부분에 많이 붙어 있습니다.
③ 철 클립이 ㉢ 부분에 적게 붙어 있다.
  ↳ 철 클립이 ㉢ 부분에 많이 붙어 있습니다.
⑤ 철 클립이 ㉠, ㉡, ㉢ 부분에 모두 비슷하게 붙어 있다.
  ↳ 철 클립이 ㉠, ㉢ 부분에 많이 붙어 있습니다.

2 자석에서 철로 된 물체를 끌어당기는 힘이 가장 센 부분을 자석의 극이라고 합니다.

3 둥근기둥 모양 자석의 극과 말굽자석의 극은 양쪽 끝부분에 있습니다.

4 자석의 극은 철로 된 물체를 끌어당기는 힘이 가장 센 부분으로, 항상 두 개(N극과 S극)입니다. 말굽자석의 극은 구부러진 양쪽 끝부분에 있습니다.

① 철로 된 물체가 붙지 않는 부분이다.
→ 철로 된 물체가 가장 많이 붙는 부분입니다.
③ 둥근기둥 모양 자석의 극은 한 개이다.
→ 둥근기둥 모양 자석의 극은 양쪽 끝부분에 두 개 있습니다.
④ 말굽자석의 극은 자석의 가운데에 있다.
→ 말굽자석의 극은 양쪽 끝부분에 있습니다.
⑤ 자석의 극의 개수는 자석마다 다양하다.
→ 자석의 극의 개수는 항상 두 개입니다.

5 물에 띄운 막대자석의 극은 항상 일정한 방향을 가리킵니다. 막대자석의 N극은 북쪽을 가리키고, 막대자석의 S극은 남쪽을 가리킵니다.

03일차 자석과 자석 사이에 작용하는 힘

핵심 개념 확인하기 23쪽

❶ 같은　　❷ 다른　　❸ 밀어 내고
❹ 끌어당기는

문제로 완성하기 24~25쪽

1 ㉡　　**2** ③　　**3** ①, ④
4 S　　**5** S

퀴즈로 마무리하기

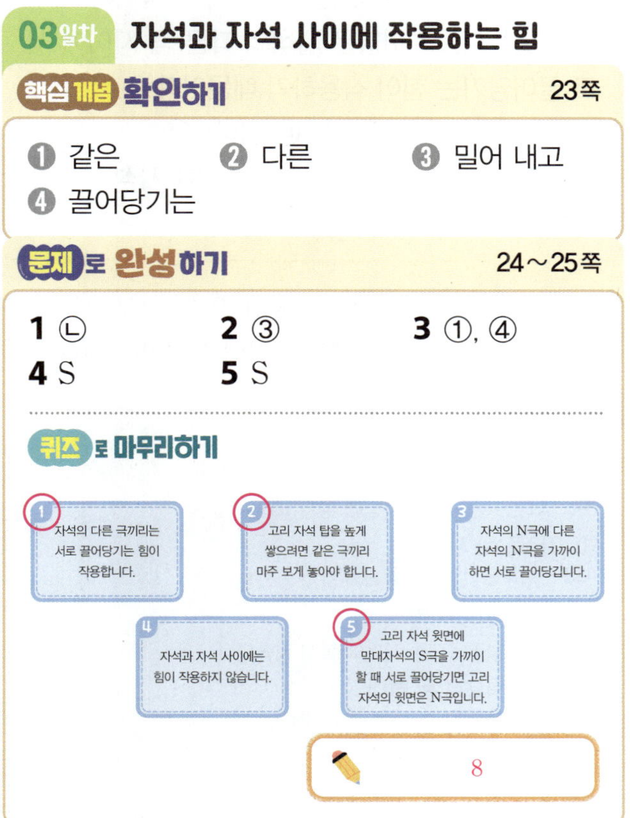

1 막대자석 두 개를 다른 극끼리 가까이 하면 서로 끌어당기는 느낌이 듭니다.

2 자석의 같은 극끼리 서로 밀어 내고, 다른 극끼리 서로 끌어당깁니다. 자석과 자석에 붙는 물체 사이에 작용하는 힘의 특징은 위 실험으로 알 수 없습니다.

3 자석의 같은 극끼리 가까이 하면 서로 밀어 내고, 다른 극끼리 가까이 하면 서로 끌어당깁니다. 따라서

자석의 N극과 N극을 가까이 할 때와 S극과 S극을 가까이 할 때 자석이 서로 밀어 냅니다.

4 주황색 고리 자석과 초록색 고리 자석이 서로 밀어 내므로 초록색 고리 자석의 윗면은 N극입니다. 따라서 노란색 고리 자석의 아랫면은 S극입니다.

5 자석의 같은 극끼리는 서로 밀어 내는 힘이 작용하고, 다른 극끼리는 서로 끌어당기는 힘이 작용합니다. 알루미늄 포일로 감싼 막대자석과 다른 막대자석의 N극이 서로 끌어당겼으므로 ㉠은 N극과 다른 극인 S극입니다.

04일차 나침반과 자석 사이에 작용하는 힘

핵심 개념 확인하기 29쪽

❶ 극　　❷ N　　❸ 자석

문제로 완성하기 30~31쪽

1 ①　　**2** ㉢　　**3** ㉠: S, ㉡: N
4 ㉣　　**5** ②

퀴즈로 마무리하기

1 막대자석의 N극을 나침반에 가까이 하면 나침반 바늘의 빨간색 부분 반대쪽이 자석 쪽을 가리킵니다.

2 막대자석의 S극을 나침반에 가까이 하면 나침반 바늘의 빨간색 부분이 자석 쪽을 가리킵니다.

3 나침반 바늘의 빨간색 부분이 자석 쪽을 가리키므로 ㉠은 S극입니다. 따라서 ㉡은 N극입니다.

4 막대자석의 N극 주변에서는 나침반 바늘의 빨간색 부분 반대쪽이 자석 쪽을 가리키고, S극 주변에서는 나침반 바늘의 빨간색 부분이 자석 쪽을 가리킵니다.

5 나침반 바늘도 자석으로 되어 있어 같은 극끼리는 서로 밀어 내고, 다른 극끼리는 서로 끌어당깁니다.

핵심 개념 확인하기 35쪽

❶ 자석 ❷ 철 ❸ 극

문제로 완성하기 36~37쪽

1 ③ **2** 서연 **3** ③
4 ⑤ **5** ㉢

퀴즈로 마무리하기

1 자석 전단지, 자석 다트, 나침반, 자석 블록은 자석을 이용한 장치이지만, 가위는 자석을 이용한 장치가 아닙니다. 자석 전단지, 자석 다트는 자석과 철이 서로 끌어당기는 성질을 이용한 장치이고, 나침반은 자석이 일정한 방향을 가리키는 성질을 이용한 장치입니다.

2 자석 필통의 몸체에 자석이 있고 뚜껑에 철판이 있어 쉽게 뚜껑을 여닫을 수 있습니다. 필통 몸체의 자석과 뚜껑의 철판이 서로 끌어당기기 때문입니다.

3 자석 책갈피는 마주 보는 부분에 자석이 있어 책의 읽은 곳을 쉽게 표시할 때 사용하는 장치입니다.

4 자석 클립 통은 자석과 철이 서로 끌어당기는 성질을 이용한 장치입니다. 자석과 철 클립이 서로 끌어당겨 철 클립이 잘 쏟아지지 않습니다.

5 자석 신발 끈 매듭기는 자석의 같은 극끼리는 서로 밀어 내고 다른 극끼리는 서로 끌어당기는 성질을 이용한 장치입니다. 자석 문 고정 장치와 자석 비누 걸이는 자석과 철이 서로 끌어당기는 성질을 이용한 장치입니다.

오답 바로잡기

㉠ 자석 문 고정 장치
↳ 자석과 철이 서로 끌어당기는 성질을 이용한 장치입니다.
㉢ 자석 비누 걸이
↳ 자석과 철이 서로 끌어당기는 성질을 이용한 장치입니다.

06알차

생각 그물로 정리하기 38~39쪽

❶ 철 ❷ 끌어당기는 ❸ 극
❹ 두 ❺ 같은 ❻ 다른
❼ 극 ❽ 극 ❾ 자석
❿ 철

단원 평가하기 40~43쪽

1 ①
2 모범 답안 철로 된 물체이다.
3 ④ **4** ㉡, ㉢ **5** 자석의 극
6 ③ **7** ②, ④ **8** ㉢
9 ㉠
10 모범 답안 서로 밀어내는 힘이 작용한다.
11 ② **12** S
13 모범 답안 고리 자석을 서로 다른 극끼리 마주 보게 놓는다. 그 까닭은 자석의 다른 극 사이에 서로 끌어당기는 힘이 작용하기 때문이다.
14 ② **15** (가): ㉢, (나): ㉠
16 ④ **17** ④ **18** 자석
19 ㉢ **20** ①

1 철로 된 물체는 자석에 붙지만 유리, 고무, 나무, 플라스틱 등으로 된 물체는 자석에 붙지 않습니다.

오답 바로잡기

② 유리로 된 구슬
↳ 유리로 된 물체는 자석에 붙지 않습니다.
③ 고무로 된 지우개
↳ 고무로 된 물체는 자석에 붙지 않습니다.
④ 나무로 된 젓가락
↳ 나무로 된 물체는 자석에 붙지 않습니다.
⑤ 플라스틱으로 된 빨대
↳ 플라스틱으로 된 물체는 자석에 붙지 않습니다.

2 자석에 붙는 물체인 철사, 철 못, 철 집게, 철 클립은 철로 된 물체라는 공통점이 있습니다.

채점 기준	
상	철로 되었다고 썼다.
하	같은 물질로 되었다고 썼다.

3 철로 된 의자의 다리(㉡)와 가위의 날(㉣)은 자석에 붙고, 플라스틱으로 된 의자 등받이(㉠)와 가위의 손잡이(㉢)는 자석에 붙지 않습니다.

4 철 클립이 공중에 떠 있는 모습을 통해 자석과 철 클립이 서로 끌어당긴다는 사실을 알 수 있습니다. 그리고 자석과 철 클립이 약간 떨어져 있어도 철 클립이 공중에 떠 있는 모습을 통해 자석과 자석에 붙는 물체가 약간 떨어져 있어도 서로 끌어당기는 힘이 작용한다는 사실을 알 수 있습니다.

㉠ 자석은 철 클립을 밀어 낸다.
→ 자석이 공중에 떠 있는 모습을 통해 자석과 철 클립이 서로 끌어당긴다는 사실을 알 수 있습니다.
㉣ 자석과 자석에 붙는 물체 사이에 자석에 붙지 않는 물체가 있어도 서로 끌어당기는 힘이 작용한다.
→ 이 실험으로 알 수 있는 사실이 아닙니다.

5 자석에서 철로 된 물체가 많이 붙어 있는 부분을 자석의 극이라고 합니다.

6 막대자석에서 철 클립을 가장 세게 끌어당기는 부분은 막대자석의 양쪽 끝부분으로 이 부분이 자석의 극입니다.

7 막대자석, 말굽자석의 양쪽 끝부분에 철 클립이 많이 붙어 있는 것을 보아 자석의 극이 자석의 양쪽 끝부분에 두 개 있다는 사실을 알 수 있습니다.

① 자석의 극은 한 개이다.
↳ 자석의 극은 두 개입니다.
③ 자석의 극은 자석의 가운데에 있다.
↳ 자석의 극은 자석의 양쪽 끝부분에 있습니다.
⑤ 자석의 가운데에서 철 클립을 끌어당기는 힘이 가장 세다.
↳ 자석의 양쪽 끝부분에서 철 클립을 끌어당기는 힘이 가장 셉니다.

8 물에 띄운 막대자석의 N극은 북쪽을 가리키고, S극은 남쪽을 가리킵니다.

㉠ 물에 띄운 막대자석의 S극은 북쪽을 가리킨다.
↳ 물에 띄운 막대자석의 S극은 남쪽을 가리킵니다.
㉡ 물에 띄운 막대자석의 N극은 남쪽을 가리킨다.
↳ 물에 띄운 막대자석의 N극은 북쪽을 가리킵니다.

9 자석의 같은 극끼리 가까이 하면 서로 밀어 내려고 합니다.

10 자석의 같은 극끼리 가까이 할 때 자석이 움직이는 방향을 통해 같은 극 사이에 서로 밀어 내는 힘이 작용한다는 사실을 알 수 있습니다.

채점 기준	
상	서로 밀어 내는 힘이 작용한다고 썼다.
하	힘이 작용한다고 썼다.

11 두 자석을 다른 극끼리 가까이 하면 서로 끌어당기고, 같은 극끼리 가까이 하면 서로 밀어 냅니다.

12 자석이 모두 붙어 있는 모습으로 보아 서로 다른 극끼리 마주 보고 있다는 것을 알 수 있습니다. 가장 아래에 있는 고리 자석의 아랫면이 N극이므로 ㉠면은 S극입니다.

13 고리 자석으로 가장 낮은 탑을 쌓으려면 다른 극끼리 마주 보게 놓아야 합니다.

채점 기준	
상	가장 낮은 탑을 쌓는 방법과 그 까닭을 모두 옳게 썼다.
하	가장 낮은 탑을 쌓는 방법과 까닭 중 한 가지만 옳게 썼다.

14 막대자석의 S극을 나침반에 가까이 하면 나침반의 빨간색 부분(㉠)이 자석 쪽을 가리킵니다. 그리고 나침반 바늘의 빨간색 부분 반대쪽(㉡)이 자석의 반대쪽을 가리킵니다.

15 막대자석 주변에 나침반을 놓으면 나침반 바늘의 N극(빨간색 부분)은 자석의 S극을 가리키고, 나침반 바늘의 S극(빨간색 부분 반대쪽)은 자석의 N극을 가리킵니다.

16 막대자석 주변에 나침반을 놓으면 나침반 바늘과 막대자석이 서로 밀어 내고 끌어당기면서 나침반 바늘이 막대자석의 극을 가리킵니다.

17 막대자석 주변에서 나침반 바늘이 극을 가리키는 것을 통해 나침반 바늘도 자석이라는 것을 알 수 있습니다. 나침반 바늘의 빨간색 부분(N극)은 자석의 S극을 가리키고, 빨간색 부분의 반대쪽(S극)은 자석의 N극을 가리킵니다.

18 냉장고 자석, 자석 공구 걸이, 나침반은 자석을 이용한 장치입니다.

19 자석 바둑돌과 철로 된 바둑판이 서로 끌어당기기 때문에 자석 바둑돌이 바둑판에 고정되어 잘 흐트러지지 않습니다.

20 자석 창문 닦이, 자석 커튼 끈은 다른 극끼리 서로 끌어당기는 성질을 이용하고, 자석 비누 걸이는 자석과 철이 서로 끌어당기는 성질을 이용합니다.

2. 물의 상태 변화

핵심 개념 확인하기　47쪽

① 고체　② 액체　③ 기체
④ 상태 변화　⑤ 세

문제로 완성하기　48∼49쪽

1 ㉠　2 물
3 (1) - ㉢　(2) - ㉠　(3) - ㉡　4 ④
5 ㉠: 물, ㉡: 수증기　6 ②

퀴즈로 마무리하기

1 물은 모양이 일정하지 않고 흐르는 성질이 있으며, 얼음은 모양이 일정하고 눈에 보이며, 차갑고 단단합니다.

오답 바로잡기

㉡ 물은 눈에 보이고 단단하다.
↳ 눈에 보이고 단단한 것은 얼음입니다.
㉢ 얼음은 모양이 일정하지 않다.
↳ 얼음은 모양이 일정합니다.

2 얼음이 담긴 알루미늄 접시를 손난로 위에 올려놓으면 얼음이 녹아 물이 됩니다.

3 물은 고체인 얼음, 액체인 물, 기체인 수증기의 세 가지 상태로 있습니다.

4 물은 고체인 얼음, 액체인 물, 기체인 수증기 세 가지 상태로 변할 수 있습니다.

5 젖은 머리카락이 마르는 것은 액체인 물이 기체인 수증기로 상태가 변하는 예입니다.

6 젖은 머리카락이 마르는 현상, 물휴지 뚜껑을 열어 놓으면 물휴지가 마르는 현상은 물이 액체에서 기체로 변하는 예이고, 추운 겨울에 강물이 어는 현상은 물이 액체에서 고체로 변하는 현상입니다. 따뜻한 물로 샤워한 뒤 욕실 거울에 물방울이 맺히는 현상은 물이 기체에서 액체로 변하는 예입니다.

핵심 개념 확인하기　53쪽

① 늘어납니다　② 줄어듭니다　③ 늘어나서
④ 줄어들어서

문제로 완성하기　54∼55쪽

1 ③　2 ㉢　3 부피
4 (1) - ㉢　(2) - ㉡　5 ①
6 부피

퀴즈로 마무리하기

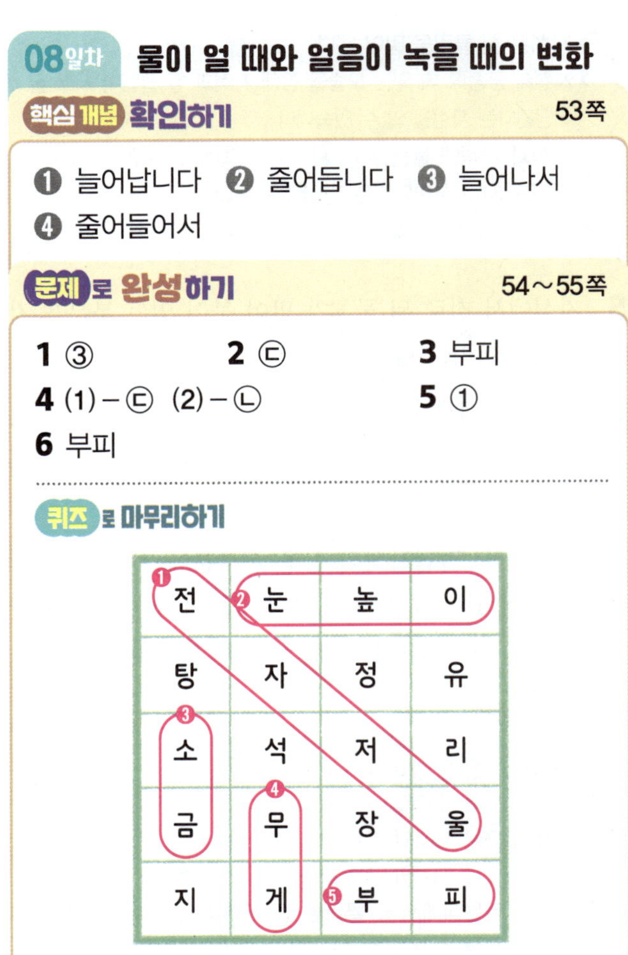

1 물이 언 후의 무게는 물이 얼기 전과 같은 28.7 g입니다.

2 물이 얼어 얼음이 될 때 물의 부피가 늘어나므로, 물이 얼기 전보다 높이가 높아집니다.

3 물의 높이 변화를 통해 얼음이 녹을 때의 부피 변화를 알 수 있습니다.

4 얼음이 녹아 물이 될 때 무게는 변하지 않지만 부피는 줄어듭니다.

5 물이 얼어 부피가 늘어나면서 페트병이 부풀어 모양이 변한 것입니다.

6 얼음이 녹아 물이 될 때 부피가 줄어들기 때문에 튜브형 얼음과자에 빈 공간이 생깁니다.

09일차 물이 증발할 때와 끓을 때의 변화

핵심개념 확인하기 59쪽

❶ 증발 ❷ 끓음 ❸ 수증기
❹ 표면

문제로 완성하기 60~61쪽

1 ㉠ **2** ㉢ **3** ①
4 ② **5** ㉠: 증발, ㉡: 끓음
6 ㉠: 물, ㉡: 수증기

퀴즈로 마무리하기

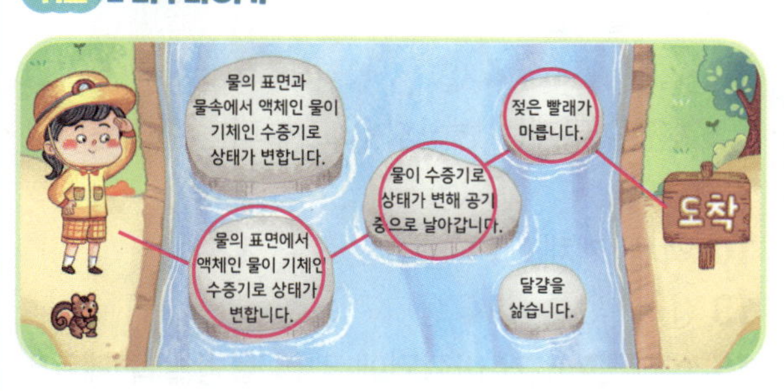

1 물을 넣은 비커를 햇볕이 잘 드는 곳에 두면 물이 증발하여 공기 중으로 날아가기 때문에 물의 높이가 낮아집니다.

2 달걀 삶기, 만두 찌기, 국 끓이기는 끓음과 관련된 예입니다. 물이 증발할 때는 표면에서만 물이 공기 중으로 날아가지만 물이 끓을 때는 물 표면과 물속에서 물이 공기 중으로 날아갑니다.

3 물을 끓이면 물이 수증기로 상태가 변하여 공기 중으로 날아가기 때문에 물의 양이 줄어들어 물의 높이가 낮아집니다.

4 물을 끓여 젖병을 소독하는 것은 끓음과 관련된 예입니다. 고추 말리기, 젖은 우산 말리기, 곶감 말리기, 어항 속 물이 줄어드는 것은 증발과 관련된 예입니다.

5 증발은 물 표면에서 물이 수증기로 상태가 변하는 현상이므로 물속에서는 변화가 일어나지 않습니다. 끓음은 물 표면과 물속에서 물이 수증기로 상태가 변하는 현상으로, 물속에서 기포가 만들어지고 물 표면으로 올라온 기포가 터지면서 기포 안에 있던 수증기가 공기 중으로 날아갑니다.

6 물이 증발할 때와 끓을 때 모두 액체 상태인 물이 기체 상태인 수증기로 상태가 변하여 공기 중으로 날아갑니다.

10일차 수증기가 응결할 때의 변화

핵심개념 확인하기 65쪽

❶ 응결 ❷ 응결

문제로 완성하기 66~67쪽

1 ㉢ **2** ㉠: 수증기, ㉡: 물
3 < **4** ③ **5** ㉡

퀴즈로 마무리하기

1 시간이 지나면 비커의 바깥면에 물방울이 맺힙니다. 물방울이 커지면 아래쪽으로 흘러내려 페트리접시에 물이 고입니다.

2 공기 중의 수증기가 차가운 비커의 바깥면에 닿아 물로 변했기 때문에 얼음이 든 비커의 바깥면에 물방울이 맺힙니다.

3 비커 바깥면에 물방울이 맺히고, 비커 바깥면에 맺힌 물방울의 무게만큼 무게가 늘어납니다.

4 응결은 기체인 수증기가 액체인 물로 상태가 변하는 현상입니다.

오답 바로잡기

① 얾
└ 액체가 얼어 고체가 되는 현상입니다.
② 끓음
└ 물 표면과 물속에서 액체인 물이 기체인 수증기로 변하는 현상입니다.
④ 녹음
└ 고체가 녹아 액체가 되는 현상입니다.
⑤ 증발
└ 물 표면에서 액체인 물이 기체인 수증기로 상태가 변하는 현상입니다.

5 고드름에서 떨어지는 물방울은 얼음이 물로 상태가 변하는 예입니다.

핵심 개념 확인하기   71쪽

❶ 생명   ❷ 부족   ❸ 증가
❹ 산업

문제로 완성하기   72~73쪽

1 (1) ○ (2) ○ (3) ×   **2** ④
3 ③   **4** ㉢   **5** 응결
6 ④

퀴즈로 마무리하기

❶ 하이드로패널   ❷ 수력 발전   ❸ 솔라볼
❹ 에코돔   ❺ 농작물 기르기

8

1 물은 생물이 살아가는 데 꼭 필요하고, 농사를 짓거나 공장에서 물건을 만들 때, 전기를 만들 때 등 우리 생활에서 다양하게 이용됩니다.

2 물 부족 현상은 인구 증가와 산업 발달로 인한 물 사용량 증가와 물의 오염 때문에 발생합니다.

3 공장에서 물건을 만들 때 물을 이용하는 것은 물을 이용하는 예입니다.

4 하이드로패널은 응결을 이용하여 공기 중 수증기를 식수로 바꾸는 장치입니다.

5 에코돔은 밤이 되면 수증기가 응결하는 현상을 이용하여 물을 모으는 장치입니다.

6 수증기가 응결하여 생긴 안개가 그물망에 맺힌 것을 이용해 물을 얻는 장치는 안개 수집기입니다.

오답 바로잡기

① 솔라볼
⤷ 더러운 물을 증발시킨 뒤 응결시켜 깨끗한 물을 얻는 장치입니다.
② 워터콘
⤷ 더러운 물에서 증발과 응결의 원리를 이용해 깨끗한 물을 얻는 장치입니다.
③ 수력 발전
⤷ 물을 이용해 전기를 얻는 장치로, 물을 얻는 장치가 아닙니다.
⑤ 빗물 저장 장치
⤷ 빗물 저장 장치는 비가 올 때 비를 모아 두는 장치입니다.

생각 그물로 정리하기   74~75쪽

❶ 얼음   ❷ 수증기   ❸ 세
❹ 무게   ❺ 늘어나고   ❻ 줄어듭니다
❼ 증발   ❽ 끓음   ❾ 응결
❿ 수증기

단원 평가하기   76~79쪽

1 ㉠: 액체, ㉡: 기체, ㉢: 고체
2 【모범 답안】 얼음은 물로 변하고, 시간이 지나면 물의 양이 줄어든다.
3 ㉣   **4** ②   **5** =
6 【모범 답안】 무게는 변하지 않고 부피는 줄어든다.
7 ①   **8** ㉠   **9** ㉣
10 액체, 기체   **11** ③   **12** ㉡
13 ①   **14** ㉣
15 【모범 답안】 비커 바깥면에 맺힌 물방울과 페트리 접시에 고인 물의 무게만큼 무게가 더 늘어났기 때문이다.
16 ⑤   **17** ③   **18** 다현
19 ㉠: 증발, ㉡: 응결   **20** ②

1 물은 액체, 수증기는 기체, 얼음은 고체 상태입니다.

2 얼음이 담긴 알루미늄 접시를 손난로 위에 올려놓으면 얼음이 녹아 물로 변하면서 물의 양이 줄어듭니다.

채점 기준
얼음과 물의 변화를 모두 옳게 썼다.

3 물은 수증기로 변할 수 있고, 수증기도 물로 변할 수 있습니다.

4 ①은 수증기 → 물, ②는 물 → 수증기, ③은 물 → 얼음, ④는 수증기 → 물, ⑤는 얼음 → 물로 상태가 변합니다.

오답 바로잡기

① 갓 삶은 뜨거운 옥수수를 담은 봉지 안
⤷ 수증기가 물로 변해 물방울이 맺힙니다.
③ 물이 언 호수
⤷ 물이 얼음으로 상태가 변한 경우입니다.
④ 욕실 거울에 맺힌 물방울
⤷ 수증기가 물로 상태가 변해 거울에 물방울이 맺힌 것입니다.
⑤ 생선과 함께 넣은 얼음
⤷ 얼음이 녹아 물로 상태가 변합니다.

5 물이 얼어 얼음이 될 때 무게는 변하지 않으므로, 물이 얼기 전과 언 후의 무게는 같습니다.

6 얼음이 녹아 물이 될 때 무게는 변하지 않지만 부피는 줄어듭니다.

채점 기준	
상	얼음이 녹아 물이 될 때의 무게와 부피 변화를 모두 옳게 썼다.
하	얼음이 녹아 물이 될 때의 무게와 부피 변화 중 한 가지만 옳게 썼다.

7 물이 얼 때나 얼음이 녹을 때 무게는 변하지 않지만 물이 얼 때는 부피가 늘어나고 얼음이 녹을 때는 부피가 줄어듭니다. 이때 줄어든 부피는 물이 얼 때 늘어난 부피와 같습니다.

② 물이 얼 때나 얼음이 녹을 때 부피는 변하지 않는다.
↳ 물이 얼 때나 얼음이 녹을 때 부피는 변합니다.
③ 물이 얼 때 무게는 늘어나고, 얼음이 녹을 때 무게는 줄어든다.
↳ 물이 얼 때나 얼음이 녹을 때 무게는 변하지 않습니다.
④ 물이 얼 때 부피는 줄어들고, 얼음이 녹을 때 부피는 늘어난다.
↳ 물이 얼 때 부피는 늘어나고, 얼음이 녹을 때 부피는 줄어듭니다.
⑤ 얼음이 녹아 물이 될 때 늘어난 부피는 물이 얼 때 줄어든 부피와 같다.
↳ 얼음이 녹아 물이 될 때 줄어든 부피는 물이 얼 때 늘어난 부피와 같습니다.

8 얼음이 얼음 틀 위로 올라온 모습을 통해 물에서 얼음이 될 때 부피가 늘어난다는 사실을 알 수 있습니다.

9 꽁꽁 언 튜브형 얼음과자가 녹으면 부피가 줄어들어 빈 공간이 생깁니다.

㉠ 추운 겨울날 수도관에 연결된 계량기가 터진다.
↳ 물이 얼어 부피가 변하는 예입니다.
㉡ 물이 가득 든 페트병을 얼리면 페트병이 부푼다.
↳ 물이 얼어 부피가 변하는 예입니다.
㉢ 유리병에 물을 가득 담아 얼리면 유리병이 깨진다.
↳ 물이 얼어 부피가 변하는 예입니다.

10 액체인 물이 기체인 수증기로 변해 공기 중으로 날아가 눈에 보이지 않게 됩니다.

11 만두 찌기, 채소 데치기는 끓음의 예이고, 고드름이 생기는 것은 물이 얼음으로 변하는 예입니다. 이른 아침 풀잎에 물방울이 맺히는 것은 응결의 예입니다.

12 물이 끓으면 물의 양이 줄어들어 물의 높이가 물이 끓기 전보다 낮아집니다. 물이 수증기로 변해 공기 중으로 날아갔기 때문입니다.

13 증발은 물의 표면에서 물이 수증기로 상태가 변하는 현상이고, 끓음은 물의 표면과 물속에서 물이 수증기로 상태가 변하는 현상입니다.

② 증발은 수증기가 물로 상태가 변하는 현상이다.
↳ 증발은 물이 수증기로 상태가 변하는 현상입니다.
③ 끓음은 물의 표면에서만 물이 수증기로 변하는 현상이다.
↳ 끓음은 물의 표면과 물속에서 물이 수증기로 변하는 현상입니다.
④ 증발은 물의 표면과 물속에서 물이 수증기로 변하는 현상이다.
↳ 증발은 물의 표면에서 물이 수증기로 변하는 현상입니다.
⑤ 물이 증발할 때는 끓을 때보다 물의 양이 더 빠르게 줄어든다.
↳ 물이 증발할 때는 물이 끓을 때보다 물의 양이 더 느리게 줄어듭니다.

14 시간이 지난 뒤 비커 바깥면에 맺힌 물방울과 페트리접시에 고인 물의 무게만큼 늘어나므로 무게는 처음보다 더 무거워집니다.

15 공기 중의 수증기가 차가운 비커의 바깥면에 닿아 응결하기 때문에 얼음이 든 비커의 바깥면에 맺힌 물방울과 페트리접시에 고인 물의 무게만큼 무거워집니다.

채점 기준
얼음이 든 비커 바깥면에 변화가 생기는 까닭을 응결 현상과 관련지어 옳게 썼다.

16 얼음을 넣은 비커의 바깥면에 물방울이 맺히고, 면수건으로 닦으면 면수건이 젖고 면수건에 묻은 물은 색깔이 없습니다. 얼음을 넣지 않은 비커는 변화가 없습니다.

17 기체인 수증기가 액체인 물로 상태가 변하는 응결의 예입니다.

18 공기 중의 수증기(기체)가 물방울(액체)로 변한 이슬을 모으는 것은 응결을 이용하는 것입니다. 그리고 얼음(고체)을 녹여 물(액체)을 얻는 것도 물의 상태가 변하는 것을 이용하여 물을 얻는 방법입니다.

19 에코돔은 낮에 증발한 수증기가 밤에 기온이 내려가면 응결하는 현상을 이용해 물을 얻는 장치입니다.

20 와카워터는 공기 중의 수증기를 그물망에 응결시켜 물을 얻는 장치입니다.

3. 땅의 변화

핵심 개념 확인하기   83쪽

❶ 운반   ❷ 침식   ❸ 퇴적
❹ 상류   ❺ 하류

문제로 완성하기   84~85쪽

1 ㉠: 침식, ㉡: 운반, ㉢: 퇴적   **2** ③
3 ㉠: 침식, ㉡: 퇴적   **4** ㉠, ㉣
5 (1) 강 하류 (2) 강 상류
6 (1) 침식 작용 (2) 퇴적 작용

퀴즈로 마무리하기

1 물은 높은 곳에서 낮은 곳으로 흐르며 침식 작용, 운반 작용, 퇴적 작용으로 땅의 모습을 변화시킵니다.

2 흙 언덕에 물을 흘려 보내면 흙 언덕의 위쪽에서 흙과 색 모래가 깎이고, 깎인 흙과 색 모래는 흐르는 물과 함께 흙 언덕의 아래쪽으로 이동하여 쌓이면서 흙 언덕의 모습이 변합니다.

3 흙 언덕의 위쪽에서는 주로 침식 작용이 일어나 흙이 많이 깎이고, 흙 언덕의 아래쪽에서는 주로 퇴적 작용이 일어나 흙이 많이 쌓입니다.

4 강 상류는 강 하류보다 강폭이 좁고 경사가 급해 물이 빠르게 흐릅니다. 강 하류는 강 상류보다 강폭이 넓고 경사가 완만해 물이 느리게 흐릅니다.

5 모래와 흙이 많이 쌓인 (1)은 강 하류의 모습이고, 큰 바위와 모가 난 돌이 많이 있는 (2)는 강 상류의 모습입니다.

6 강 상류는 강 하류보다 강폭이 좁고 경사가 급해 물이 빠르게 흐르므로 침식 작용이 활발하게 일어납니다. 강 하류는 강 상류보다 강폭이 넓고 경사가 완만해 물이 느리게 흐르므로 퇴적 작용이 활발하게 일어납니다.

핵심 개념 확인하기   89쪽

❶ 마그마   ❷ 화산 활동   ❸ 다양합니다
❹ 분화구   ❺ 호수

문제로 완성하기   90~91쪽

1 화산   **2** ㉢   **3** ①, ③
4 화산   **5** 분화구   **6** ③

퀴즈로 마무리하기

1 땅속 깊은 곳에서 암석이 녹아 있는 것을 마그마라 하고, 땅속에 있던 마그마가 땅을 뚫고 나와 만들어진 지형을 화산이라고 합니다.

2 한라산은 마그마가 땅을 뚫고 나와 만들어진 화산입니다. 한라산은 산꼭대기가 움푹 파여 있고, 여기에 물이 고여 생긴 호수(백록담)가 있습니다.

3 산꼭대기에 움푹 파인 곳이 있고 화산 활동으로 연기나 붉은색 액체가 흘러나오기도 하는 ①과 ③은 화산입니다. 산꼭대기에 움푹 파인 곳이 없이 뾰족하고 산꼭대기에서 아무것도 나오지 않는 ②, ④, ⑤는 화산이 아닙니다.

4 화산은 산꼭대기에서 여러 가지 물질이 나오기도 하지만, 화산이 아닌 산은 산꼭대기에서 아무것도 나오지 않습니다.

5 화산 꼭대기에는 화산 활동으로 움푹 파인 곳이 있는 경우가 있는데, 이것을 분화구라고 합니다. 대부분의 화산은 분화구가 있지만, 분화구가 없는 화산도 있습니다.

6 한라산의 백록담과 같이 화산의 분화구에 물이 고여 호수가 생기기도 하지만, 모든 화산의 분화구에 물이 고여 있는 것은 아닙니다.

핵심 개념 확인하기   95쪽

❶ 분출물   ❷ 수증기   ❸ 용암
❹ 연기   ❺ 고체

문제로 완성하기   96~97쪽

1 (1)-ㄴ (2)-ㄱ (3)-ㄷ   **2** ②
3 ④   **4** ㄱ   **5** 화산 가스
6 ①

퀴즈로 마무리하기

1 화산 분출물에는 화산 암석 조각, 용암, 화산 가스, 화산재 등이 있습니다.

2 용암은 액체 상태, 화산재와 화산 암석 조각은 고체 상태, 화산 가스는 기체 상태의 화산 분출물입니다.

3 화산 암석 조각은 화산이 분출할 때 나오는 돌덩어리로, 고체 상태의 화산 분출물이고 크기와 모양이 다양합니다.

4 화산 활동 모형을 가열하면 화산 활동 모형 윗부분에서 연기가 나고, 마시멜로가 녹아 화산 활동 모형 윗부분에서 흘러나옵니다.

오답 바로잡기

ㄴ 흘러나온 마시멜로는 시간이 지난 뒤 사라진다.
↳ 시간이 지나면 흘러내린 마시멜로가 식으면서 굳습니다.
ㄷ 모형 윗부분에서 단단한 고체 알갱이가 나온다.
↳ 실제 화산 활동과 다르게 화산 활동 모형에서는 고체 상태의 물질이 나오지 않습니다.

5 화산 활동 모형을 가열할 때 윗부분에서 연기가 나는 것은 실제 화산 활동에서 화산 가스가 나오는 것과 비슷합니다.

6 제빵 소다와 빨간색 물감을 넣은 뒤 식초를 넣으면 빨간색 액체가 흘러나옵니다. 이것은 실제 화산 활동에서 흘러내리는 용암을 표현한 것입니다.

핵심 개념 확인하기   101쪽

❶ 마그마   ❷ 작습니다   ❸ 큽니다
❹ 지표 가까이   ❺ 땅속 깊은

문제로 완성하기   102~103쪽

1 ㄷ   **2** ③   **3** (1) ㄱ, ㄹ
(2) ㄴ, ㄷ, ㅁ   **4** ③   **5** ㄴ
6 ㄱ: 화강암, ㄴ: 현무암

퀴즈로 마무리하기

퇴	현	무	암
적	자	화	석
암	역	강	모
석	회	암	래

1 화성암은 마그마가 식으면서 굳어져 만들어진 암석으로, 대표적인 화성암으로 현무암과 화강암이 있습니다. 화성암의 종류에 따라 색깔, 암석을 이루는 알갱이의 크기 등이 다릅니다.

2 ㄱ과 ㄹ은 색깔이 어둡고 암석을 이루는 알갱이의 크기가 작으며, 표면에 크고 작은 구멍이 있습니다. ㄴ, ㄷ, ㅁ은 색깔이 밝고 암석을 이루는 알갱이의 크기가 크며, 반짝이는 알갱이가 있습니다.

3 어두운 색깔을 띠고 암석을 이루는 알갱이의 크기가 작은 ㄱ과 ㄹ은 현무암입니다. 밝은 색깔을 띠고 암석을 이루는 알갱이의 크기가 큰 ㄴ, ㄷ, ㅁ은 화강암입니다.

4 현무암은 마그마가 지표 가까이에서 빠르게 식으면서 굳어져 암석을 이루는 알갱이의 크기가 작습니다.

5 현무암은 마그마가 지표 가까이(ㄱ)에서 빠르게 식으면서 굳어져 만들어지고, 화강암은 마그마가 땅속 깊은 곳(ㄴ)에서 서서히 식으면서 굳어져 만들어집니다.

6 불국사의 다보탑과 석가탑, 석굴암 등은 화강암으로 만들어졌고, 현무암은 댓돌, 돌하르방 등을 만드는 데 이용됩니다.

핵심개념 확인하기　107쪽

❶ 용암　❷ 열　❸ 화산재
❹ 젖은

문제로 완성하기　108~109쪽

1 ②　2 ①　3 ㉡
4 화산재　5 ㉠　6 실내

퀴즈로 마무리하기

| 1 화산 주변의 열을 이용한 온천 | 2 용암으로 발생한 산불 | 3 화산재로 인한 비행기 운항 중단 |
| 4 화산재로 기름지게 된 땅 | 5 화산 가스로 인한 호흡기 질병 발생 | 6 땅속의 열을 이용한 전기 생산 |

10

1 화산 주변 땅속의 열을 이용해 전기를 생산하는 것은 화산 활동의 이로운 점입니다.

2 용암이 흘러 산불이 발생합니다.

오답 바로잡기

② 화산재
 ↳ 화산재는 마을이나 농경지를 뒤덮고, 태양빛을 가려 날씨에 영향을 주며, 비행기 운항을 어렵게 하는 등의 피해를 줍니다.
③ 화성암
 ↳ 화성암은 화산 분출물이 아닙니다.
④ 화산 가스
 ↳ 화산 가스는 호흡기 질병을 일으킵니다.
⑤ 화산 암석 조각
 ↳ 화산 암석 조각이 떨어져 집과 자동차 등이 부서지는 피해가 발생하기도 합니다.

3 화산 지형이나 온천을 관광지로 활용하는 것은 화산 활동의 이로운 점입니다. 화산재가 마을이나 농경지를 뒤덮는 것은 화산 활동의 피해입니다.

4 화산재는 호흡기 질병을 일으키고 마을이나 농경지를 뒤덮는 등 우리 생활에 피해를 주지만, 화산재가 쌓인 뒤 시간이 흐르면 땅을 기름지게 하여 농사에 도움을 줍니다.

5 화산재가 떨어질 때 실내에서는 문과 창문을 닫고, 젖은 수건으로 문틈을 막습니다.

6 화산 활동이 일어나면 가급적 실내에 머무르고, 실외에 있을 때는 자동차나 실내로 대피합니다.

핵심개념 확인하기　113쪽

❶ 땅　❷ 고정　❸ 아래
❹ 넓은　❺ 재난 방송

문제로 완성하기　114~115쪽

1 ㉠, ㉡　2 ③　3 ②
4 ㉡　5 수호

퀴즈로 마무리하기

지진

1 지진은 우리나라를 포함한 세계 곳곳에서 발생하고 있으며, 지진이 발생하면 땅이 갈라지기도 하고 땅의 모습이 변합니다.

2 화산재가 마을을 뒤덮는 것은 화산 활동으로 인한 피해입니다.

3 지진으로 흔들릴 때 떨어질 수 있는 물건은 낮은 곳에 둡니다.

4 지진으로 흔들릴 때는 탁자 아래로 들어가 몸을 보호하고 탁자 다리를 꼭 잡습니다. 흔들림이 멈추면 문을 열어 출구를 확보하고 건물 밖으로 대피합니다.

5 지진이 발생했을 때 바닷가에서는 큰 파도가 발생하는 것을 피해 바다에서 멀리 떨어진 높은 곳으로 대피합니다. 건물 밖으로 나갈 때는 승강기 대신 계단을 이용합니다.

생각 그물로 정리하기　116~117쪽

❶ 물　❷ 침식　❸ 퇴적
❹ 분화구　❺ 현무암　❻ 화강암
❼ 피해　❽ 이로운　❾ 지진
❿ 몸

1 (1) ㉠ (2) ㉢　　　**2** ㉠, ㉣
3 ㉢　　　**4** ④　　　**5** ㉢
6 ⑤　　　**7** ④　　　**8** ①
9 ④
10 (모범 답안) 화산 활동 모형에서는 화산재나 화산 암석 조각이 나오지 않지만, 실제 화산 활동에서는 화산재나 화산 암석 조각이 나오기도 한다.
11 화성암　　　**12** ⑤
13 (모범 답안) ㉠은 지표 가까이에서 만들어지고, ㉢은 땅속 깊은 곳에서 만들어진다.
14 (1) – ㉢ (2) – ㉠　　　**15** (1) ㉢, ㉣
(2) ㉠, ㉢　　　**16** ③　　　**17** ⑤
18 (모범 답안) 승강기 대신 계단을 이용해 대피한다.
19 ③　　　**20** ㉢

1 흙 언덕의 위쪽에서는 흐르는 물의 침식 작용이 활발하게 일어나고, 흙 언덕의 아래쪽에서는 흐르는 물의 퇴적 작용이 활발하게 일어납니다.

2 흙 언덕에 물을 더 빨리 흘려 보내거나 더 많이 흘려 보내면 흙 언덕의 위쪽에서는 흙이 더 많이 깎이고 흙 언덕의 아래쪽에서는 흙이 더 많이 쌓이면서 흙 언덕의 모습이 더 많이 변합니다.

3 강폭이 좁고 경사가 급한 ㉠은 강 상류이고, 강폭이 넓고 경사가 완만한 ㉢은 강 하류입니다. 강 상류에서는 큰 바위나 모난 돌을 볼 수 있고, 강 하류에서는 모래와 흙이 쌓인 것을 볼 수 있습니다.

4 강폭이 좁고 경사가 급한 강 상류에서는 물이 빠르게 흘러 침식 작용이 활발하게 일어납니다.

5 산꼭대기에 움푹 파인 곳이 없고 산꼭대기에서 아무것도 나오지 않은 ㉢은 화산이 아닙니다.

6 화산은 크기와 모양이 다양합니다. 화산 중에는 산꼭대기에 움푹 파인 분화구가 있는 것도 있고 분화구가 없는 것도 있으며, 분화구에 물이 고여 호수가 생기기도 합니다.

7 용암은 액체 상태, 화산재와 화산 암석 조각은 고체 상태, 화산 가스는 기체 상태의 화산 분출물입니다. 화성암은 마그마가 식으면서 굳어져 만들어진 암석으로, 화산 분출물이 아닙니다.

8 용암(㉢)은 마그마가 땅 위로 분출한 것입니다. 대부분 수증기인 화산 분출물은 화산 가스입니다.

9 화산 활동 모형 윗부분에서 나오는 연기는 실제 화산 활동에서 나오는 화산 가스에 해당합니다.

10 화산 활동 모형과 다르게 실제 화산 활동에서는 고체 상태의 물질이 나오기도 합니다.

채점 기준
화산 활동 모형과 실제 화산 활동의 차이점을 옳게 썼다.

11 현무암이나 화강암과 같이 마그마가 식으면서 굳어져 만들어진 암석을 화성암이라고 합니다.

12 색깔이 어둡고 표면에 구멍이 있는 ㉠은 현무암이고, 색깔이 밝고 반짝이는 알갱이가 보이는 ㉢은 화강암입니다.

13 현무암은 마그마가 지표 가까이에서 빠르게 식으면서 굳어져 만들어지고, 화강암은 마그마가 땅속 깊은 곳에서 서서히 식으면서 굳어져 만들어집니다.

채점 기준	
상	현무암과 화강암이 만들어지는 장소를 옳게 썼다.
하	현무암과 화강암 중 한 가지 화성암이 만들어진 장소만 옳게 썼다.

14 현무암은 돌하르방, 맷돌 등을 만드는 데 이용되고, 석굴암은 화강암으로 만들어졌습니다.

15 화산 활동이 일어나면 많은 피해가 발생하지만, 우리 생활에 이로운 점도 있습니다.

16 화산 활동이 일어나면 가급적 실내에 머무릅니다.

17 강한 지진이 발생하면 큰 피해가 생기지만, 우리가 느낄 수 없는 약한 지진도 발생하고 있습니다.

18 지진으로 승강기가 멈추거나 문이 열리지 않을 수 있으므로, 승강기 대신 계단을 이용해 대피합니다.

채점 기준	
상	지진 대처 방법에서 잘못된 부분을 찾아 옳게 고쳐 썼다.
하	지진 대처 방법에서 잘못된 부분을 찾았지만, 올바른 대처 방법으로 고쳐 쓰지 못했다.

19 지진이 발생했을 때 건물 밖에서는 건물이나 담장에서 떨어져 이동합니다.

20 지진에 대비해 평소 비상용품을 준비해 두고, 지진이 발생한 후에도 다시 지진이 발생할 수 있으므로 재난 방송을 듣고 올바른 정보에 따라 행동합니다.

4. 다양한 생물과 우리 생활

20일차 버섯과 곰팡이의 특징과 사는 곳

핵심 개념 확인하기   125쪽

❶ 실체 현미경   ❷ 균류   ❸ 균사
❹ 그늘

문제로 완성하기   126~127쪽

1 ㉱, 조명 조절 나사   **2** ㉠, ㉡
3 균류   **4** ㉠: 균사, ㉡: 포자
5 ㉡, ㉢
6 ㉠: 따뜻하고, ㉡: 그늘진 곳

퀴즈로 마무리하기

❶대	조	❷균	류
명	물	사	점
습	❸포	렌	배
도	자	율	즈
유	점	❹버	섯

1 ㉠은 접안렌즈, ㉡은 회전판, ㉢은 초점 조절 나사, ㉣은 대물렌즈, ㉱은 조명 조절 나사입니다. 밝기를 조절하는 나사는 조명 조절 나사입니다.

2 버섯의 윗부분은 우산처럼 생겼으며, 아랫부분은 막대처럼 생겼습니다. 윗부분은 갈색이고, 아랫부분은 흰색입니다. 현미경으로 겉면을 보면 가늘고 긴 실 같이 생긴 것들이 서로 얽혀 있습니다. 솜털 같은 것이 보이고 푸른색, 검은색, 하얀색 등을 띠는 것은 곰팡이입니다.

3 버섯, 곰팡이와 같이 몸이 가늘고 긴 실 모양의 균사로 이루어진 생물을 균류라고 합니다.

4 곰팡이는 균사로 이루어져 있고, 포자로 번식합니다.

5 균류는 스스로 양분을 만들지 못하지만 다른 동식물이나 죽은 생물에서 양분을 얻고, 포자로 번식하는 생물입니다.

6 균류는 따뜻하고 축축하며, 그늘진 곳에서 잘 자랍니다.

21일차 해캄과 짚신벌레의 특징과 사는 곳

핵심 개념 확인하기   131쪽

❶ 디지털   ❷ 마디   ❸ 초록색
❹ 길쭉   ❺ 원생생물   ❻ 느린

문제로 완성하기   132~133쪽

1 ㉡, 대물렌즈   **2** 지원
3 ㉠   **4** ㉠: 단순, ㉡: 다양
5 ③   **6** ㉠, ㉡

퀴즈로 마무리하기

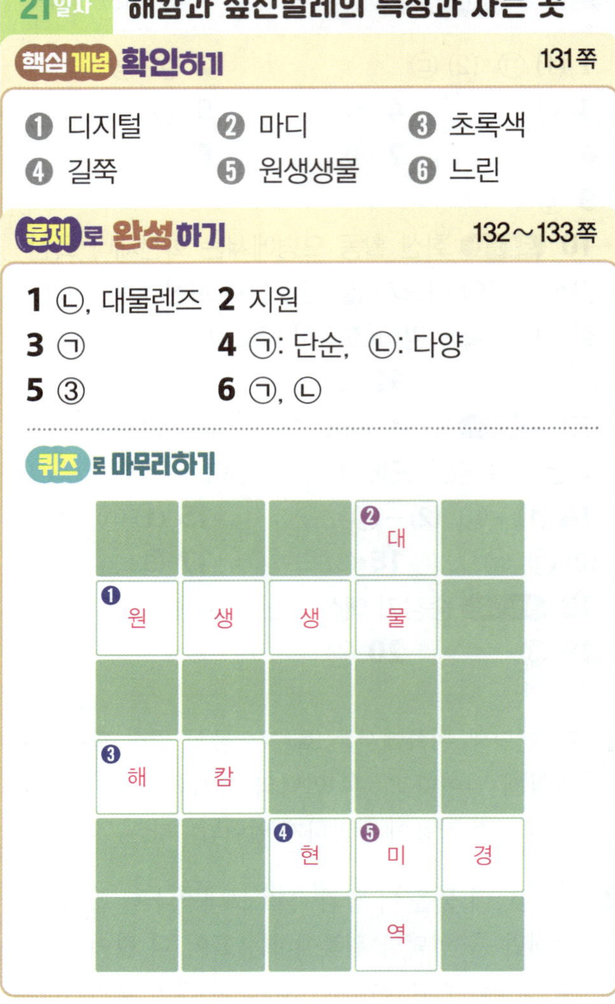

1 관찰 대상 쪽의 렌즈로 관찰 대상을 크게 보이게 하는 부분은 대물렌즈입니다. 초점 조절 나사는 대물렌즈와 관찰 대상 사이의 거리를 조절해 초점을 맞추는 곳입니다.

2 짚신벌레는 짚신처럼 길쭉하고 둥근 모양입니다. 바깥쪽에 가는 털이 나 있고, 안쪽에 여러 개의 모양이 보입니다.

3 해캄은 초록색을 띠며 가늘고 긴 실 모양이고, 여러 가닥의 실이 뭉쳐 있는 것처럼 보입니다. 대나무처럼 마디로 나누어져 있습니다.

4 원생생물은 동물이나 식물보다 생김새가 단순하고, 종류가 다양합니다. 모양도 다양하고, 크기도 다양합니다.

5 원생생물 중 해캄이나 짚신벌레는 물이 느리게 흐르거나 고인 곳에서 살고, 김이나 미역, 다시마, 파래는 바다에서 삽니다.

6 아메바와 미역은 원생생물입니다. 곰팡이는 균류입니다.

핵심 개념 확인하기 137쪽

❶ 세균　❷ 작아　❸ 알맞은
❹ 공　❺ 막대

문제로 완성하기 138~139쪽

1 ②　　**2** ㉠　　**3** ⑤
4 ㉡　　**5** (1) – ㉡ (2) – ㉠
6 ㉠, ㉡, ㉢

퀴즈로 마무리하기

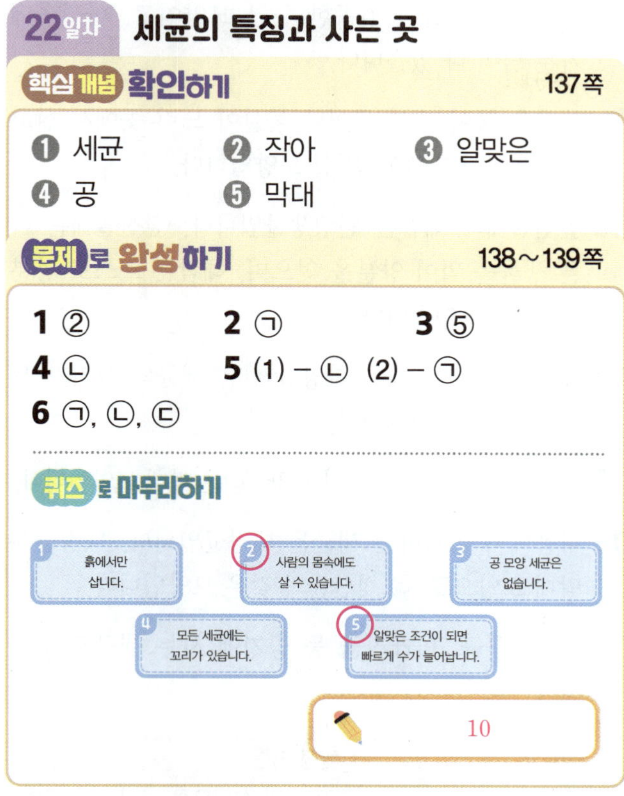

1 세균은 원생생물보다 크기가 작아 맨눈으로 볼 수 없으며, 공 모양, 막대 모양, 나선 모양 등 생김새가 다양합니다. 버섯과 곰팡이는 균류이고, 해캄과 짚신벌레는 원생생물입니다.

2 세균은 종류가 매우 다양하고, 공 모양, 막대 모양, 나선 모양 등 다양한 모양을 나타내기도 합니다. 세균 중에는 여러 개가 붙어 있는 것들도 있습니다.

오답 바로잡기

㉡ 모두 움직이지 않는다.
↳ 세균은 움직이는 것도 있고, 움직이지 않는 것도 있습니다.
㉢ 세균의 크기는 균류보다 더 크다.
↳ 세균은 원생생물이나 균류보다 크기가 작은 생물로 맨눈이나 돋보기로 볼 수 없습니다.

3 세균은 살기에 알맞은 조건이 되면 많은 수로 빠르게 늘어납니다. 세균 중에는 꼬리가 있는 것도 있지만 꼬리가 없는 것도 있으므로 꼬리가 길어진다는 것은 특징이 될 수 없습니다.

4 포도상구균은 ㉡과 같이 공 모양이고 여러 개가 뭉쳐 있습니다. ㉠ 대장균은 막대 모양이고 여러 개가 모여 있습니다. ㉢ 위나선균은 나선 모양입니다.

5 대장균은 막대 모양이고, 위나선균은 나선 모양입니다.

6 세균은 흙이나 물, 생물의 몸속, 물건 등 우리 주변의 어느 곳에나 삽니다.

핵심 개념 확인하기 143쪽

❶ 음식　❷ 질병　❸ 생명과학

문제로 완성하기 144~145쪽

1 (1) – ㉢ (2) – ㉠, ㉡　　**2** 민아
3 ①　　**4** ㉠: 곰팡이, ㉡: 원생생물
5 ④

퀴즈로 마무리하기

1 질병을 일으키거나 음식을 상하게 하는 것은 다양한 생물이 우리 생활에 미치는 해로운 영향이고, 치료 약을 만드는 것은 이로운 영향입니다.

2 죽은 생물을 분해하거나 음식을 만드는 데 도움을 주는 것은 균류, 원생생물, 세균이 우리 생활에 미치는 이로운 영향입니다. 원생생물이 강이나 바다에 빠르게 늘어나 적조 현상이 일어나는 것은 해로운 영향입니다.

오답 바로잡기

· 서연: 세균은 죽은 생물을 분해해.
↳ 다양한 생물이 우리 생활에 미치는 이로운 영향입니다.
· 준수: 음식을 만드는 데 도움을 주는 곰팡이도 있어.
↳ 다양한 생물이 우리 생활에 미치는 이로운 영향입니다.

3 해캄이나 유글레나 같은 원생생물은 다른 생물에게 필요한 산소를 만듭니다.

4 세균을 잘 자라지 못하게 하는 곰팡이의 특징을 이용하여 약을 만들고 빠르게 번식하는 세균의 특징을 이용하여 많은 약을 생산합니다. 그리고 기름 성분이 있는 원생생물을 이용하여 생물 연료를 만듭니다.

5 세균이 질병을 일으키거나 곰팡이가 음식을 상하게 만드는 것, 원생생물에 의한 적조 현상은 다양한 생물이 우리 생활에 미치는 해로운 영향입니다. 원생생물이 다른 생물의 먹이가 되는 것은 다양한 생물의 이로운 영향입니다.

생각 그물로 정리하기   146~147쪽

❶ 버섯 ❷ 곰팡이 ❸ 균사
❹ 그늘 ❺ 해캄 ❻ 짚신벌레
❼ 원생생물 ❽ 물 ❾ 세균
❿ 공 ⓫ 생명과학

단원 평가하기   148~151쪽

1 ③   **2** ㉡   **3** ④
4 모범 답안 버섯과 곰팡이는 가늘고 긴 실 모양의 균사로 이루어져 있다.
5 ㉡, ㉢   **6** ④
7 (1) – ㉡ (2) – ㉠   **8** 짚신벌레
9 ㉢   **10** ①   **11** ②
12 ㉡   **13** ㉢
14 ㉡, 모범 답안 세균은 흙이나 물, 생물의 몸속, 물건 등 어느 곳에나 산다.   **15** ⑤
16 ④, ⑤   **17** ㉡   **18** 생명과학
19 모범 답안 생물 연료를 만드는 데 이용된다.
20 ㉡

1 ㉠은 눈으로 들여다보는 접안렌즈, ㉡은 대물렌즈의 배율을 조절하는 회전판, ㉢은 상의 초점을 맞출 때 사용하는 초점 조절 나사, ㉣은 관찰 대상 쪽의 대물렌즈, ㉤은 관찰 대상을 올려놓는 재물대입니다.

2 버섯을 실체 현미경으로 관찰하면 가늘고 긴 실 같은 것이 복잡하게 엉켜 있는 것을 볼 수 있습니다.

3 곰팡이는 가늘고 긴 실 같은 것이 엉켜 있으며, 그 끝에 검은색 둥근 알갱이가 있습니다. 또한 푸른색, 검은색, 하얀색 등 다양한 색을 볼 수 있습니다.

4 균류의 몸은 가늘고 긴 균사로 이루어져 있습니다.

채점 기준
버섯과 곰팡이의 공통점을 균류의 구조인 균사와 관련지어 옳게 썼다.

5 균류는 포자로 번식합니다. 씨로 번식하는 생물은 균류가 아니라 식물입니다.

6 버섯이나 곰팡이와 같은 균류는 그늘지고 축축하며 따뜻한 곳에서 잘 자랍니다.

7 대물렌즈와 관찰 대상 사이의 거리를 조절해서 초점을 맞추는 부분은 초점 조절 나사입니다.

8 짚신벌레는 끝이 길쭉한 둥근 모양이고, 바깥쪽에 가는 털이 나 있습니다.

9 해캄은 물이 고인 곳이나 물살이 느린 곳에서 살고 초록색이며 가늘고 긴 실 모양입니다.

10 짚신벌레와 해캄은 원생생물입니다. 짚신벌레는 다른 생물을 먹어 양분을 얻으며, 해캄은 스스로 양분을 만들 수 있습니다.

11 세균의 모양은 매우 다양합니다. 세균의 크기가 모두 같은 것은 아닙니다.

12 ㉠은 공 모양, ㉡은 나선 모양, ㉢은 막대 모양입니다.

13 다음에서 설명하는 세균은 대장균입니다. 대장균은 막대 모양으로 ㉢ 젖산균과 같은 모양입니다.

14 포도상구균, 콜레라균 등 공기에 사는 세균도 있습니다.

채점 기준	
상	세균이 사는 환경에 대한 설명으로 옳지 않은 것을 고르고, 어느 곳에나 사는 세균의 특징을 옳게 썼다.
하	세균이 사는 환경에 대한 설명으로 옳지 않은 것을 골랐지만, 세균이 사는 곳에 대한 특징을 쓰지 못했다.

15 균류, 원생생물, 세균은 우리 생활에 이로운 영향을 주기도 하고 해로운 영향을 주기도 합니다.

16 ①, ②, ③은 우리 생활에 해로운 영향을 미치는 생물의 예입니다.

17 균류를 이용하여 된장을 만드는 것이나 원생생물이 산소를 만드는 것, 세균을 이용하여 김치를 만드는 것은 다양한 생물이 우리 생활에 미치는 이로운 영향입니다.

18 생명과학은 다양한 생물을 연구해 우리 생활의 여러 가지 문제를 해결하는 데 도움을 주는 과학 분야입니다. 생명과학을 이용하여 생물 연료나 약을 만들 수 있습니다.

19 몸에 기름 성분이 있는 원생생물을 이용해 생물 연료를 만듭니다.

채점 기준
생물 연료를 만든다고 썼다.

20 물질을 분해하는 세균을 이용하여 하수를 처리하고, 세균을 잘 자라지 못하게 하는 곰팡이를 이용하여 약을 만듭니다.

1. 자석의 이용

단원 정리　　　2~3쪽

❶ 철	❷ 극	❸ N
❹ S	❺ 같은	❻ 다른
❼ 극	❽ 극	❾ 자석
❿ 철		

쪽지 시험　　　4쪽

1 철	2 작용합니다	3 센
4 두(2)	5 N	6 밀어 내는
7 S	8 극	9 S
10 철		

단원 평가　　　5~7쪽

1 ㉡, ㉣	2 ③	3 ⑤
4 철	5 철	6 ㉢
7 ④	8 극	9 두(2)
10 ③		

11 **모범 답안** 철로 된 물체에 자석을 가까이 해 철로 된 물체가 가장 많이 붙거나 철로 된 물체를 세게 끌어당기는 부분을 찾는다.

12 ㉠: 남, ㉡: 북		13 ②
14 S	15 ㉠: 같은, ㉡: 다른	
16 S	17 ⑤	18 ㉠: N, ㉡: S
19 ④	20 ㉠	

1 철 못, 철 클립처럼 철로 된 물체는 자석에 붙습니다. 나무, 종이, 유리, 고무로 된 물체는 자석에 붙지 않습니다.

2 자석에 붙는 물체는 철로 되어 있습니다. 고무, 유리, 플라스틱 등으로 된 물체는 자석에 붙지 않습니다.

3 연필, 유리구슬, 유리컵, 고무지우개는 자석에 붙지 않는 물체입니다.

4 의자의 다리 부분은 철로 되어 있어 자석에 붙습니다.

5 클립과 자석이 서로 끌어당기는 것으로 보아 클립은 철로 되었다는 것을 알 수 있습니다.

6 자석과 철로 된 물체(클립) 사이에 자석에 붙지 않는 물체(색종이)가 있어도 자석과 철로 된 물체 사이에 서로 끌어당기는 힘이 작용합니다.

7 막대자석의 양쪽 끝부분에 철 클립이 많이 붙어 있는 실험 결과를 바탕으로 막대자석의 극은 양쪽 끝부분에 두 개 있다는 사실을 알 수 있습니다.

8 자석에서 철로 된 물체를 끌어당기는 힘이 가장 센 부분을 자석의 극이라고 합니다.

9 고리 자석의 양쪽 면에 철 클립이 많이 붙어 있는 것을 보아 고리 자석의 극이 윗면, 아랫면에 두 개 있다는 것을 알 수 있습니다.

10 둥근기둥 모양 자석의 극은 양쪽 끝부분에 두 개 있습니다.

11 철로 된 물체를 끌어당기는 힘이 가장 센 곳이 자석의 극입니다.

채점 기준	
상	철로 된 물체를 가까이 하여 철로 된 물체가 많이 붙어 있거나 철로 된 물체를 끌어당기는 힘이 센 부분을 찾는다고 옳게 썼다.
하	철로 된 물체를 가까이 한다고만 썼다.

12 물에 띄운 자석의 N극은 북쪽을 가리키고 S극은 남쪽을 가리킵니다.

13 자석의 같은 극끼리 가까이 하면 서로 밀어 내는 힘이 작용합니다.

14 두 막대자석을 가까이 할 때 서로 끌어당기는 느낌이 든 것으로 보아 ㉠과 ㉡은 서로 다른 극입니다. 따라서 ㉠이 N극이면 ㉡은 S극입니다.

15 자석과 자석을 가까이 할 때 다른 극끼리 가까이 하면 서로 끌어당기고, 같은 극끼리 가까이 하면 서로 밀어 냅니다.

16 막대자석의 S극을 가까이 할 때 서로 밀어 내는 것으로 보아 고리 자석의 윗면은 S극입니다.

17 막대자석을 나침반에 가까이 하면 나침반 바늘이 돌아 자석의 극을 가리킵니다.

18 나침반 바늘의 S극이 가리키는 극은 막대자석의 N극이고, 나침반 바늘의 N극이 가리키는 극은 막대자석의 S극입니다.

19 자석 다트는 끝부분이 뾰족하지 않아 안전하게 다트 놀이를 할 수 있습니다.

20 자석 비누 걸이는 자석과 철이 서로 끌어당기는 성질을 이용한 도구입니다.

1 ㉠, (모범 답안) 철로 된 물체가 자석에 붙기 때문이다.   **2** (1) 두(2)   (2) (모범 답안) 말굽자석의 극은 양쪽 끝부분에 있다.
3 (모범 답안) 고리 자석의 윗면에 막대자석의 한 극을 가까이 할 때 막대자석과 고리자석 윗면 사이에 작용하는 힘을 관찰한다.
4 (1) (모범 답안) 나침반 바늘도 자석이라 막대자석과 나침반 바늘 사이에 서로 밀어 내거나 끌어당기는 힘이 작용하기 때문이다.   (2) (모범 답안) 자석의 극이 반대가 되면 나침반 바늘이 가리키는 방향도 반대로 바뀐다.

1 ㉠은 자석에 붙은 것으로 보아 철로 되어 있고, ㉡은 자석에 붙지 않은 것으로 보아 철이 아닌 물질로 되어 있다는 것을 알 수 있습니다.

채점 기준	
상	철로 된 부분을 고르고, 그렇게 생각한 까닭을 옳게 썼다.
하	철로 된 부분을 골랐으나 그렇게 생각한 까닭을 쓰지 못했다.

2 (1) 말굽자석 양쪽 끝부분에 철 클립이 많이 붙어 있는 것으로 보아 말굽자석의 극은 두 개입니다.
(2) 철 클립이 많이 붙어 있는 말굽자석 양쪽 끝부분에 말굽자석의 극이 있습니다.

채점 기준
말굽자석의 극의 위치를 옳게 썼다.

3 막대자석의 한 극을 고리 자석 윗면에 가까이 할 때 서로 밀어 내면 막대자석의 극과 고리 자석의 윗면은 같은 극이고, 서로 끌어당기면 막대자석의 극과 고리 자석의 윗면은 다른 극입니다.

채점 기준	
상	막대자석을 가까이 하여 두 자석 사이에 작용하는 힘을 관찰한다고 옳게 썼다.
하	막대자석을 가까이 한다고만 썼다.

4 (1) 나침반 바늘도 자석이므로 나침반 바늘의 S극은 막대자석의 N극을 가리키고, 나침반 바늘의 N극은 막대자석의 S극을 가리킵니다.

채점 기준	
상	나침반 바늘도 자석이라 자석과 서로 밀어 내거나 서로 끌어당기는 힘이 작용한다고 옳게 썼다.
하	나침반 바늘도 자석이라고만 썼다.

(2) 막대자석의 N극과 S극을 반대로 놓아 자석의 극이 반대로 바뀌면 막대자석을 가리키던 나침반 바늘의 방향도 반대로 바뀝니다.

채점 기준
나침반 바늘이 가리키는 방향이 반대로 바뀐다고 썼다.

1 (1) 자석에 붙는가?   (2) ㉠: 철 집게, 철사, ㉡: 고무지우개, 플라스틱 단추, 종이 빨대
2 (모범 답안) 나침반 바늘의 빨간색 부분은 나침반 바늘의 N극이고, 나침반 바늘의 빨간색 부분 반대쪽은 나침반 바늘의 S극이다.

1 (1) 여러 가지 물체를 자석에 자석에 붙는 물체와 붙지 않는 물체로 분류할 수 있습니다.

채점 기준
분류 기준을 옳게 썼다.

(2) 철로 된 물체인 철 집게, 철사는 자석에 붙고, 철이 아닌 물질로 된 고무지우개, 플라스틱 단추, 종이 빨대는 자석에 붙지 않습니다.

채점 기준	
상	㉠과 ㉡에 알맞은 물체 이름을 모두 썼다.
하	㉠과 ㉡에 알맞은 물체 이름 중 일부만 썼다.

2 나침반 바늘의 빨간색 부분이 막대자석의 S극을 가리키므로 나침반 바늘의 빨간색 부분은 N극입니다. 그리고 나침반 바늘의 빨간색 부분 반대쪽이 막대자석의 N극을 가리키므로 나침반 바늘의 빨간색 부분 반대쪽은 S극입니다.

채점 기준	
상	나침반 바늘의 빨간색 부분과 빨간색 부분 반대쪽의 극을 각각 옳게 썼다.
하	나침반 바늘의 빨간색 부분과 빨간색 부분 반대쪽의 극을 일부만 썼다.

2. 물의 상태 변화

단원 정리　　　　　　　　　10~11쪽

❶ 얼음　　　　❷ 수증기
❸ 변하지 않습니다　　　　❹ 늘어나고
❺ 줄어듭니다　　❻ 증발　　❼ 끓음
❽ 수증기　　❾ 응결　　❿ 물

쪽지 시험　　　　　　　　　12쪽

1 얼음　　　　2 수증기
3 변하지 않습니다　　　　4 얼음, 물
5 증발　　6 낮아　　7 물, 수증기
8 물방울　　9 응결　　10 상태 변화

단원 평가　　　　　　　　　13~15쪽

1 ⑤　　　　2 ⑤
3 [모범 답안] 수증기가 차가운 봉지에 닿아 물로 변한다.
4 ㉠　　　5 28.7　　　6 ㉢
7 서율　　8 ①
9 [모범 답안] 유리병에 물을 가득 담아 얼리면 물의 부피가 늘어나 유리병이 깨질 수 있기 때문이다.
10 ㉡
11 [모범 답안] 액체인 물의 표면에서 물이 수증기로 변하여 공기 중으로 날아가기 때문이다.
12 ②　　　13 ②, ③　　　14 ②
15 ㉢　　　16 ㉠: 수증기, ㉡: 물
17 윤비　　　18 ①　　　19 ③
20 ④

1 얼음은 모양이 일정하고, 물은 모양이 일정하지 않습니다.

2 얼음은 물로 변한 후 물의 양이 줄어들고, 물은 수증기로 변해 물의 양이 줄어듭니다.

3 갓 삶은 뜨거운 옥수수를 담은 봉지 안의 수증기는 시간이 지나면 물로 변합니다.

채점 기준
봉지 안 수증기의 상태 변화를 옳게 썼다.

4 팥빙수의 얼음이 녹아 물이 됩니다.

5 물이 완전히 언 후의 무게는 물이 얼기 전의 무게와 같습니다.

6 물이 얼어 얼음이 될 때 부피가 늘어납니다.

7 얼음이 완전히 녹은 후의 무게는 얼음이 녹기 전과 같습니다.

8 얼음이 녹아 물이 되면 부피가 줄어들어 물의 높이가 낮아집니다. 얼음이 녹을 때 줄어든 부피는 물이 얼 때 늘어난 부피와 같습니다.

9 물이 얼어 얼음이 될 때 부피가 늘어납니다.

채점 기준
유리병에 물을 가득 담아 얼리면 안 되는 까닭을 물이 얼 때의 부피 변화와 관련지어 옳게 썼다.

10 페트리접시에 담긴 물은 시간이 지나면서 점점 줄어듭니다.

11 물의 표면에서 액체인 물이 기체인 수증기로 상태가 변해 공기 중으로 날아가기 때문에 물의 양이 줄어듭니다.

채점 기준
페트리접시에 담긴 물이 시간이 지나면서 줄어드는 까닭을 증발 현상과 관련지어 옳게 썼다.

12 증발은 물의 표면에서 액체인 물이 기체인 수증기로 상태가 변하는 현상입니다. 채소를 데치는 것은 물을 끓이는 것입니다.

13 증발과 끓음은 모두 액체인 물이 기체인 수증기로 상태가 변해 공기 중으로 날아가는 현상입니다.

14 얼음이 든 비커 바깥면에 물방울이 맺히고 커진 물방울이 아래쪽으로 흘러 페트리접시에 물이 고입니다.

15 처음 비커의 무게보다 시간이 지난 뒤 비커의 무게가 더 무겁습니다.

16 공기 중의 수증기가 차가운 비커의 바깥면에 닿아 물로 변했기 때문에 비커의 바깥면에 맺힌 물방울의 무게만큼 무게가 더 늘어납니다.

17 어항의 물이 줄어드는 현상은 증발입니다.

18 물은 사람뿐만 아니라 동식물이 생명을 유지하는 데 필요하고, 우리 생활에서 다양하게 이용됩니다.

19 얼음을 녹여 물을 얻거나 하이드로패널을 이용해 물을 얻는 것은 물 부족 현상을 해결하기 위해 물을 얻는 방법입니다.

20 안개 수집기는 수증기가 응결하여 생긴 안개가 그물 망에 맺힌 것을 모아 물을 얻는 장치입니다.

1 모범 답안 액체인 호수의 물이 고체인 얼음이 된다.
2 모범 답안 튜브형 얼음과자가 녹을 때 무게는 변하지 않지만 부피는 줄어든다.
3 모범 답안 공기 중의 수증기가 차가운 풀잎 표면에 닿아 응결하여 물로 변하기 때문이다.
4 (1) ㉠ (2) 모범 답안 수증기가 물로 변하는 응결을 이용한다.

1 겨울이 되면 물이 얼음으로 변합니다. 이때 물의 상태는 액체에서 고체로 변합니다.

채점 기준	
상	액체인 물이 고체인 얼음으로 변한다고 물의 상태를 언급하여 썼다.
하	물이 얼음이 된다고만 썼다.

2 얼음이 녹아 물이 될 때 무게는 변하지 않지만 부피는 줄어듭니다.

채점 기준	
상	튜브형 얼음과자가 녹을 때 무게와 부피 변화를 모두 옳게 썼다.
중	튜브형 얼음과자가 녹을 때 무게와 부피 변화 중 한 가지만 옳게 썼다.
하	튜브형 얼음과자가 녹을 때 무게와 부피 변화 모두 쓰지 못했다.

3 이른 아침 풀잎 표면에 맺힌 이슬은 공기 중의 수증기가 차가운 풀잎 표면에 닿아 응결하여 생긴 물방울입니다.

채점 기준	
상	풀잎 표면에 물방울이 맺히는 까닭을 응결 현상과 관련지어 옳게 썼다.
하	풀잎 표면에 물방울이 맺히는 까닭을 쓰지 못했다.

4 하이드로패널과 에코돔은 모두 수증기를 응결하여 물을 얻는 장치입니다. 하이드로패널은 회전 날개로 주변 공기를 흡수하고 이 공기를 가둔 뒤 응결하여 물을 얻는 장치이고, 에코돔은 추운 밤이 되면 위쪽 뚜껑

이 열리면서 공기가 들어와 수증기가 응결하여 물을 얻는 장치입니다.

채점 기준	
상	(1)의 장치를 옳게 고르고 (2) ㉠과 ㉡ 장치에 공통으로 이용한 물의 상태 변화를 옳게 썼다.
하	(1)의 장치를 옳게 골랐지만 (2) ㉠과 ㉡ 장치에 공통으로 이용한 물의 상태 변화는 쓰지 못했다.

1 (1) 모범 답안 물이 얼 때와 얼음이 녹을 때 모두 무게는 변하지 않는다. (2) 모범 답안 물이 얼 때에는 부피가 늘어나고, 얼음이 녹을 때에는 부피가 줄어든다.
2 (1) 모범 답안 물을 그대로 놓아두었을 때와 물을 가열했을 때 물의 높이가 처음 높이보다 낮아졌다. (2) 모범 답안 물이 수증기로 변해 공기 중으로 날아갔기 때문이다.

1 (1) 물이 얼기 전과 언 후, 다시 녹은 후의 무게는 $28.7\,g$으로 같습니다.
(2) 물이 얼 때에는 부피가 늘어나 높이가 높아지지만 얼음이 녹을 때에는 얼음이 될 때 늘어난 부피만큼 줄어들어 다시 높이가 낮아집니다.

채점 기준	
상	(1) 물이 얼 때와 얼음이 녹을 때의 무게 변화를 비교하여 옳게 쓰고, (2) 물이 얼 때와 얼음이 녹을 때의 부피 변화를 비교하여 옳게 썼다.
하	(1)의 답과 (2)의 답 중 한 가지만 옳게 썼다.

2 (1) 물을 그대로 놓아두거나 가열하여 끓이면 물의 양이 줄어듭니다. 이때 물이 증발할 때보다 끓을 때 물이 더 많이 줄어듭니다.
(2) 물이 증발할 때와 끓을 때 모두 액체인 물이 기체인 수증기로 상태가 변합니다.

채점 기준	
상	(1) 물을 그대로 놓아두었을 때와 물을 가열하였을 때의 물의 높이 변화를 옳게 쓰고, (2) 물을 그대로 놓아두었을 때와 물을 가열하였을 때 물의 높이가 변하는 까닭을 물의 상태 변화와 관련지어 옳게 썼다.
하	(1)의 답과 (2)의 답 중 한 가지만 옳게 썼다.

3. 땅의 변화

단원 정리 18~19쪽

❶ 위　　　　❷ 아래　　　　❸ 침식
❹ 퇴적　　　❺ 화산 분출물　❻ 현무암
❼ 화강암　　❽ 용암　　　　❾ 지진
❿ 모든

쪽지 시험 20쪽

1 침식 작용　　2 좁고, 급합니다
3 마그마　　　4 화산 가스　　5 마그마
6 작습니다　　7 화강암　　　 8 화산재
9 아래로 들어가　　　　　　 10 계단

단원 평가 21~23쪽

1 (1) 침식 작용 (2) 퇴적 작용　　2 ㉠, ㉢
3 ⑤
4 **모범 답안** 강 하류에서는 퇴적 작용이 활발하게 일어나 모래와 흙이 많이 쌓이기 때문이다.
5 ③　　　　6 ④　　　　7 화산 가스
8 **모범 답안** 실제 화산 활동에서 용암이 흘러나오는 것에 해당한다.
9 ④　　　10 화성암　　11 (1) ㉡ (2) ㉠
12 <　　　　13 가람
14 **모범 답안** 마을을 뒤덮는다. 호흡기 질병을 일으킨다. 비행기 운항을 어렵게 한다. 등
15 ③, ④　　16 ①　　　17 지진
18 ②　　　19 ②　　　20 ㉢

1 흙 언덕의 위쪽에서는 흐르는 물의 침식 작용이 활발하게 일어나 흙이 깎이고, 흙 언덕의 아래쪽에서는 흐르는 물의 퇴적 작용이 활발하게 일어나 흙이 쌓입니다.

2 흐르는 물이 바위, 돌, 흙 등을 깎는 것은 침식 작용, 깎여서 운반된 돌이나 흙 등이 쌓이는 것은 퇴적 작용입니다.

3 강 상류(㉠)는 강 하류보다 강폭이 좁고 경사가 급해 물이 빠르게 흐르고, 강 하류(㉡)는 강 상류보다 강폭이 넓고 경사가 완만해 물이 느리게 흐릅니다.

4 강 하류는 강 상류보다 물이 느리게 흘러 퇴적 작용이 활발하게 일어나므로 모래와 흙이 많이 쌓여 있습니다.

채점 기준
강 하류에서 모래와 흙을 많이 볼 수 있는 까닭을 흐르는 물의 작용과 관련지어 옳게 썼다.

5 화산은 산꼭대기에서 연기가 나거나 용암이 나오기도 하지만, 화산이 아닌 산은 아무것도 나오지 않습니다.

6 베수비오산처럼 분화구가 있는 화산도 있고, 독도처럼 분화구가 없는 화산도 있습니다.

7 기체 상태인 화산 가스는 대부분 수증기입니다.

8 화산 활동 모형 윗부분에서 흐르는 마시멜로는 실제 화산 활동에서 흘러나오는 용암에 해당합니다.

채점 기준
화산 활동 모형 실제 화산 활동을 비교해 옳게 썼다.

9 화산 활동 모형과 실제 화산 활동 모두 붉은색 용암이 흘러내립니다.

10 화성암은 마그마가 굳어서 만들어진 암석입니다.

11 (1)은 땅속 깊은 곳에서 만들어진 화강암이고, (2)는 지표 가까이에서 만들어진 현무암입니다.

12 화강암은 현무암보다 암석을 이루는 알갱이의 크기가 큽니다.

13 색깔이 어둡고 맷돌을 만드는 데 이용되는 것은 현무암이고, 반짝이는 알갱이가 있는 것은 화강암입니다.

14 화산재는 마을을 뒤덮고, 호흡기 질병을 일으키며, 비행기가 고장나게 하는 등의 피해를 줍니다.

채점 기준
화산재가 우리 생활에 주는 피해를 옳게 썼다.

15 화산 가스는 공기를 오염시킵니다. 그러나 화산 활동은 피해만 주는 것이 아니라, 화산 주변 땅속의 열을 이용한 온천이나 지열 발전 등 이로운 점도 있습니다.

16 화산 활동이 일어나면 가급적 실내에 머무릅니다.

17 땅이 흔들리는 현상인 지진이 일어나면 땅이 갈라지고 건물이 무너지는 등 피해가 발생합니다.

18 평소 지진에 대비해 물, 라디오, 손전등, 구급약품, 비상식량 등을 준비해 둡니다.

19 승강기를 타고 있을 때 지진이 발생하면 모든 층의 버튼을 눌러 가장 먼저 열리는 층에서 내립니다.

20 지진이 발생하면 건물에서 떨어져 넓은 곳으로 대피하고, 자동차에 있을 때는 자동차 밖으로 대피합니다.

1 모범답안 물이 흐르면서 흙 언덕의 위쪽에 있는 흙을 깎고 운반하여 흙 언덕의 아래쪽에 쌓았기 때문이다.

2 (1) ㉡ (2) 모범답안 화산은 산꼭대기에 움푹 파인 곳이 있지만, 화산이 아닌 산은 산꼭대기에 움푹 파인 곳이 없다.

3 (1) 용암 (2) 모범답안 용암이 흘러 산불이 발생한다.

4 (1) 모범답안 책상 아래로 들어가 몸을 보호한다. (2) 모범답안 질서를 지키며 운동장으로 대피한다.

1 흙 언덕에 물을 흘려 보내면 흙 언덕의 위쪽에서는 주로 침식 작용이 일어나 흙이 깎이고, 흙 언덕의 아래쪽에서는 주로 퇴적 작용이 일어나 흙이 쌓입니다.

채점 기준
흙 언덕에 물을 흘려 보낼 때 흙 언덕의 모습이 변한 까닭을 옳게 썼다.

2 화산은 산꼭대기에 분화구가 있는 것도 있고, 분화구에서 다양한 화산 분출물이 나오기도 합니다.

채점 기준	
상	화산을 고르고, 화산과 화산이 아닌 산의 차이점을 옳게 썼다.
하	화산을 골랐지만, 화산과 화산이 아닌 산의 차이점을 쓰지 못했다.

3 용암은 마그마가 땅 위로 분출한 것으로, 액체 상태이고 매우 뜨겁습니다. 용암이 흘러 산불이 나거나 마을에 화재가 발생해 피해를 줍니다.

채점 기준	
상	화산 분출물의 이름을 쓰고, 용암이 우리 생활에 미치는 영향을 옳게 썼다.
하	화산 분출물의 이름을 썼지만, 용암이 우리 생활에 미치는 영향을 쓰지 못했다.

4 교실에서 지진이 발생해 흔들리는 동안에는 책상 아래로 들어가 몸을 보호합니다. 흔들림이 멈추면 선생님의 안내에 따라 질서를 지키며 운동장으로 대피합니다.

채점 기준	
상	교실 안에서 지진으로 흔들릴 때와 흔들림이 멈췄을 때의 대처 방법을 모두 옳게 썼다.
하	교실 안에서 지진으로 흔들릴 때와 흔들림이 멈췄을 때의 대처 방법 중 한 가지만 옳게 썼다.

1 (1) 모범답안 강 상류는 강 하류보다 강폭이 좁고 경사가 급하며, 강 하류는 강 상류보다 강폭이 넓고 경사가 완만하다. (2) 모범답안 강폭이 좁고 경사가 급한 강 상류에서는 침식 작용이 활발하게 일어나고, 강폭이 넓고 경사가 완만한 강 하류에서는 퇴적 작용이 활발하게 일어난다.

2 (1) 모범답안 ㉠과 ㉢은 색깔이 어둡고, ㉡과 ㉣은 색깔이 밝다. (2) 모범답안 암석을 이루는 알갱이의 크기에 따라 분류할 수 있다. ㉠과 ㉢은 알갱이의 크기가 작고, ㉡과 ㉣은 알갱이의 크기가 크다.

1 (1) 강 상류에서 강 하류로 갈수록 강폭이 넓어지고 경사가 완만해집니다.

채점 기준	
상	강 상류와 강 하류의 강폭과 경사를 비교해 옳게 썼다.
하	강 상류와 강 하류의 강폭과 경사 중 한 가지만 비교해 옳게 썼다.

(2) 강 상류에서는 강폭이 좁고 경사가 급해 물이 빠르게 흘러 침식 작용이 활발하게 일어납니다. 강 하류에서는 강폭이 넓고 경사가 완만해 물이 느리게 흘러 퇴적 작용이 활발하게 일어납니다.

채점 기준	
상	강 상류와 강 하류에서 일어나는 흐르는 물의 작용을 강폭과 경사와 관련지어 옳게 썼다.
하	강 상류와 강 하류에서 일어나는 흐르는 물의 작용을 썼지만, 강폭과 경사와 관련지어 쓰지 못했다.

2 (1) 현무암(㉠, ㉢)은 색깔이 어둡고, 화강암(㉡, ㉣)은 색깔이 밝습니다.

채점 기준	
상	네 가지 화성암 모두 색깔에 따라 옳게 분류했다.
하	네 가지 화성암 중 일부만 색깔에 따라 옳게 분류했다.

(2) 현무암은 암석을 이루는 알갱이의 크기가 작고, 화강암은 암석을 이루는 알갱이의 크기가 큽니다.

채점 기준	
상	분류 기준(암석을 이루는 알갱이의 크기)을 정해 화성암을 모두 옳게 분류했다.
하	암석을 이루는 알갱이의 크기를 분류 기준으로 정했지만, 분류 기준에 따라 화성암을 제대로 분류하지 못했다.

4. 다양한 생물과 우리 생활

단원 정리　26~27쪽

① 균류　② 균사　③ 포자
④ 원생생물　⑤ 바다　⑥ 작고
⑦ 다양　⑧ 이로운　⑨ 해로운
⑩ 생명과학

쪽지 시험　28쪽

1 균류　2 균사　3 축축하며
4 원생생물　5 바다　6 단순
7 세균　8 이로운　9 생명과학
10 생물 농약

단원 평가　29~30쪽

1 ②　　2 ③
3 **모범 답안** 주로 죽은 생물이나 다른 생물에서 양분을 얻는다.
4 ④　　5 ③, ④　　6 ㉠
7 누리　8 ②　　9 ③
10 **모범 답안** 강이나 바다에 오염 물질 등이 많아지면 원생생물의 수가 빠르게 늘어나 적조 현상이 일어난다.
11 ⑤　　　12 ⑤

1　㉠은 접안렌즈, ㉢은 초점 조절 나사, ㉣은 대물렌즈, ㉤은 조명 조절 나사입니다. ㉡은 대물렌즈의 배율을 조절하는 회전판입니다.

오답 바로잡기
① ㉠-대물렌즈
↳ 접안렌즈
③ ㉢-접안렌즈
↳ 회전판
④ ㉣-초점 조절 나사
↳ 대물렌즈
⑤ ㉤-재물대
↳ 조명 조절 나사

2　버섯이나 곰팡이와 같이 균사로 이루어진 생물을 균류라고 합니다.

3　균류는 스스로 양분을 만들지 못하므로 주로 죽은 생물이나 다른 생물에서 양분을 얻으며 삽니다.

채점 기준	
상	양분을 얻는 방법을 옳게 썼다.
중	스스로 만들지 못한다는 내용만 썼다.

4　해캄은 스스로 양분을 만들 수 있습니다.

5　짚신벌레는 짚신처럼 길쭉한 둥근 모양이고, 바깥쪽에 가는 털을 이용하여 움직일 수 있습니다.

오답 바로잡기
① 바다에서 산다.
↳ 짚신벌레는 주로 논, 연못과 같이 물이 고인 곳이나 하천, 도랑과 같이 물살이 느린 곳에 삽니다.
② 스스로 움직일 수 없다.
↳ 짚신벌레는 스스로 움직일 수 있습니다.
⑤ 맨눈으로 생김새를 정확히 관찰할 수 있다.
↳ 짚신벌레는 크기가 작아 맨눈으로는 보기 어렵습니다.

6　아메바, 유글레나, 미역은 생김새가 식물이나 동물보다 단순하고 크기가 작은 원생생물입니다.

오답 바로잡기
㉡ 나무 밑에서 산다.
↳ 원생생물은 주로 논, 연못과 같이 물이 고인 곳이나 하천, 도랑과 같이 물살이 느린 곳에 삽니다.
㉢ 균사로 이루어져 있다.
↳ 균사로 이루어져 있는 생물은 균류입니다.
㉣ 생김새가 식물이나 동물보다 복잡하다.
↳ 원생생물은 생김새가 식물이나 동물보다 단순합니다.

7　세균은 균류나 원생생물보다 크기가 더 작은 생물이고, 알맞은 조건이 되면 많은 수로 빠르게 늘어납니다. 세균은 우리 주변의 어느 곳에나 삽니다.

8　위나선균은 나선 모양의 세균으로 꼬리 같은 것이 달려 있습니다. 세균은 원생생물보다 구조가 단순하고 크기가 매우 작아 맨눈이나 돋보기로 관찰할 수 없습니다.

오답 바로잡기
① 막대 모양이다.
↳ 나선 모양입니다.
③ 균류보다 구조가 복잡하다.
↳ 세균은 균류나 원생생물보다 생김새가 단순합니다.
④ 원생생물보다 크기가 더 크다.
↳ 세균은 원생생물보다 작습니다.
⑤ 돋보기를 사용하면 쉽게 관찰할 수 있다.
↳ 세균은 크기가 매우 작아 맨눈이나 돋보기로 볼 수 없습니다.

9　세균은 크기가 매우 작아 눈에 보이지 않고 생김새가 단순한 생물입니다.

실전책

10 강이나 바다에 오염 물질 등이 많아지면 원생생물의 수가 빠르게 늘어나 적조 현상이 일어나고, 다른 생물이 살기 어려워집니다.

채점 기준
원생생물의 수가 늘어나면 적조 현상이 일어난다고 옳게 썼다.

11 세균을 잘 자라지 못하게 하는 곰팡이를 이용하면 질병을 치료하는 약을 만들 수 있습니다.

12 몸에 플라스틱 원료가 있는 세균을 이용하여 플라스틱 제품을 만들 수 있습니다.

<table>
<tr><td colspan="2">서술형 평가   31쪽</td></tr>
<tr><td colspan="2">

1 모범 답안 그늘지고 따뜻하며 축축한 곳에서 산다.

2 (1) 세균 (2) 모범 답안 생김새가 단순하다.

3 (1) ㉠ (2) 모범 답안 독버섯을 먹으면 질병에 걸릴 수 있다. 곰팡이가 음식이나 물건을 상하게 한다. 등

4 모범 답안 해충만 없애는 세균과 곰팡이의 특성을 이용한 것이다.

</td></tr>
</table>

1 곰팡이는 그늘지고 따뜻하며 축축한 곳에서 잘 자랍니다.

채점 기준	
상	곰팡이가 사는 환경의 조건을 모두 옳게 썼다.
하	곰팡이가 사는 환경의 조건 중 일부만 옳게 썼다.

2 포도상구균과 위나선균은 세균입니다. 세균은 생김새가 단순하고 모양이 다양합니다.

채점 기준
생김새가 단순하다고 옳게 썼다.

3 된장을 만드는 것은 균류가 우리 생활에 미치는 이로운 영향이고, 산소를 만드는 것은 원생생물의 이로운 영향입니다. 균류는 독버섯을 먹으면 질병에 걸리는 것, 곰팡이가 질병을 일으키거나 음식이나 물건을 상하게 하는 것 등 해로운 영향도 미칩니다.

채점 기준	
상	㉠을 옳게 쓰고, 균류가 우리 생활에 미치는 해로운 영향의 예를 옳게 썼다.
하	㉠만 옳게 썼다.

4 세균과 곰팡이의 해충만 없애는 특성을 이용한 생명 과학의 예입니다.

채점 기준
해충만 없애는 세균과 곰팡이의 특성을 옳게 썼다.

<table>
<tr><td colspan="2">수행 평가   32쪽</td></tr>
<tr><td colspan="2">

1 (1) 모범 답안 해캄은 움직이지 못하지만 짚신벌레는 움직일 수 있다. (2) 모범 답안 주로 물이 고인 논, 연못이나 물살이 느린 하천, 도랑에서 산다.

2 (1) ㉠ 작기, ㉡ 현미경 (2) 모범 답안 세균은 우리 주변의 어느 곳에나 산다.

</td></tr>
</table>

1 (1) 원생생물 중에는 움직이지 못하는 것도 있고 움직이는 것도 있습니다.

채점 기준	
상	움직이는 것과 움직이지 못하는 것을 구분하여 옳게 썼다.
하	움직이는 것도 있고 움직이지 않은 것도 있다고만 썼다.

(2) 해캄, 짚신벌레는 주로 물이 고인 논, 연못이나 물살인 느린 하천, 도랑에서 삽니다.

채점 기준	
상	주로 물이 고인 곳이나 물살이 느린 곳에 산다고 옳게 썼다.
하	물에 산다고만 썼다.

2 (1) 세균을 높은 배율로 관찰한 모습을 통해 세균의 크기가 매우 작다는 것을 알 수 있습니다. 따라서 세균은 맨눈이나 돋보기가 아닌 현미경을 이용해 관찰해야 합니다.

(2) 세균은 눈에 보이지 않지만 흙, 물, 생물의 몸속, 물건 등 어느 곳에나 삽니다.

채점 기준	
상	(1)에서 ㉠과 ㉡에 ○표를 옳게 하고, (2)에서 세균이 우리 주변의 어느 곳에나 산다고 옳게 썼다.
하	(1)에서 ㉠과 ㉡에 ○표만 옳게 했다.

visang | ON1Y META

900만*의 압도적 선택

우리 반 1등의 성적 비결
비상교육 온리원 초등

온리원 학부모
10명 중 9명 재구매!*

교과서 발행사
11,694개 학교에서
사용하는 비상 교과서

검증된 학습법
개뼈노트 업로드 수
80만 건 돌파!

업계 유일
전과목 그룹형
라이브 화상수업

특허* 받은
메타인지 학습법으로
오래 기억되는 공부

독점 강의
초등 베스트셀러 교재
독점 강의 제공

ONLY META

10일간 전과목 전학년
0원 무제한 학습!

*2000년 이후 수박씨닷컴, 와이즈캠프, 온리원 키즈/초등/중등 누적 회원가입 수 기준
*2025년 1월 온리원 초등 수강생 재재구매율 87.8% 기준
*특허 등록 제 10-2374101

비상교육 온리원 ▼
문의 1588-6563 | 비상교육 온리원 only1.co.kr

오·투·시·리·즈 생생한 시각자료와 탁월한 콘텐츠로 과학 공부의 즐거움을 선물합니다.

대표전화 1544-0554

주소 경기도 과천시 과천대로2길 54(갈현동, 그라운드브이)

비상교재 누리집에서 더 많은 정보를 확인해 보세요.
https://book.visang.com/

생생한 과학의 즐거움!

과학은 역시!

오투 실전책

초등과학

4·1

책 속의 가접 별책 (특허 제 0557442호)

'실전책'은 본책에서 쉽게 분리할 수 있도록 제작되었으므로
유통 과정에서 분리될 수 있으나 파본이 아닌 정상제품입니다.

단원 평가 대비

- 단원 정리
- 쪽지 시험
- 단원 평가
- 서술형 평가
- 수행 평가

visang

ABOVE IMAGINATION
우리는 남다른 상상과 혁신으로
교육 문화의 새로운 전형을 만들어
모든 이의 행복한 경험과 성장에 기여한다

오투 실전책

초등 과학 4·1

1 | 자석의 이용 ----------------------------- 2

2 | 물의 상태 변화 ----------------------- 10

3 | 땅의 변화 ------------------------------- 18

4 | 다양한 생물과 우리 생활 --------------- 26

1. 자석의 이용

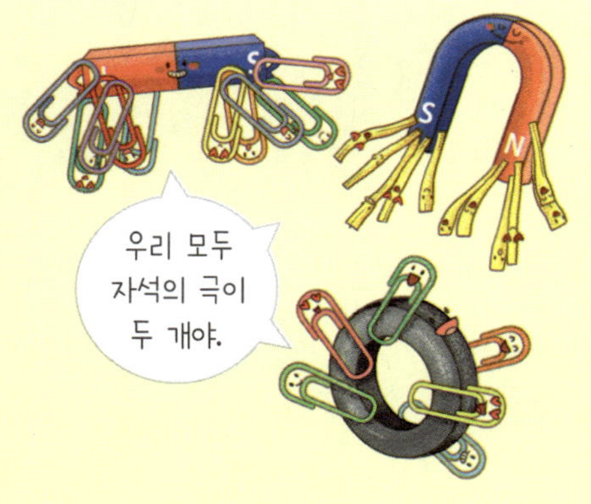

1 자석과 물체 사이에 작용하는 힘

① 자석에 붙는 물체와 자석에 붙지 않는 물체

자석에 붙는 물체	❶ [　]로 된 물체
자석에 붙지 않는 물체	고무, 나무, 유리, 종이, 알루미늄, 플라스틱 등으로 된 물체

② 자석과 자석에 붙는 물체 사이에 작용하는 힘의 특징

자석과 자석에 붙는 물체가 약간 떨어져 있을 때	자석과 자석에 붙는 물체 사이에 자석에 붙지 않는 물체가 있을 때
서로 끌어당기는 힘이 작용합니다.	서로 끌어당기는 힘이 작용합니다.

2 자석의 극

① **자석의 ❷ [　]**: 자석에서 철로 된 물체를 끌어당기는 힘이 가장 센 부분

개수	두 개
종류	N극, S극

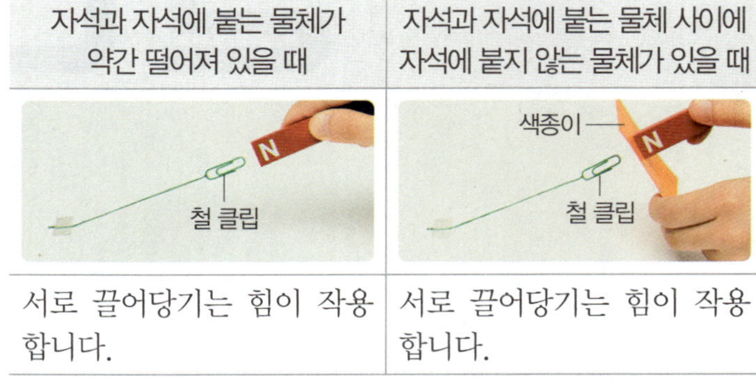

② **물에 띄운 자석의 극이 가리키는 방향**: 물에 띄운 자석의 두 극은 항상 북쪽과 남쪽을 가리킵니다.

북쪽을 가리키는 자석의 극	남쪽을 가리키는 자석의 극
❸ [　]극	❹ [　]극

3 자석과 자석 사이에 작용하는 힘

① 자석과 자석 사이에 작용하는 힘

❺ [　]극끼리 가까이 할 때	❻ [　]극끼리 가까이 할 때
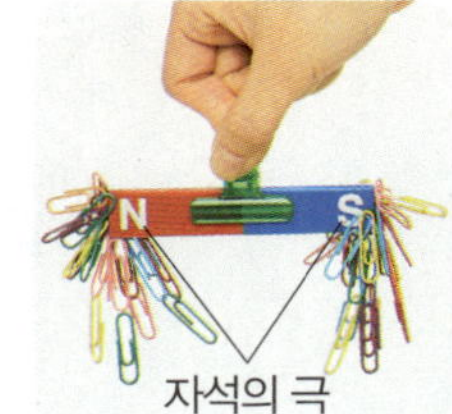	
서로 밀어 내는 힘이 작용합니다.	서로 끌어당기는 힘이 작용합니다.

② **극 표시가 없는 자석의 극을 구별하는 방법**: 자석의 같은 극끼리는 서로 밀어 내고, 다른 극끼리는 서로 끌어당기는 현상을 이용하여 자석의 극을 구별할 수 있습니다.

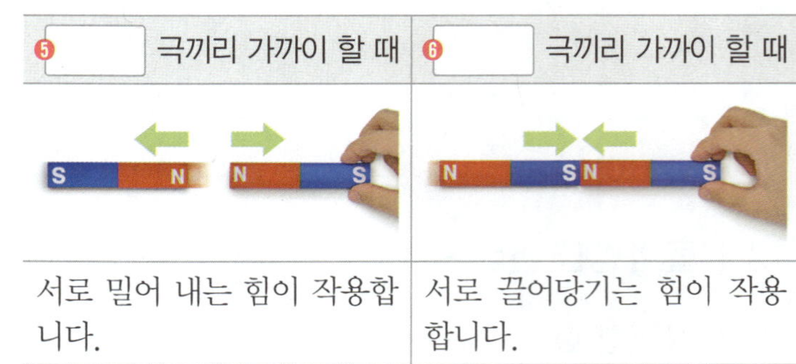

4 나침반과 자석 사이에 작용하는 힘

① **자석을 나침반에 가까이 할 때 나타나는 현상**: 나침반 바늘이 자석의 **❼**☐ 을 가리킵니다.

자석의 N극을 가까이 할 때	자석의 S극을 가까이 할 때

나침반 바늘의 빨간색 부분 반대쪽이 자석의 N극을 가리킵니다.	나침반 바늘의 빨간색 부분이 자석의 S극을 가리킵니다.

② **막대자석 주변에 나침반을 놓을 때 나타나는 현상**: 나침반 바늘이 막대자석의 **❽**☐ 을 가리킵니다.

③ **자석 주변에서 나침반 바늘이 가리키는 방향이 달라지는 까닭**: 나침반 바늘도 **❾**☐ 으로 되어 있어 나침반 바늘과 자석 사이에 서로 밀어 내거나 끌어당기는 힘이 작용하기 때문입니다.

5 자석을 이용한 장치

① **자석을 이용한 장치**

자석 책갈피	책갈피의 마주 보는 부분에 자석이 있어 책의 읽은 곳을 쉽게 표시할 수 있습니다.
자석 신발 끈 매듭기	신발 끈 매듭기의 맞닿는 부분에 자석이 있어 신발 끈을 쉽게 매고 풀 수 있습니다.

② **장치에 이용한 자석의 성질**

자석과 **❿**☐ 이 서로 끌어당기는 성질		자석의 극끼리 서로 밀어 내거나 끌어당기는 성질	
자석 다트	자석 클립 통	자석 팽이	자석 커튼 끈
다트와 다트 판이 서로 끌어당깁니다.	클립 통과 클립이 서로 끌어당깁니다.	팽이와 받침 대가 서로 밀어 냅니다.	마주 보는 부분이 서로 끌어당깁니다.

• 자석을 나침반에 가까이 할 때 나타나는 현상

• 자석 주변에 나침반을 놓을 때 나타나는 현상

이름	맞은 개수

쪽지 시험 1. 자석의 이용

1 ( )(으)로 된 물체는 자석에 붙습니다.

2 자석과 자석에 붙는 물체가 약간 떨어져 있을 때 서로 끌어당기는 힘이 (작용합니다, 작용하지 않습니다).

3 자석에서 철로 된 물체를 끌어당기는 힘이 가장 (약한, 센) 부분을 자석의 극이라고 합니다.

4 자석의 극은 항상 ( ) 개입니다.

5 물에 띄운 자석에서 북쪽을 가리키는 자석의 극은 (N, S)극입니다.

6 자석의 같은 극끼리 가까이 하면 서로 (밀어 내는, 잡아당기는) 힘이 작용합니다.

7 막대자석의 N극과 극 표시가 없는 고리 자석의 윗면이 서로 끌어당긴다면 고리 자석의 윗면은 (N, S)극입니다.

8 막대자석을 나침반에 가까이 하면 나침반 바늘이 돌아 자석의 ( )을/를 가리킵니다.

9 막대자석 주변에 나침반을 놓으면 나침반 바늘의 빨간색 부분이 막대자석의 (N, S)극을 가리킵니다.

10 자석 다트는 자석과 ( )이/가 서로 끌어당기는 성질을 이용한 장치입니다.

단원 평가   1. 자석의 이용

이름	맞은 개수

1 자석에 붙는 물체를 보기 에서 두 가지 골라 기호를 써 봅시다.

(   )

중요

2 자석에 붙는 물체에 대한 설명으로 옳은 것은 어느 것입니까? (   )

① 모든 물체는 자석에 붙는다.
② 고무로 된 부분은 자석에 붙는다.
③ 자석에 붙는 물체는 철로 되어 있다.
④ 자석에 붙는 물체는 유리로 되어 있다.
⑤ 자석에 붙는 물체는 플라스틱으로 되어 있다.

3 자석에 붙지 않는 물체끼리 옳게 짝 지은 것은 어느 것입니까? (   )

① 연필, 철 못
② 철 못, 철 클립
③ 철사, 유리구슬
④ 유리컵, 철 클립
⑤ 연필, 고무지우개

4 다음은 의자에 대한 설명입니다. (   ) 안에 알맞은 말을 써 봅시다.

의자의 등받이 부분은 플라스틱으로 되어 있어 자석에 붙지 않지만 다리 부분은 (   )(으)로 되어 있어 자석에 붙는다.

(   )

5~6 다음은 실로 바닥에 고정된 클립에 막대자석을 가까이 해 철 클립이 공중에 뜬 상태에서 막대자석과 클립 사이에 색종이를 넣은 모습입니다.

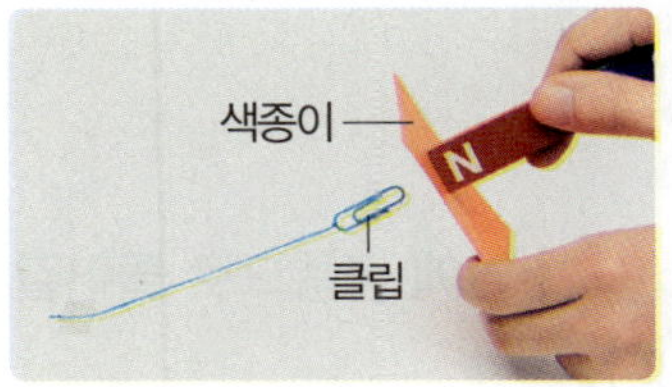

5 다음 (   ) 안에 알맞은 말을 써 봅시다.

클립과 막대자석이 서로 끌어당기는 것으로 보아 클립은 (   )(으)로 된 물체이다.

(   )

6 위 실험으로 알 수 있는 사실을 보기 에서 골라 기호를 써 봅시다.

보기
㉠ 자석과 금속은 서로 끌어당긴다.
㉡ 자석과 철로 된 물체는 서로 밀어 낸다.
㉢ 자석과 철로 된 물체 사이에 자석에 붙지 않는 물체가 있어도 자석과 철로 된 물체는 서로 끌어당긴다.

(   )

7 다음은 막대자석을 철 클립이 든 종이 상자에 넣었다가 들어 올린 모습입니다. 이 실험으로 알 수 있는 사실은 어느 것입니까? (   )

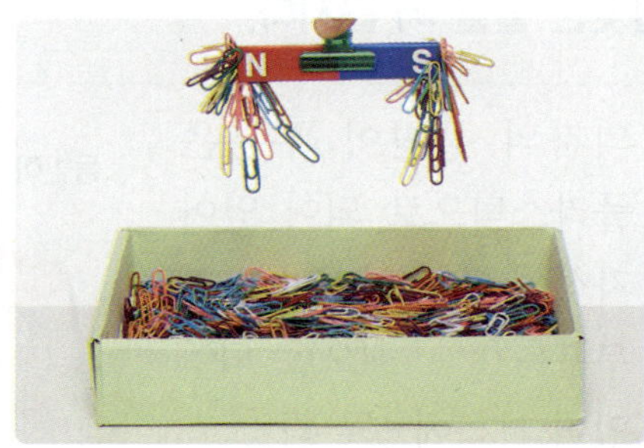

① 막대자석은 극이 없다.
② 막대자석의 극은 한 개이다.
③ 막대자석의 극은 세 개이다.
④ 막대자석의 극은 양쪽 끝부분에 있다.
⑤ 막대자석의 모든 부분에서 철로 된 물체를 끌어당기는 힘이 일정하다.

8 다음 (   ) 안에 공통으로 들어갈 알맞은 말을 써 봅시다.

> • 자석에서 철로 된 물체를 끌어당기는 힘이 가장 센 부분을 자석의 (   )(이)라고 한다.
> • 둥근기둥 모양 자석의 (   )은/는 양쪽 끝부분에 있다.

(   )

9 다음은 고리 자석에 철 클립이 붙어 있는 모습입니다. 고리 자석의 극은 몇 개인지 써 봅시다.

(   ) 개

10 다음 둥근기둥 모양 자석에서 극의 위치를 옳게 짝 지은 것은 어느 것입니까? (   )

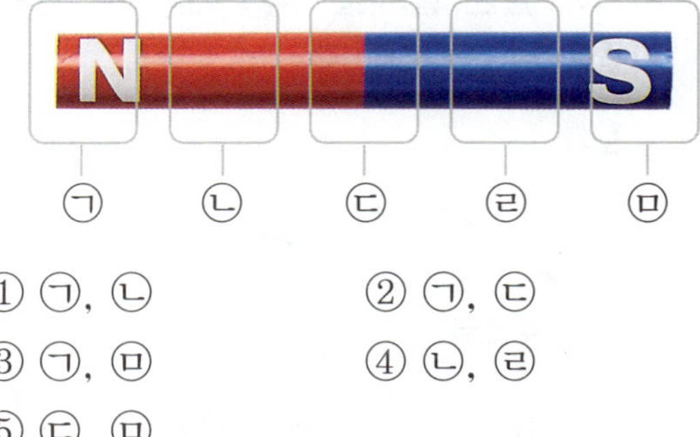

① ㉠, ㉡   ② ㉠, ㉢
③ ㉠, ㉤   ④ ㉡, ㉣
⑤ ㉢, ㉤

11 자석에서 극의 위치를 찾는 방법을 써 봅시다.

____

____

12 다음은 플라스틱 접시에 막대자석을 올려놓고 물 위에 띄웠을 때 접시가 움직임을 멈춘 모습입니다. ㉠과 ㉡에 알맞은 방향을 각각 써 봅시다.

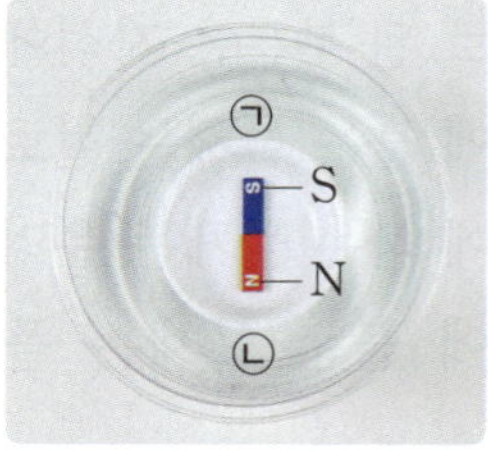

㉠: (   )쪽 ㉡: (   )쪽

13 막대자석의 S극과 S극을 마주 보게 일렬로 놓고 두 자석을 가까이 할 때 두 자석 사이에 작용하는 힘은 어느 것입니까? (   )

① 아무런 힘도 작용하지 않는다.
② 서로 밀어 내는 힘이 작용한다.
③ 서로 끌어당기는 힘이 작용한다.
④ 자석을 회전시키는 힘이 작용한다.
⑤ 서로 밀어 냈다가 끌어당기는 힘이 작용한다.

14 다음과 같이 막대자석 두 개를 손으로 각각 잡고 가까이 했더니 서로 끌어당기는 느낌이 들었습니다. ㉠이 N극이라면 ㉡은 어떤 극인지 써 봅시다.

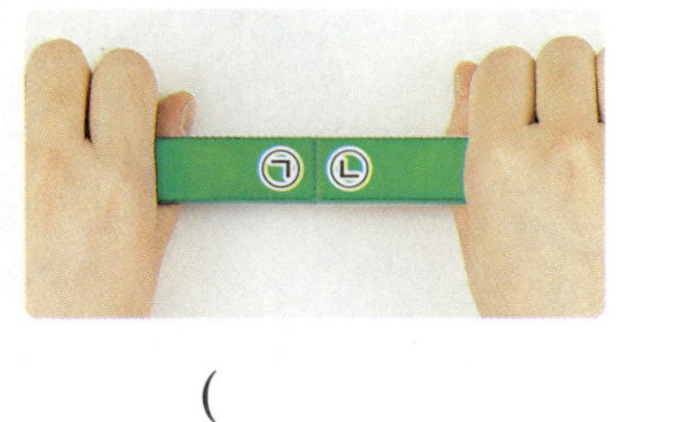

(　　　　　)극

15 다음 (　　　) 안에 알맞은 말을 차례대로 써 봅시다.

> 자석의 (㉠) 극끼리 가까이 하면 서로 밀어 내고, (㉡) 극끼리 가까이 하면 서로 끌어당긴다.

㉠: (　　　　) ㉡: (　　　　)

16 오른쪽과 같이 고리 자석의 윗면에 막대자석의 S극을 가까이 했더니 서로 밀어 냈습니다. 고리 자석 윗면은 무슨 극인지 써 봅시다.

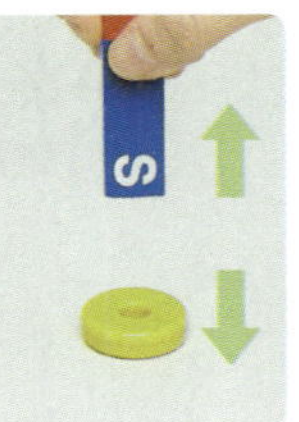

(　　　　　)극

17 다음과 같이 막대자석을 나침반에 가까이 할 때 나타나는 현상은 어느 것입니까? (　　　)

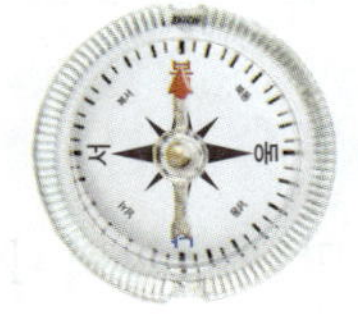

① 아무런 변화가 없다.
② 나침반의 색깔이 바뀐다.
③ 나침반 바늘이 계속 회전한다.
④ 나침반 바늘이 자석의 성질을 잃는다.
⑤ 나침반 바늘이 돌아 자석의 극을 가리킨다.

18 다음은 막대자석 주변에 나침반을 놓은 모습입니다. ㉠과 ㉡은 각각 무슨 극인지 써 봅시다.

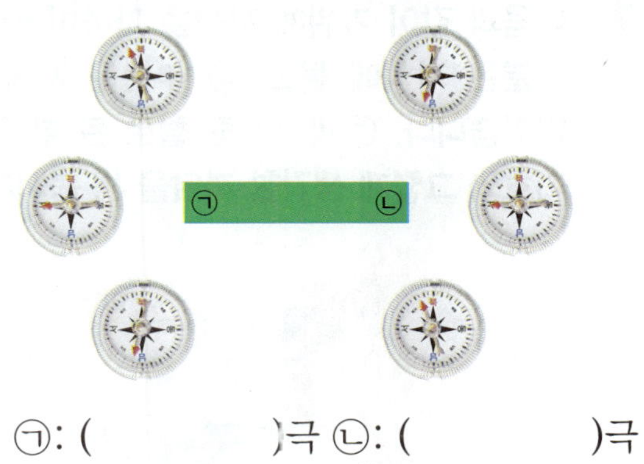

㉠: (　　　　)극 ㉡: (　　　　)극

19 자석 다트의 편리한 점으로 옳은 것은 어느 것입니까? (　　　)

① 다트를 쉽게 청소할 수 있다.
② 다트를 더 오래 사용할 수 있다.
③ 다트를 안전하게 보관할 수 있다.
④ 다트 놀이를 안전하게 할 수 있다.
⑤ 다트를 다양한 모양으로 바꿀 수 있다.

20 다음 자석 비누 걸이에 이용한 자석의 성질을 보기 에서 골라 기호를 써 봅시다.

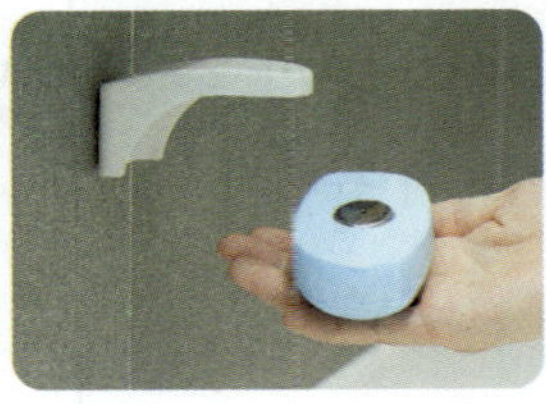

> 보기
>
> ㉠ 자석과 철이 서로 끌어당기는 성질
> ㉡ 자석이 일정한 방향을 가리키는 성질
> ㉢ 자석의 극끼리 서로 밀어 내거나 끌어당기는 성질

(　　　　　)

서술형 평가   1. 자석의 이용

1 다음과 같이 가위에 자석을 가까이 했더니 ㉠ 부분은 자석에 붙고 ㉡ 부분은 자석에 붙지 않았습니다. ㉠과 ㉡ 중 철로 된 부분을 골라 기호와 그렇게 생각한 까닭을 써 봅시다.

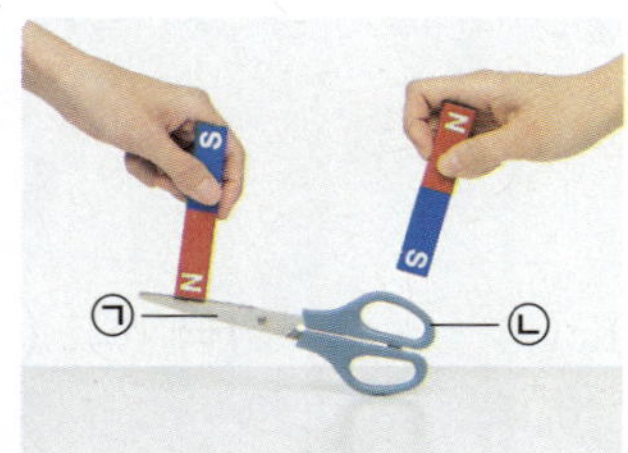

---

2 다음은 말굽자석을 철 클립이 든 상자에 넣었다가 들어 올린 모습입니다.

(1) 위 실험으로 알 수 있는 말굽자석의 극의 개수를 써 봅시다.

(   ) 개

(2) 위 실험으로 알 수 있는 말굽자석의 극의 위치를 써 봅시다.

---

3 다음과 같이 극 표시가 없는 고리 자석의 극을 구별하는 방법을 써 봅시다.

---

4 다음은 막대자석 주변에 나침반을 놓은 모습입니다.

(1) 나침반 바늘이 위와 같이 막대자석의 극을 가리키는 까닭을 써 봅시다.

---

(2) 위 실험에서 막대자석의 N극과 S극을 반대로 놓으면 나침반 바늘이 가리키는 방향이 어떻게 될지 써 봅시다.

수행 평가   1. 자석의 이용

 자석과 여러 가지 물체를 가까이 할 때 나타나는 현상 관찰하기

1 자석을 가까이 할 때 나타나는 현상에 따라 여러 가지 물체를 분류하려고 합니다.

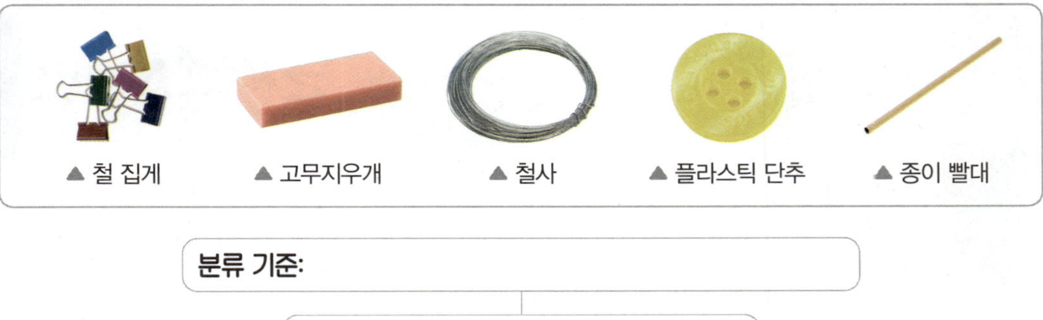

분류 기준:

그렇다.	그렇지 않다.
㉠	㉡

(1) 알맞은 분류 기준을 써 봅시다.

(2) 위 (1)의 분류 기준에 따라 분류해 ㉠과 ㉡에 알맞은 물체의 이름을 써 봅시다.

㉠:

㉡:

 나침반과 자석을 가까이 할 때 나타나는 현상 관찰하기

2 다음은 막대자석 주변에 놓은 나침반의 모습입니다. 이 모습을 관찰하여 나침반 바늘의 빨간색 부분과 빨간색 부분 반대쪽이 어떤 극인지 써 봅시다.

2. 물의 상태 변화

개념 ① 물의 상태 변화

1 물의 상태 변화

① **물의 세 가지 상태:** 물은 고체인 ❶ [　　　], 액체인 물, 기체인 ❷ [　　　]로 있습니다.

② **물의 상태 변화:** 물이 서로 다른 상태로 변하는 것

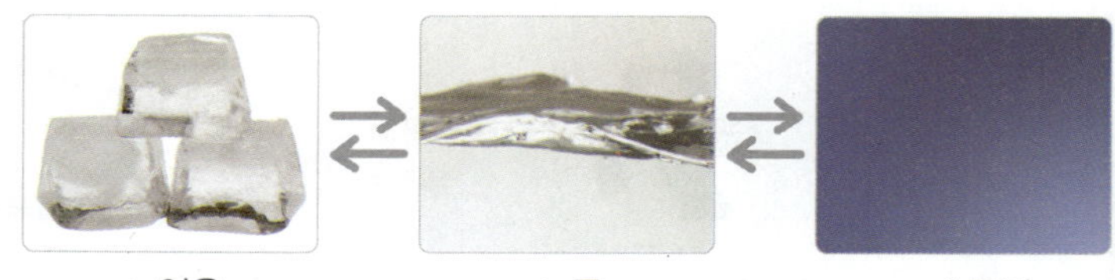

▲ 얼음　　　　▲ 물　　　　▲ 수증기

➜ 물은 세 가지 상태로 변할 수 있습니다.

③ **물의 상태가 변하는 예**

물 → 얼음	얼음 → 물	물 → 수증기	수증기 → 물
추운 날에는 물이 얼어 고드름이 생깁니다.	팥빙수의 얼음이 녹습니다.	젖은 머리카락이 마릅니다.	따뜻한 물로 샤워한 뒤 욕실 거울에 물방울이 맺힙니다.

개념 ② 물이 얼 때와 얼음이 녹을 때의 변화

2 물이 얼 때와 얼음이 녹을 때의 변화

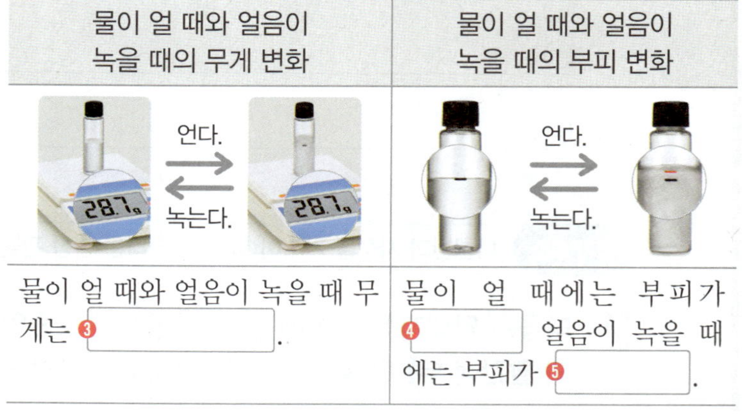

물이 얼 때와 얼음이 녹을 때의 무게 변화	물이 얼 때와 얼음이 녹을 때의 부피 변화

물이 얼 때와 얼음이 녹을 때 무게는 ❸ [　　　].

물이 얼 때에는 부피가 ❹ [　　　] 얼음이 녹을 때에는 부피가 ❺ [　　　].

개념 ③ 물이 증발할 때의 변화

3 물이 증발할 때의 변화

① ❻ [　　　]: 물 표면에서 액체인 물이 기체인 수증기로 변하는 현상

② **물이 증발할 때의 변화**

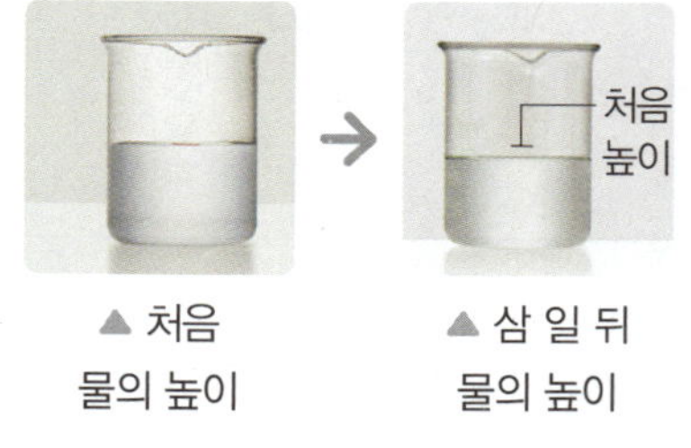

▲ 처음 물의 높이　　　　▲ 삼 일 뒤 물의 높이

액체인 물이 기체인 수증기로 상태가 변해 공기 중으로 날아갑니다. → 물의 높이가 낮아집니다.

③ **증발의 예:** 젖은 우산 말리기, 빨래 말리기, 감 말리기, 고추 말리기 등

4 물이 끓을 때의 변화

① ❼ [   ] : 물 표면뿐만 아니라 물속에서도 액체인 물이 기체인 수증기로 변하는 현상

② 물이 끓을 때 나타나는 현상

- 물속에서 크고 작은 기포가 많이 생기고, 기포가 물 표면으로 올라가 터집니다.
- 가열한 뒤 물의 높이가 낮아집니다.

③ 끓음의 예: 달걀 삶기, 국 끓이기, 만두 찌기 등

④ 증발과 끓음의 공통점: 물이 ❽ [   ] 로 상태가 변해 공기 중으로 날아갑니다.

5 수증기가 응결할 때의 변화

① ❾ [   ] : 기체인 수증기가 액체인 물로 상태가 변하는 현상

② 얼음이 든 비커의 바깥면에서 나타나는 현상

- 비커 바깥면: 물방울이 맺힙니다.
- 비커 바닥: 물방울이 아래쪽으로 흘러내려 페트리 접시에 물이 고입니다.
- 무게 변화: 무게가 늘어납니다.

➡ 공기 중의 수증기가 차가운 비커의 표면에 닿아 물로 변했기 때문에 비커 바깥면에 물방울이 맺히고 무게가 늘어납니다.

③ 응결의 예: 풀잎에 맺힌 이슬, 냄비 뚜껑 안쪽에 맺힌 물방울, 뿌옇게 흐려진 안경알

6 물 부족 현상과 물을 얻는 방법

① 물이 중요한 까닭: 물은 생물이 살아가는 데 꼭 필요하고, 우리 생활에서 다양하게 이용됩니다.

② 물 부족 현상을 해결할 수 있는 방법: 물을 절약하거나 ❿ [   ] 을 얻는 장치를 개발합니다.

③ 물을 얻는 사례나 장치

하이드로패널	주변 공기를 가둔 뒤 수증기가 응결하면 모아 물을 얻습니다.
에코돔	밤이 되면 수증기가 응결하는 현상을 이용하여 물을 모으는 장치입니다.
안개 수집기	가는 그물을 사용해 수증기가 응결해 생긴 안개에서 물을 얻어내는 장치입니다.

쪽지 시험   2. 물의 상태 변화

이름	맞은 개수

1 물의 세 가지 상태는 고체인 (   ), 액체인 물, 기체인 수증기입니다.

2 손난로 위에 물이 든 알루미늄 접시를 올려놓으면 물은 (얼음, 수증기) (으)로 변합니다.

3 물이 얼 때와 얼음이 녹을 때 무게는 (변합니다, 변하지 않습니다).

4 (물, 얼음)이 (물, 얼음)이 될 때 부피는 줄어듭니다.

5 물 표면에서 액체인 물이 기체인 수증기로 변하는 현상을 (증발, 끓음) 이라고 합니다.

6 비커에 물을 넣고 그대로 두거나 가열하면 물의 높이가 (높아, 낮아)집니다.

7 증발과 끓음의 공통점은 (물, 수증기)이/가 (물, 수증기)로 상태가 변해 공기 중으로 날아간다는 것입니다.

8 얼음이 든 비커를 그대로 두면 시간이 지남에 따라 바깥면에 (   ) 이/가 생깁니다.

9 맑은 날 아침 풀잎에 물방울이 맺히는 것은 (증발, 응결)의 예입니다.

10 하이드로패널, 안개 수집기는 물의 (   )을/를 이용하여 물을 얻을 수 있는 장치입니다.

단원 평가　2. 물의 상태 변화

1 다음 얼음과 물에 대한 설명으로 옳지 <u>않은</u> 것은 어느 것입니까?　(　　　)

▲ 얼음

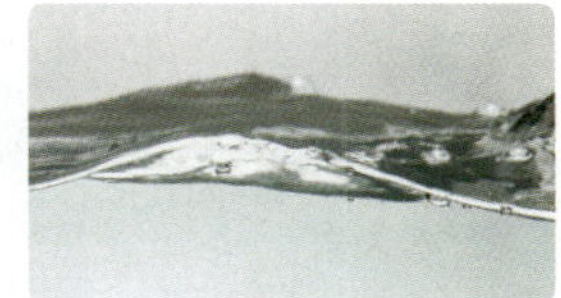
▲ 물

① 물은 액체이다.
② 물은 투명하다.
③ 얼음은 고체이다.
④ 얼음은 단단하다.
⑤ 얼음은 모양이 일정하지 않다.

✦중요✦
2 다음과 같이 얼음이 담긴 알루미늄 접시와 물이 담긴 알루미늄 접시를 손난로 위에 올려놓고 변화를 관찰하였습니다. 실험 결과로 옳지 <u>않은</u> 것은 어느 것입니까?　(　　　)

① 물의 양이 줄어든다.
② 물이 수증기로 변한다.
③ 얼음이 녹아서 물로 변한다.
④ 물은 공기 중으로 날아간다.
⑤ 물은 얼음으로 변한 후 공기 중으로 날아간다.

[서술형]
3 오른쪽과 같이 갓 삶은 뜨거운 옥수수를 담은 봉지 안의 수증기는 시간이 지남에 따라 상태가 어떻게 변할지 써 봅시다.

____

____

4 얼음이 물로 상태가 변하는 예로 옳은 것을 보기 에서 골라 기호를 써 봅시다.

보기
ㄱ 팥빙수의 얼음이 녹는다.
ㄴ 처마 끝에 고드름이 생긴다.
ㄷ 고추를 햇볕에 널면 고추가 마른다.
ㄹ 머리 말리개로 젖은 머리카락을 말린다.

（　　　　　　）

5~6 다음은 물이 얼 때의 무게와 부피 변화를 관찰하는 실험입니다.

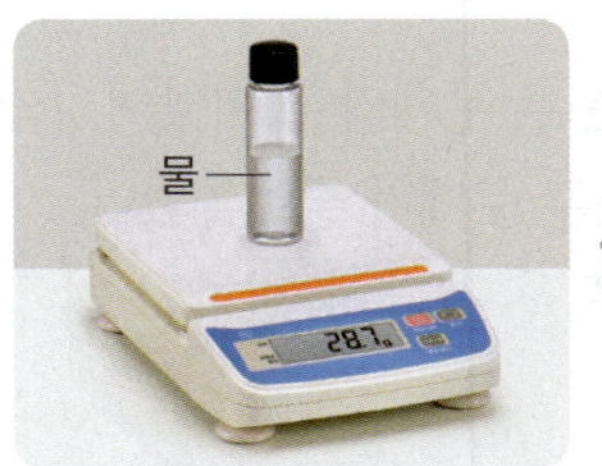

▲ 플라스틱 용기에 물을 넣어 무게를 측정하고, 유성 펜으로 물의 높이를 표시합니다.

▲ 얼음과 소금을 넣은 비커에 플라스틱 용기를 꽂아 물을 얼린 뒤 무게와 높이를 측정합니다.

5 위 실험에서 물이 얼기 전 플라스틱 용기의 무게가 28.7 g이었습니다. 완전히 언 후 플라스틱 용기의 무게는 얼마인지 써 봅시다.

（　　　　　　）g

✦중요✦
6 위 실험에서 물이 완전히 언 후 얼음의 높이로 옳은 것을 보기 에서 골라 기호를 써 봅시다.

보기
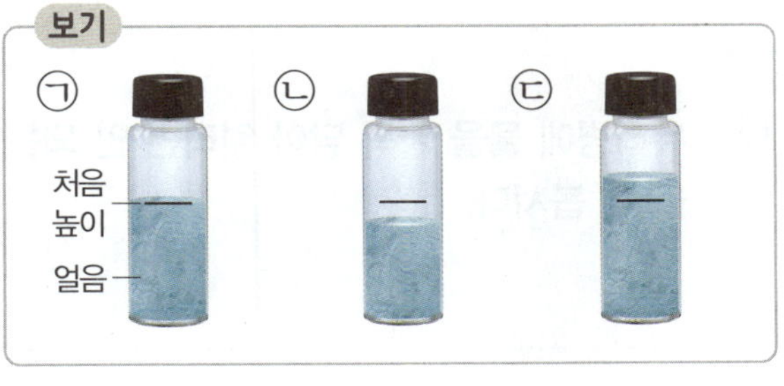

（　　　　　　）

7~8 다음은 얼음이 녹을 때의 무게와 부피 변화를 관찰하는 실험입니다.

▲ 물을 넣어 얼린 플라스틱 용기의 무게를 측정하고, 얼음의 높이를 유성펜으로 표시합니다.

▲ 물이 언 플라스틱 용기를 따뜻한 물이 담긴 비커에 넣어 녹인 뒤 물의 무게와 높이를 측정합니다.

7 위 실험에서 얼음이 완전히 녹은 후 플라스틱 용기의 무게 변화를 옳게 말한 사람의 이름을 써 봅시다.

> • 누리: 얼음이 녹은 후 무게가 늘어났어.
> • 솔찬: 얼음이 녹은 후 무게가 줄어들었어.
> • 서율: 얼음이 녹은 후 무게가 변하지 않았어.

( )

중요

8 위 실험에서 얼음이 완전히 녹은 후 물의 높이와 부피 변화에 대해 설명한 것으로 옳은 것은 어느 것입니까? ( )

① 물의 높이가 낮아졌다.
② 물의 높이가 높아졌다.
③ 물의 높이는 변화가 없다.
④ 얼음이 녹을 때 부피가 늘어났다.
⑤ 얼음이 녹을 때 줄어든 부피는 물이 얼 때 늘어난 부피와 다르다.

서술형

9 유리병에 물을 가득 담아 얼리면 안 되는 까닭을 써 봅시다.

____

____

10~11 물이 담긴 페트리접시를 햇볕이 드는 창가에 놓고 시간이 지남에 따라 나타나는 변화를 관찰하는 실험입니다.

▲ 처음   ▲ 5분 뒤   ▲ 3일 뒤

중요

10 위 실험에서 페트리접시에 담긴 물의 변화로 옳은 것을 보기 에서 골라 기호를 써 봅시다.

> **보기**
> ㉠ 점점 늘어난다.
> ㉡ 점점 줄어든다.
> ㉢ 아무런 변화가 없다.

( )

서술형

11 위 10번과 같은 실험 결과가 나타난 까닭을 써 봅시다.

____

____

12 증발이 일어나는 경우로 옳지 <u>않은</u> 것은 어느 것입니까? ( )

① 감 말리기   ② 채소 데치기
③ 고추 말리기   ④ 젖은 우산 말리기
⑤ 젖은 머리 말리기

13 물이 수증기로 상태가 변하는 현상을 두 가지 골라 써 봅시다. (,)

① 얾   ② 증발   ③ 끓음
④ 응결   ⑤ 녹음

 오른쪽과 같이 얼음이 든 비커를 비닐 랩으로 씌우고 비커를 페트리접시 위에 올려놓고 무게를 측정했습니다.

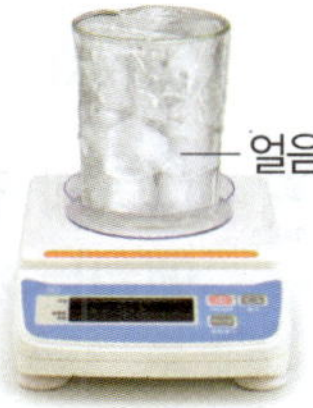

14 위 실험에서 시간이 지남에 따라 비커 바깥면에서 나타나는 변화로 옳은 것은 어느 것입니까?　（　　　）

① 얼음이 생긴다.
② 물방울이 맺힌다.
③ 물방울이 사라진다.
④ 아무런 변화가 없다.
⑤ 페트리접시에 아무것도 없다.

15 위 실험에서 처음 비커의 무게가 261.0 g이었습니다. 10분이 지난 뒤의 무게로 옳은 것을 보기 에서 골라 기호를 써 봅시다.

> 보기
> ㉠ 261.0 g이다.
> ㉡ 261.0 g보다 가볍다.
> ㉢ 261.0 g보다 무겁다.

（　　　）

✧중요✧
16 다음은 위 실험에서 비커의 바깥면에서 나타나는 변화와 무게의 변화가 나타난 까닭입니다. （　　）안에 알맞은 말을 각각 써 봅시다.

> 공기 중의 （ ㉠ ）이/가 차가운 비커의 바깥면에 닿아 （ ㉡ ）(으)로 변했기 때문이다.

㉠: （　　　）
㉡: （　　　）

17 응결의 예를 잘못 설명한 사람의 이름을 써 봅시다.

> • 윤비: 어항의 물이 점점 줄어들고 있어.
> • 가람: 이른 아침 풀잎에 물방울이 맺혀 있어.
> • 유찬: 가열한 냄비 뚜껑 안쪽에 물방울이 생겼어.

（　　　）

18 물이 중요한 까닭에 대한 설명으로 옳지 <u>않은</u> 것은 어느 것입니까?　（　　　）

① 사람에게만 필요하다.
② 전기를 만들 때 필요하다.
③ 농사를 지을 때 필요하다.
④ 공장에서 물건을 만들 때 필요하다.
⑤ 동식물이 생명을 유지하는 데 필요하다.

19 물이 부족한 곳에서 물을 얻는 방법으로 옳지 <u>않은</u> 것은 어느 것입니까?　（　　　）

① 빗물을 모은다.
② 얼음을 녹인다.
③ 수력 발전을 이용한다.
④ 바닷물을 마실 수 있는 물로 바꾼다.
⑤ 하이드로패널을 이용해 공기 중의 수증기에서 물을 얻는다.

20 오른쪽 안개 수집기로 물을 얻을 때 이용한 물의 상태 변화로 옳은 것은 어느 것입니까?　（　　　）

① 물 → 얼음　　② 얼음 → 물
③ 물 → 수증기　④ 수증기 → 물
⑤ 수증기 → 얼음

1 다음과 같이 겨울이 되어 호수의 물이 얼 때 일어나는 물의 상태 변화를 써 봅시다.

---

3 다음과 같이 이른 아침 풀잎 표면에 물방울이 맺히는 까닭을 써 봅시다.

---

2 다음과 같이 냉동실에서 꽁꽁 언 튜브형 얼음 과자를 냉동실 밖에 꺼내 놓았을 때 나타나는 무게와 부피 변화를 써 봅시다.

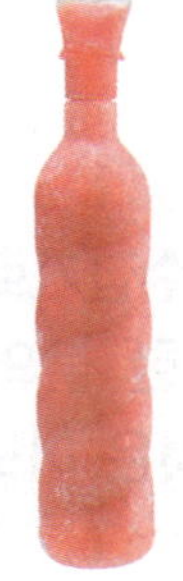

---

4 다음은 물의 상태 변화를 이용하여 물을 얻는 장치입니다.

▲ 하이드로패널　　　　▲ 에코돔

(1) 회전 날개로 주변 공기를 흡수하고 이 공기를 가둔 뒤 응결하여 물을 얻는 장치를 골라 기호를 써 봅시다.

(　　　　　　　)

(2) 위 두 장치에서 공통으로 이용한 물의 상태 변화를 써 봅시다.

수행 평가 2. 물의 상태 변화

평가 요소 물이 얼 때와 얼음이 녹을 때 무게와 부피 변화 관찰하기

1 다음은 물이 얼 때와 얼음이 녹을 때 무게와 부피 변화를 관찰한 모습입니다.

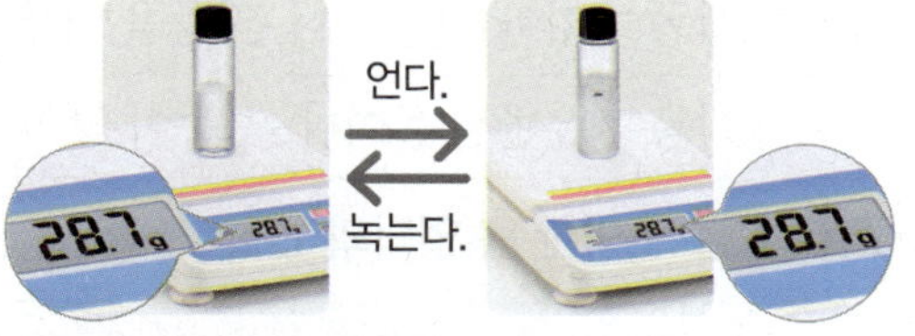

▲ 물이 얼 때와 얼음이 녹을 때 무게 변화

▲ 물이 얼 때와 얼음이 녹을 때 부피 변화

(1) 물이 얼 때와 얼음이 녹을 때 무게 변화를 비교해 써 봅시다.

____

(2) 물이 얼 때와 얼음이 녹을 때 부피 변화를 비교해 써 봅시다.

____

평가 요소 물이 증발할 때와 끓을 때 나타나는 현상 관찰하기

2 다음은 비커 두 개에 물을 반 정도 넣고 하나는 햇볕이 잘 드는 곳에 그대로 놓아두고 삼 일이 지난 뒤 관찰한 모습이고, 하나는 비커를 가열한 뒤 관찰한 모습입니다.

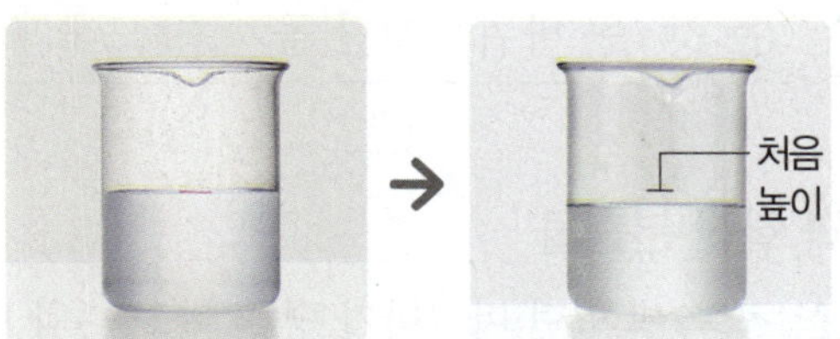

▲ 물을 그대로 놓아두었을 때 물의 높이 변화

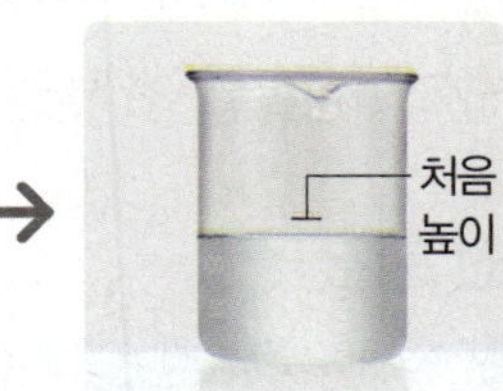

▲ 물을 가열하였을 때 물의 높이 변화

(1) 물을 그대로 놓아두었을 때와 가열하였을 때 물의 높이를 비교하여 써 봅시다.

____

(2) 물을 그대로 놓아두었을 때와 가열했을 때 물의 높이가 변하는 까닭을 써 봅시다.

____

3. 땅의 변화

개념 ① 흐르는 물에 의한 흙 언덕의 변화

1 흐르는 물에 의한 땅의 변화

① 흐르는 물의 작용

침식 작용	바위, 돌, 흙 등을 깎는 것
운반 작용	깎아 낸 돌이나 흙 등을 다른 곳으로 옮기는 것
퇴적 작용	운반된 돌이나 흙 등이 쌓이는 것

② 흐르는 물에 의한 흙 언덕의 변화

흙 언덕의 ❶ [ ] 쪽	흙 언덕의 ❷ [ ] 쪽
주로 침식 작용이 일어나 흙이 많이 깎입니다.	주로 퇴적 작용이 일어나 흙이 많이 쌓입니다.

개념 ② 강 주변 지형의 특징

2 강 주변 지형의 특징

구분	강 상류	강 하류
모습		
강폭과 경사	강 하류보다 강폭이 좁고 경사가 급합니다.	강 상류보다 강폭이 넓고 경사가 완만합니다.
흐르는 물의 작용	❸ [ ] 작용이 활발하게 일어납니다.	❹ [ ] 작용이 활발하게 일어납니다.
볼 수 있는 것	큰 바위와 모난 돌	모래와 흙이 쌓인 것

개념 ③ 화산 분출물

3 화산과 화산 분출물

① **화산**: 땅속에 있던 마그마가 땅을 뚫고 나와 만들어진 지형
② **화산의 특징**: 화산 꼭대기에 움푹 파인 분화구가 있는 것도 있고, 분화구에서 여러 가지 물질이 나오기도 합니다.
③ ❺ [ ] : 화산이 분출할 때 나오는 물질

화산 가스와 화산재	화산 암석 조각	용암
기체 상태의 화산 가스와 고체 상태의 화산재가 나옵니다.	크기와 모양이 다양한 돌덩어리로, 고체 상태입니다.	마그마가 땅 위로 분출한 것으로, 액체 상태입니다.

4 화산 활동으로 만들어지는 암석

① 화성암: 마그마가 식으면서 굳어져 만들어진 암석
② 현무암과 화강암의 특징

구분	❻	❼
모습		
색깔	어둡습니다.	밝습니다.
알갱이의 크기	작습니다.	큽니다.
만들어지는 장소	지표 가까이	땅속 깊은 곳

5 화산 활동이 우리 생활에 미치는 영향

① 화산 활동의 영향

화산 활동의 피해	화산 활동의 이로운 점
• 화산재가 마을을 뒤덮고, 비행기 운항을 어렵게 합니다. • ❽ 이 흘러 산불이 발생합니다. • 화산재와 화산 가스는 호흡기 질병을 일으킵니다.	• 화산 주변의 온천을 관광지로 활용합니다. • 화산 주변 땅속의 열을 이용해 전기를 생산합니다. • 화산재가 쌓이고 오랜 시간이 지나면 땅을 기름지게 해 농사에 도움을 줍니다.

② 화산 활동 대처 방법
• 마스크나 손수건 등으로 코와 입을 막습니다.
• 실내에서는 젖은 수건으로 문틈을 막습니다.

6 지진이 우리 생활에 미치는 영향

① ❾ : 땅이 흔들리는 현상
② 지진 대처 방법

집 안에 있을 때	탁자 아래로 들어가 몸을 보호하며, 흔들림이 멈추면 전기와 가스를 차단하고 문을 열어 출구를 확보합니다.
승강기 안에 있을 때	❿ 층의 버튼을 눌러 가장 먼저 열리는 층에서 내린 뒤 계단을 이용해 대피합니다.
학교에 있을 때	책상 아래로 들어가 몸을 보호하고, 흔들림이 멈추면 질서를 지키며 운동장으로 대피합니다.
건물 밖에 있을 때	가방이나 손으로 머리를 보호하고, 건물에서 떨어져 넓은 곳으로 대피합니다.

개념 ④ 화성암이 만들어지는 장소

개념 ⑤ 화산 활동이 우리 생활에 미치는 영향

개념 ⑥ 지진 대처 방법

쪽지 시험   3. 땅의 변화

이름	맞은 개수

1 흐르는 물이 바위, 돌, 흙 등을 깎는 것을 무엇이라고 합니까?

2 강 상류는 강 하류보다 강폭이 (넓고, 좁고) 경사가 (완만합니다, 급합니다).

3 화산은 땅속 깊은 곳에서 암석이 녹아 생긴 (   )이/가 땅을 뚫고 나와 만들어진 지형입니다.

4 (화산 가스, 화산재)는 기체 상태의 화산 분출물입니다.

5 용암은 (   )이/가 땅 위로 분출한 것입니다.

6 현무암은 화강암보다 암석을 이루는 알갱이의 크기가 (작습니다, 큽니다).

7 (현무암, 화강암)은 마그마가 땅속 깊은 곳에서 서서히 식으면서 굳어져 만들어집니다.

8 화산 활동으로 분출한 (   )은/는 비행기 운항을 어렵게 하고 마을이나 농경지를 뒤덮어 피해를 줍니다.

9 집에 있을 때 지진이 발생해 땅이 흔들리는 동안에는 탁자 (위로 올라가, 아래로 들어가) 몸을 보호합니다.

10 지진이 발생하면 (계단, 승강기)을/를 이용해 신속하게 대피합니다.

단원 평가   3. 땅의 변화

1 오른쪽과 같이 흙 언덕에 물을 흘려 보낼 때, 흙 언덕의 위쪽과 아래쪽에서 활발하게 일어나는 흐르는 물의 작용을 각각 써 봅시다.

(1) 흙 언덕의 위쪽: (   )

(2) 흙 언덕의 아래쪽: (   )

2 흐르는 물의 작용에 대한 설명으로 옳은 것을 보기 에서 골라 기호를 써 봅시다.

보기

ㄱ 흐르는 물은 땅의 모습을 변화시킨다.

ㄴ 흐르는 물이 바위, 돌, 흙 등을 깎는 것을 퇴적 작용이라고 한다.

ㄷ 흐르는 물이 깎아 낸 돌이나 흙 등을 옮기는 것을 운반 작용이라고 한다.

ㄹ 흐르는 물에 운반된 돌이나 흙 등이 쌓이는 것을 침식 작용이라고 한다.

(   )

3 다음 강 주변의 지형에 대한 설명으로 옳지 <u>않은</u> 것은 어느 것입니까? (   )

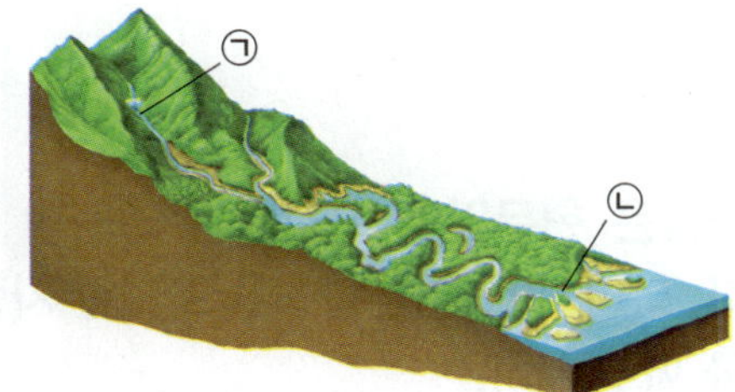

① ㉠은 ㉡보다 강폭이 좁다.

② ㉠은 ㉡보다 경사가 급하다.

③ ㉠은 강 상류, ㉡은 강 하류이다.

④ 큰 바위는 ㉠에서 많이 볼 수 있다.

⑤ ㉠보다 ㉡에서 물이 더 빠르게 흐른다.

4 오른쪽은 강 하류의 모습입니다. 강 하류에서 모래와 흙을 많이 볼 수 있는 까닭을 흐르는 물의 작용과 관련지어 써 봅시다.

____

____

5 화산과 화산이 아닌 산에 대한 설명으로 옳은 것은 어느 것입니까? (   )

① 화산은 모두 산꼭대기가 뾰족하다.

② 화산과 화산이 아닌 산의 모양은 같다.

③ 화산은 산꼭대기에서 연기가 나기도 한다.

④ 화산이 아닌 산은 산꼭대기에 움푹 파인 곳이 있다.

⑤ 화산이 아닌 산은 산꼭대기에서 붉은색 액체가 나온다.

6 다음 두 지형의 공통점으로 옳은 것은 어느 것입니까? (   )

▲ 베수비오산   ▲ 독도

① 화산이 아니다.

② 분화구가 있다.

③ 분화구에 물이 고여 있다.

④ 마그마가 땅을 뚫고 나와 만들어졌다.

⑤ 분화구에서 여러 가지 물질이 나온다.

7 다음은 화산 분출물에 대한 설명입니다. (   ) 안에 알맞은 말을 써 봅시다.

> 화산 분출물 중 (   )은/는 여러 가지 기체가 섞여 있으며, 대부분 수증기이다.

(   )

8 오른쪽은 쿠킹 컵에 마시멜로와 식용 색소를 넣어 만든 화산 활동 모형을 가열하는 모습입니다. 실험 결과 화산 활동 모형에서 마시멜로가 흐르는 것은 실제 화산 활동에서 어떤 모습에 해당하는지 써 봅시다.

____

____

9 오른쪽은 화산 활동을 모형으로 표현한 것입니다. 이 화산 활동 모형과 실제 화산 활동의 공통점은 어느 것입니까?

(   )

① 연기가 난다.
② 용암이 뜨겁지 않다.
③ 용암이 매우 뜨겁다.
④ 붉은색 용암이 나온다.
⑤ 고체 상태의 물질이 나온다.

10 마그마가 식으면서 굳어져 만들어진 암석을 무엇이라고 하는지 써 봅시다.

(   )

11~12 다음은 화성암이 만들어지는 장소를 나타낸 것입니다.

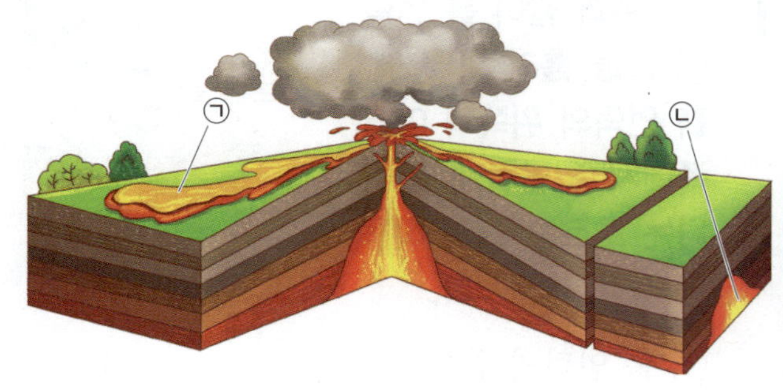

11 다음 암석이 만들어지는 장소를 각각 골라 기호를 써 봅시다.

(1) 

(2)

(   )   (   )

12 위 ㉠과 ㉡에서 만들어진 암석을 이루는 알갱이의 크기를 비교해 (   ) 안에 >, =, <를 써 봅시다.

> ㉠에 만들어진 암석의 알갱이 크기 (   ) ㉡에 만들어진 암석의 알갱이 크기

13 다음은 현무암과 화강암을 조사한 내용입니다. 나머지와 <u>다른</u> 암석을 조사한 사람의 이름을 써 봅시다.

> • 지우: 색깔이 어두워.
> • 가람: 반짝이는 알갱이가 있어.
> • 은수: 맷돌을 만드는 데 이용돼.

(   )

14 화산 활동으로 분출한 화산재가 우리 생활에 주는 피해를 써 봅시다.

____

____

중요

15 화산 활동이 우리 생활에 미치는 영향으로 옳은 것을 **두 가지** 골라 써 봅시다.

(,)

① 화산 가스는 공기를 맑게 한다.
② 화산 활동은 우리 생활에 피해만 준다.
③ 독특한 화산 지형은 관광지로 활용한다.
④ 화산 암석 조각이 떨어져 집이 부서진다.
⑤ 화산 주변 땅속의 열은 이용하지 않는다.

16 화산 활동에 대처하는 방법으로 옳지 **않은** 것은 어느 것입니까? ( )

① 가급적 실외에 머무른다.
② 재난 방송을 확인하며 상황을 파악한다.
③ 실내에서는 젖은 수건으로 문틈을 막는다.
④ 마스크나 손수건 등으로 코와 입을 막는다.
⑤ 화산재 낙하가 끝나면 주변을 청소하고 몸을 씻는다.

17 다음과 같은 피해가 발생하는 자연 현상은 무엇인지 써 봅시다.

> • 땅이 갈라진다.
> • 건물이 무너지고 사람이 다친다.

( )

18 평소 지진에 대비해 준비해야 할 비상용품이 **아닌** 것은 어느 것입니까? ( )

① 물
② 비옷
③ 라디오
④ 손전등
⑤ 구급약품

중요

19 지진으로 흔들릴 때의 대처 방법으로 옳지 **않은** 것은 어느 것입니까? ( )

① 
▲ 집에서는 탁자 아래로 들어가 몸을 보호하고 탁자 다리 잡기

② 
▲ 승강기 안에서는 내리지 않고 승강기 안에서 계속 기다리기

③ 
▲ 대형 할인점에서는 장바구니를 이용해 머리 보호하기

④ 
▲ 전철에서는 넘어지지 않게 손잡이나 기둥 잡기

20 지진이 발생했을 때 대처 방법으로 옳은 것을 보기 에서 골라 기호를 써 봅시다.

> **보기**
> ㉠ 건물 안으로 대피한다.
> ㉡ 자동차를 타고 빠르게 대피한다.
> ㉢ 승강기 대신 계단을 이용해 대피한다.

( )

서술형 평가 3. 땅의 변화

이름	맞은 개수

1 다음은 흙 언덕의 위쪽에서 물을 흘려 보내면서 흙 언덕의 변화를 관찰한 결과입니다. 실험 결과 흙 언덕의 모습이 변한 까닭을 써 봅시다.

▲ 물을 흘려 보내기 전　　▲ 물을 흘려 보낸 뒤

____

____

2 다음은 우리나라에 있는 두 산의 모습입니다.

ⓐ　　　　　　　ⓑ

▲ 설악산　　　　　　▲ 한라산

(1) 화산을 골라 기호를 써 봅시다.

(　　　　　　　　　)

(2) 화산과 화산이 아닌 산을 비교해 차이점을 써 봅시다.

____

____

3 다음은 화산 활동으로 나오는 물질입니다.

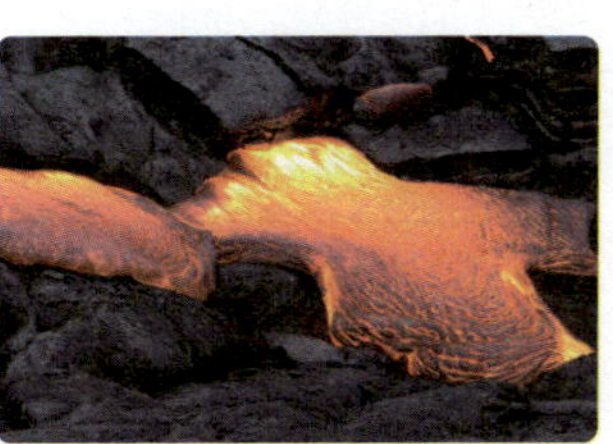

(1) 위 화산 분출물의 이름을 써 봅시다.

(　　　　　　　　　)

(2) 위 화산 분출물이 우리 생활에 미치는 영향을 써 봅시다.

____

____

4 지진이 발생했을 때 교실 안에 있는 경우 상황별 대처 방법을 써 봅시다.

(1) 지진으로 흔들릴 때: ______________

____

(2) 흔들림이 멈췄을 때: ______________

____

수행 평가   3. 땅의 변화

평가 요소 강 주변 지형의 특징을 흐르는 물의 작용과 관련짓기

1 다음은 강 주변에서 볼 수 있는 모습입니다.

(1) 강 상류와 강 하류의 강폭과 경사를 비교해 써 봅시다.

____

____

(2) 강 상류와 강 하류에서 일어나는 흐르는 물의 작용을 강폭과 경사와 관련지어 써 봅시다.

____

____

평가 요소 화성암을 관찰하고 분류하기

2 다음은 여러 가지 화성암의 모습입니다.

㉠    ㉡    ㉢    ㉣ 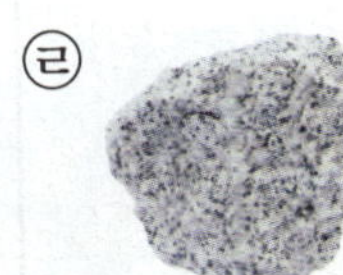

(1) 위 화성암을 색깔에 따라 분류해 봅시다.

____

(2) 색깔 외에 분류 기준을 정해 위 화성암을 분류해 봅시다.

____

____

4. 다양한 생물과 우리 생활

개념 ❶ 버섯과 곰팡이의 특징과 사는 곳

1 버섯과 곰팡이의 특징과 사는 곳

① 버섯과 곰팡이를 실체 현미경으로 관찰한 결과

버섯	곰팡이
• 가늘고 긴 실 같은 것이 엉켜 있습니다. • 윗부분 안쪽은 주름이 많고 깊게 패여 있습니다.	가늘고 긴 실 같은 것이 복잡하게 얽혀 있고, 그 끝에 검은색 공 모양의 덩어리가 있습니다.

② ❶ [   ] : 버섯이나 곰팡이와 같은 생물

③ 균류의 특징과 사는 곳

특징	• 가늘고 긴 실 모양의 ❷ [ ]로 이루어져 있습니다. • 스스로 양분을 만들지 못하므로 주로 죽은 생물이나 다른 생물에서 양분을 얻습니다. • ❸ [ ]로 번식합니다.
사는 곳	그늘지고 축축하며 따뜻한 곳에서 잘 자랍니다.

개념 ❷ 해캄과 짚신벌레의 특징과 사는 곳

2 해캄과 짚신벌레의 특징과 사는 곳

① 해캄과 짚신벌레의 영구표본을 디지털 현미경으로 관찰한 결과

해캄	짚신벌레의 영구표본
• 대나무처럼 마디로 나누어져 있습니다. • 나선 가닥 안에 크고 작은 둥근 초록색 알갱이가 있습니다.	• 짚신처럼 길쭉한 둥근 모양입니다. • 바깥쪽에 가는 털이 나 있고, 안쪽에 여러 가지 모양이 보입니다.

② ❹ [   ] : 해캄과 짚신벌레 같이 동물이나 식물, 균류로 분류되지 않는 생물

③ 원생생물의 특징과 사는 곳

특징	• 생김새가 식물이나 동물보다 단순합니다. • 스스로 양분을 만드는 것도 있고, 다른 생물을 먹는 것도 있습니다.
사는 곳	• 주로 논, 연못과 같이 물이 고인 곳이나 하천, 도랑과 같이 물살이 느린 곳에 삽니다. • 미역, 파래와 같이 ❺ [ ]에 사는 것도 있습니다.

3 세균의 특징과 사는 곳

① 세균: 균류나 원생생물보다 크기가 ❻ ☐ 생김새가 단순한 생물

② 세균의 특징

움직임	움직일 수 있는 것도 있고, 움직일 수 없는 것도 있습니다.
번식	알맞은 조건이 되면 많은 수로 빠르게 늘어납니다.

③ 세균의 생김새: 공 모양, 막대 모양, 나선 모양 등 ❼ ☐ 합니다.

④ 세균이 사는 곳: 우리 주변의 어느 곳에나 삽니다.

4 다양한 생물이 우리 생활에 미치는 영향

① ❽ ☐ 영향

균류	치즈, 된장 등 음식을 만드는데 이용됩니다.
원생생물	생물에게 필요한 산소를 만듭니다.
세균	요구르트, 김치 등의 음식을 만드는 데 이용됩니다.

▲ 된장을 만드는 데 이용되는 균류　▲ 산소를 만드는 원생생물　▲ 김치를 만드는 데 이용되는 세균

② ❾ ☐ 영향

균류	다른 생물에게 질병을 일으킵니다.
원생생물	강이나 바다에 적조 현상을 일으키기도 합니다.
세균	배탈 등 질병을 일으키기도 합니다.

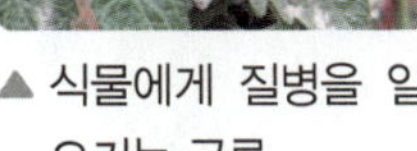

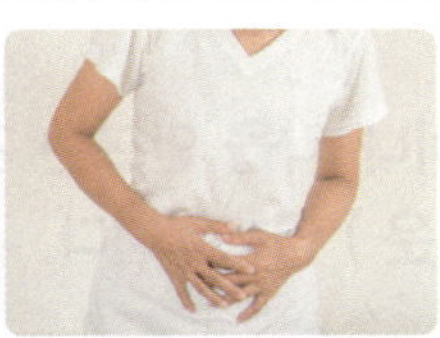

▲ 식물에게 질병을 일으키는 균류　▲ 적조 현상을 일으키는 원생생물　▲ 배탈 등 질병을 일으키는 세균

5 생명과학이 우리 생활에 이용되는 예

① ❿ ☐ : 다양한 생물을 연구해 우리 생활의 여러 가지 문제를 해결하는 데 도움을 주는 과학 분야

② 생명과학이 우리 생활에 이용되는 예: 질병을 치료하는 약 생산, 생물 연료 생산, 생물 농약 생산, 플라스틱 쓰레기 처리, 하수 처리, 플라스틱 제품 생산 등에 활용합니다.

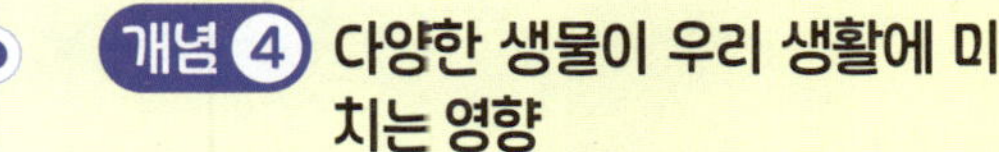

쪽지 시험   4. 다양한 생물과 우리 생활

1 버섯, 곰팡이와 같은 생물을 (　　　　　　)(이)라고 합니다.

2 균류는 가늘고 긴 실 모양의 (　　　　　　)(으)로 이루어져 있습니다.

3 균류는 그늘지고 (건조하며, 축축하며) 따뜻한 환경에서 잘 자랍니다.

4 짚신벌레, 해캄과 같이 동물이나 식물, 균류로 분류되지 않는 생물을 (　　　　　　)(이)라고 합니다.

5 김이나 미역, 파래, 다시마와 같이 (강, 바다)에 사는 원생생물도 있습니다.

6 세균은 생김새가 (단순, 복잡)합니다.

7 (　　　　　　)은/는 흙이나 물, 생물의 몸속, 물건 등 우리 주변의 어느 곳에서나 삽니다.

8 균류나 원생생물, 세균을 이용하여 음식이나 약을 만드는 것은 다양한 생물이 우리 생활에 미치는 (이로운, 해로운) 영향입니다.

9 (　　　　　　)은/는 다양한 생물을 연구해 우리 생활의 여러 가지 문제를 해결하는 데 도움을 주는 과학 분야입니다.

10 해충만 없애는 세균과 곰팡이의 특성을 이용하여 친환경 (　　　　　　) 을/를 만들 수 있습니다.

단원 평가

4. 다양한 생물과 우리 생활

이름 | 맞은 개수

1 실체 현미경에서 각 부분의 이름을 옳게 짝 지은 것은 어느 것입니까? (   )

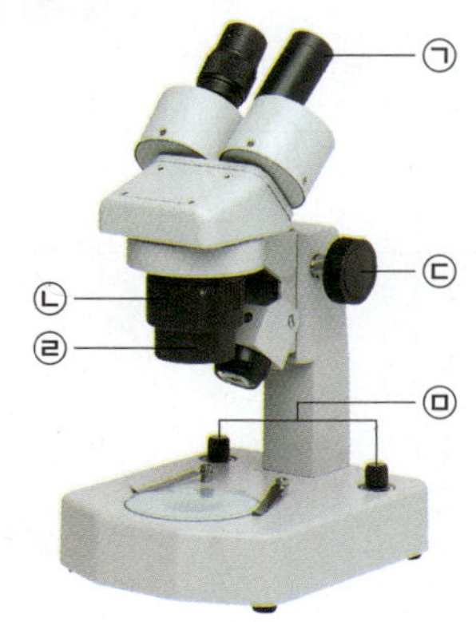

① ㉠-대물렌즈 ② ㉡-회전판
③ ㉢-접안렌즈 ④ ㉣-초점 조절 나사
⑤ ㉤-재물대

2~3 다음은 버섯과 빵에 핀 곰팡이입니다.

▲ 버섯

▲ 곰팡이

2 위와 같은 생물들을 무엇이라고 합니까? (   )

① 식물   ② 동물   ③ 균류
④ 세균   ⑤ 원생생물

3 위 생물들이 양분을 얻는 방법을 써 봅시다.

____

____

4 해캄에 대한 설명으로 옳지 <u>않은</u> 것은 어느 것입니까? (   )

① 초록색을 띤다.
② 스스로 움직일 수 없다.
③ 실처럼 가늘고 긴 모양이다.
④ 스스로 양분을 만들 수 없다.
⑤ 논, 연못이나 하천, 도랑 등에 산다.

5 짚신벌레에 대한 설명으로 옳은 것을 <u>두 가지</u> 골라 써 봅시다. (,   )

① 바다에서 산다.
② 스스로 움직일 수 없다.
③ 바깥쪽에 가는 털이 나 있다.
④ 짚신처럼 길쭉한 둥근 모양이다.
⑤ 맨눈으로 생김새를 정확히 관찰할 수 있다.

6 다음 생물들의 공통점으로 옳은 것을 보기 에서 골라 기호를 써 봅시다.

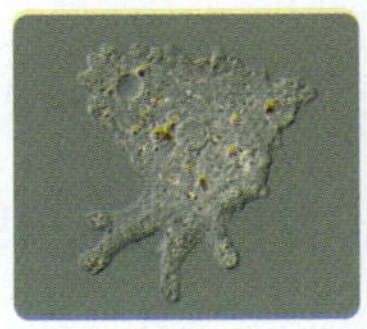
▲ 아메바

▲ 유글레나

▲ 미역

보기

㉠ 원생생물이다.
㉡ 나무 밑에서 산다.
㉢ 균사로 이루어져 있다.
㉣ 생김새가 식물이나 동물보다 복잡하다.

(   )

7 세균의 특징을 잘못 설명한 사람의 이름을 써 봅시다.

> • 누리: 균류보다 크기가 커.
> • 송이: 세균은 우리 주변의 어느 곳에나 살고 있어.
> • 솔찬: 알맞은 조건이 되면 많은 수로 빠르게 늘어나.

(   )

10 원생생물이 우리 생활에 미치는 해로운 영향을 오른쪽 사진과 관련지어 써 봅시다.

____

____

8 오른쪽 위나선균에 대한 설명으로 옳은 것은 어느 것입니까? (   )

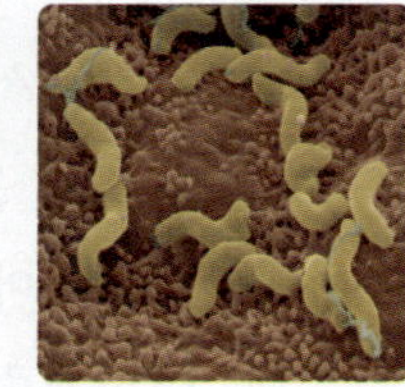

① 막대 모양이다.
② 꼬리 같은 것이 달려 있다.
③ 균류보다 구조가 복잡하다.
④ 원생생물보다 크기가 더 크다.
⑤ 돋보기를 사용하면 쉽게 관찰할 수 있다.

중요

11 세균을 잘 자라지 못하게 하는 곰팡이의 특징을 이용한 예는 어느 것입니까? (   )

① 하수 처리를 한다.
② 생물 농약을 만든다.
③ 생물 연료를 생산한다.
④ 플라스틱 제품을 만든다.
⑤ 질병을 치료하는 약을 만든다.

중요

9 세균에 대한 설명으로 옳지 <u>않은</u> 것은 어느 것입니까? (   )

① 크기가 매우 작다.
② 종류가 매우 다양하다.
③ 생김새가 매우 복잡하다.
④ 콜레라균처럼 꼬리 같은 것이 달려 있는 것도 있다.
⑤ 공 모양, 막대 모양, 나선 모양 등 생김새가 다양하다.

12 오른쪽 같은 플라스틱 제품을 생산하는 데 이용되는 생물의 특징으로 옳은 것은 어느 것입니까? (   )

① 해충만 없애는 세균
② 물질을 분해하는 곰팡이
③ 플라스틱을 분해하는 세균
④ 몸에 기름 성분이 있는 원생생물
⑤ 몸에 플라스틱 원료가 있는 세균

서술형 평가　4. 다양한 생물과 우리 생활

1 다음은 우리 주변에서 볼 수 있는 여러 종류의 곰팡이입니다. 곰팡이가 사는 환경에 대해 써 봅시다.

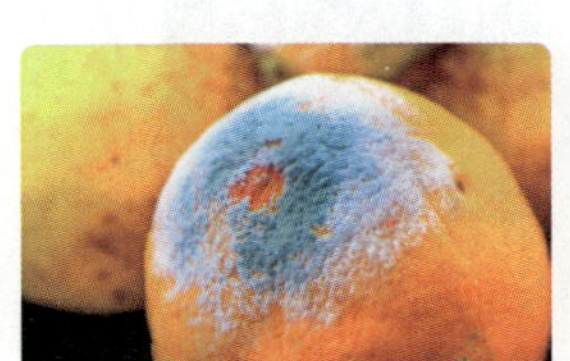

▲ 과일에서 자란 곰팡이

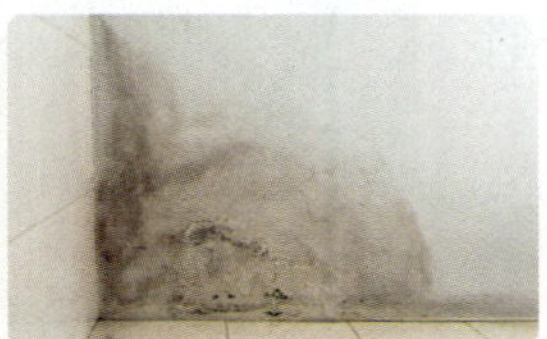

▲ 벽면에서 자란 곰팡이

____

2 다음 두 생물은 균류, 원생생물, 세균 중 무엇에 해당하는지 쓰고, 공통적인 특징을 생김새와 관련지어 써 봅시다.

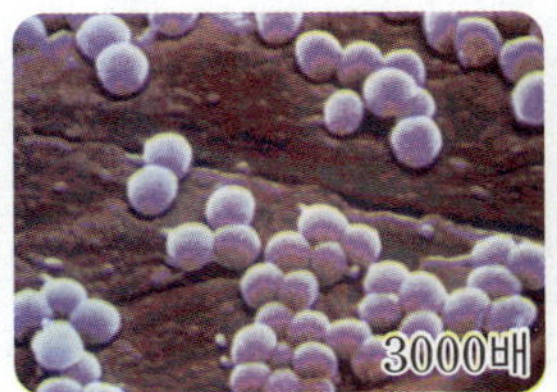

3000배

▲ 포도상구균

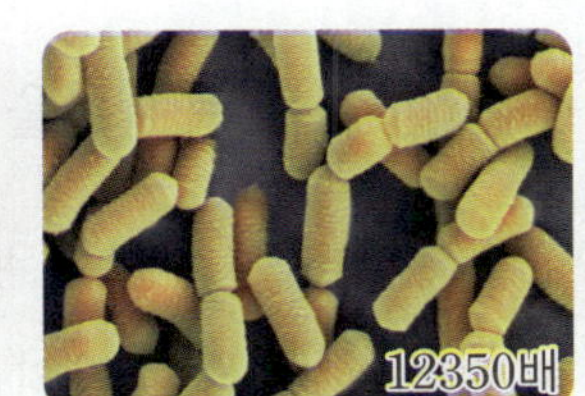

12350배

▲ 젖산균

(1) 생물 종류: _______________

(2) 공통적인 특징: _______________

3 다음은 다양한 생물이 우리 생활에 미치는 이로운 영향의 예입니다.

㉠

▲ 된장을 만듭니다.

㉡

▲ 산소를 만듭니다.

(1) 위 ㉠~㉡ 중 균류와 관련된 것의 기호를 써 봅시다.

(　　　　　　　)

(2) 균류가 우리 생활에 미치는 해로운 영향의 예를 한 가지 써 봅시다.

____

4 다음은 우리 생활에 생명과학을 이용하는 예입니다. 생물의 어떤 특징을 활용한 것인지 써 봅시다.

▲ 생물 농약 생산

____

수행 평가   4. 다양한 생물과 우리 생활

 해캄과 짚신벌레의 특징과 사는 곳 알아보기

1 오른쪽은 해캄과 짚신벌레의 모습입니다.

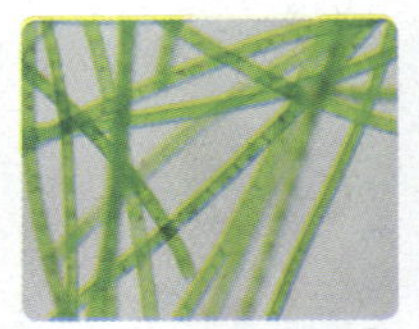

▲ 해캄

▲ 짚신벌레

(1) 해캄과 짚신벌레의 차이점을 움직임과 관련 지어 써 봅시다.

(2) 해캄과 짚신벌레가 사는 곳의 특징을 써 봅시다.

 세균의 특징과 사는 곳 알아보기

2 다음은 다양한 세균의 모습입니다.

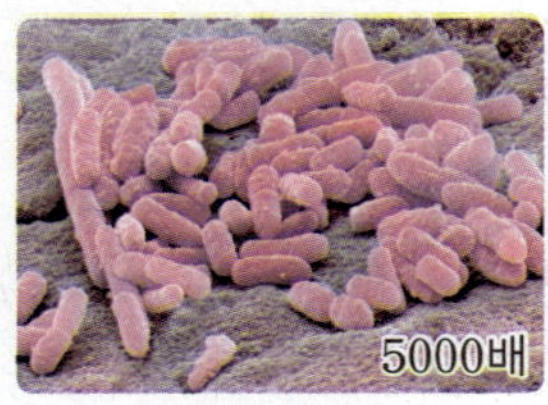

▲ 대장균

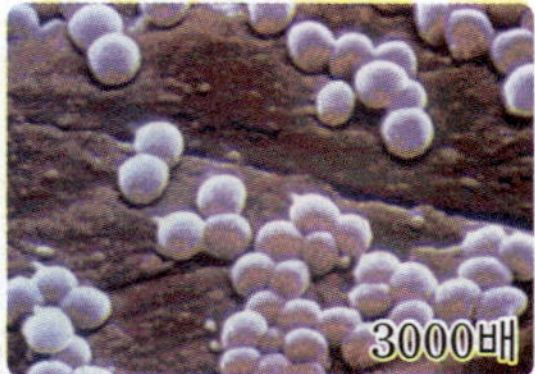

▲ 포도상구균

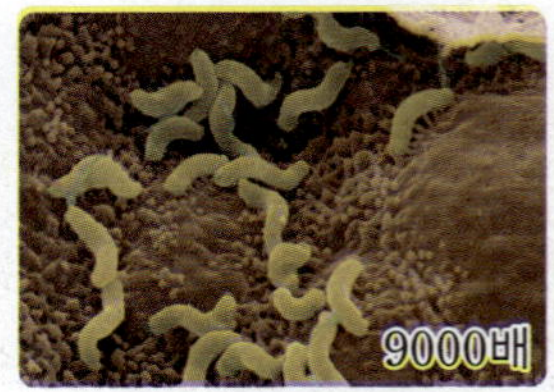

▲ 위나선균

(1) 다음은 위 모습을 통해 알 수 있는 사실입니다. ( ) 안의 알맞은 말에 ○표 해 봅시다.

> 세균은 크기가 매우 ㉠ (작기, 크기) 때문에 ㉡ (맨눈, 현미경)으로 관찰해야 한다.

(2) 다음은 위 세균들이 사는 곳입니다. 이를 통해 알 수 있는 사실을 써 봅시다.

대장균	포도상구균	위나선균
사람이나 동물의 대장	공기, 음식물, 피부 등	사람의 동물의 위장

visang

오·투·시·리·즈 생생한 시각자료와 탁월한 콘텐츠로 과학 공부의 즐거움을 선물합니다.

대표전화 1544-0554
주소 경기도 과천시 과천대로2길 54(갈현동, 그라운드브이)